电子元器件选用检测技能直通车

刘祖明　等编著

机 械 工 业 出 版 社

本书系统地介绍了各种常用电子元器件的基础知识和技能及其应用，内容包括电阻、电容、二极管、晶体管、电感、变压器、场效应晶体管、晶闸管、开关、接插件、干簧管、继电器、电声器件、集成电路、传感器等的基础知识、检测方法、在电路中的典型应用等。本书中的理论知识完全以元器件在电路中的应用为依托，知识点以实用、够用为原则，尽可能达到通俗易懂，图文并茂，同时也突出实用性、可操作性。在表现形式上，本书尽量采用现场图片与原理示意图相结合，通过图表的形式将元器件所要表达的基本知识和检测技能表现出来，让读者在了解并掌握电子元器件基本知识及实用检测技能的基础上，能达到举一反三的目的；同时也能使读者在极短的时间内，结合具体电路功能来设计电路方案，选定合适的元器件类型、封装及其参数。

本书可供广大电工及家电维修人员参考，也可供应用型高校及有关职业院校电子类相关专业师生使用，还可作为电子类专业培训班及广大电工电子技术爱好者使用。

图书在版编目（CIP）数据

电子元器件选用检测技能直通车/刘祖明等编著．—2版．—北京：机械工业出版社，2016.8

ISBN 978-7-111-54389-3

Ⅰ.①电…　Ⅱ.①刘…　Ⅲ.①电子元件－基本知识②电子器件－基本知识　Ⅳ.①TN6

中国版本图书馆CIP数据核字（2016）第172983号

机械工业出版社（北京市百万庄大街22号　邮政编码100037）
策划编辑：张俊红　责任编辑：闾洪庆
责任校对：张　薇　封面设计：马精明
责任印制：常天培
北京机工印刷厂印刷（三河市南杨庄国丰装订厂装订）
2016年10月第2版第1次印刷
184mm×260mm·13印张·318千字
标准书号：ISBN 978-7-111-54389-3
定价：39.00元

凡购本书，如有缺页、倒页、脱页，由本社发行部调换

电话服务	网络服务
服务咨询热线：010-88361066	机工官网：www.cmpbook.com
读者购书热线：010-68326294	机工官博：weibo.com/cmp1952
010-88379203	金书网：www.golden-book.com
封面无防伪标均为盗版	教育服务网：www.cmpedu.com

前言

电子技术从19世纪末、20世纪初开始发展，在20世纪发展最迅速，应用最广泛，成为现代科学技术发展的一个重要标志。随着电子技术的发展和普及应用，各种新型电子元器件层出不穷，在电子产品中发挥着越来越重要的作用。如何能够快速准确地学习电子技术，并能跟上时代的发展潮流，是大多数技术人员所面临的问题之一。只有掌握了电子元器件的基本特性，才能正确地进行检测，合理地选用元器件，从而进一步对电气设备进行装配和维修及改进。

我国是电子产品及电子元器件的生产和消费大国，从事电子产品设计、生产、调试和维修的人员也越来越多，了解和掌握电子元器件的检测、识别及相关应用知识是每一个电子技术人员要掌握的技能之一。同时也是电器装配、检修的基础，是电子装配工、维修工的入门技能。

进入21世纪以来，电子技术及相关的技术发展日新月异，使广大电子爱好者有了更多的机会能够对各种电子元器件及其在电子电路中的应用有所了解，激发广大电子爱好者对电子技术探索与实践的兴趣，把学到的电子技术应用到生产及生活中去。

本书系统地介绍了各种常用电子元器件的基础知识和技能及其应用，内容包括电阻、电容、二极管、晶体管、电感、变压器、场效应晶体管、晶闸管、开关、接插件、干簧管、继电器、电声器件、集成电路、传感器等的基础知识、检测方法、在电路中的典型应用等。

本书在编写过程中注重实际应用与理论的结合、“实物”与“图表”相结合的方式，使电子元器件的识别与检测变得直观明了、通俗易懂。无论是在内容结构还是编写形式上，本书都力求创新，使读者比较全面地学习电子元器件基础知识、检测及相关应用电路的内容。

本书突出“原理”和“应用”相结合的特色。为方便读者学习，在讲解电子元器件的应用之前，都会介绍电子元器件的基础知识、分类及不同种类之间的区别。在讲解过程中，会对电子元器件关键点通过“图表”的方式向读者传递相关电子元器件的知识要点。最后将电子元器件在电子电路的应用以“图表”的形式表现出来，让读者非常直观地学习电子元器件在常规电路中的典型应用，达到最佳的学习效果。

本书中的理论知识完全以元器件在电路中的应用为依托，知识点以实用、够用为原则，尽可能达到通俗易懂，图文并茂，同时也突出实用性、可操作性。元器件的实际应用及电路设计大多都来源于生产及实践生活，尽可能将电子元器件在常规电路中以图解的方式表现出来，让读者达到举一反三的目的。

全书主要由刘祖明负责编写，参加本书资料收集或部分编写工作的还有钟柳青、钟勇、刘艳明、廖艳情、刘艳生、周卫祖、余秀华等。

本书在写作过程中参考了大量书籍，同时也引用了互联网上的资料，在此向这些书籍和资料的原作者表示衷心的感谢。在写作过程中，资料收集和技术交流方面都得到了国内外专业学者和同行的支持，在此向他们也表示衷心的感谢。也可能有些引用资料的出处，基于各种原因未能出现在参考文献中，在此表示歉意与感谢！

本书的所有实例都经过作者的实际应用，但由于电子元器件设计涉及面广，实用性强，加之编写时间仓促，以及作者水平有限，书中存在不足之处在所难免，敬请广大读者批评指正。同时感谢读者选择了本书，希望我们的努力能对您的工作和学习有所帮助，也希望广大读者不吝赐教，以便我们在再版时做到精益求精。

作　者

特别致谢

本书在写作时参考了很多专家及同行的作品，尤其是下面几本非常优秀的图书。这里专门提前将这些图书逐一列写出来，以表达我们的感谢之情。

[1] 高吉祥. 模拟电子技术 [M]. 3版. 北京：电子工业出版社，2011.

[2] 杨宗强，辜竹筠. 万用表检测电子元器件 [M]. 北京：化学工业出版社，2011.

[3] 孙立群. 图解电子元器件检测快速精通 [M]. 北京：化学工业出版社，2011.

[4] 陈文楷. 数字电子技术基础 [M]. 北京：机械工业出版社，2010.

[5] 韩广兴. 电子电路识图速成全图解 [M]. 北京：化学工业出版社，2011.

[6] 刘祖明，张安若，祝建孙. 12天学通电子元器件及电路 [M]. 北京：化学工业出版社，2013.

[7] 侯守军，张道平. 图解电子元器件识读与检测快速入门 [M]. 北京：机械工业出版社，2012.

[8] 杨清德. 就是要轻松：看图学电子元器件 [M]. 北京：机械工业出版社，2015.

[9] 杨志忠，章忠全. 新编常用集成电路及元器件使用手册 [M]. 北京：机械工业出版社，2011.

[10] 蔡杏山. 电子元器件选用轻松入门 [M]. 北京：机械工业出版社，2013.

目录

第1章

数字万用表使用指南

——☆☆☆ 1.1　数字万用表介绍 ☆☆☆——

万用表是一种多量程、可以测量多种电学数值的仪表，大多是便携式的，同时也是最常用的电工仪表之一。万用表分为指针式与数字万用表，本书主要介绍数字万用表。一般情况下，数字万用表主要用来测量交直流电流、交直流电压和电阻、电容及二极管、晶体管等。数字万用表的外形与相关测量功能简介，如图 1-1 所示。

注：本书所有的测量都是以 T－92 型数字万用表为准，可能测量的参数会与其他数字万用表有差别，这一点请读者注意。在数字万用表显示过程中，显示为“1”表示无穷大，其他数字万用表显示“OL”表示无穷大。

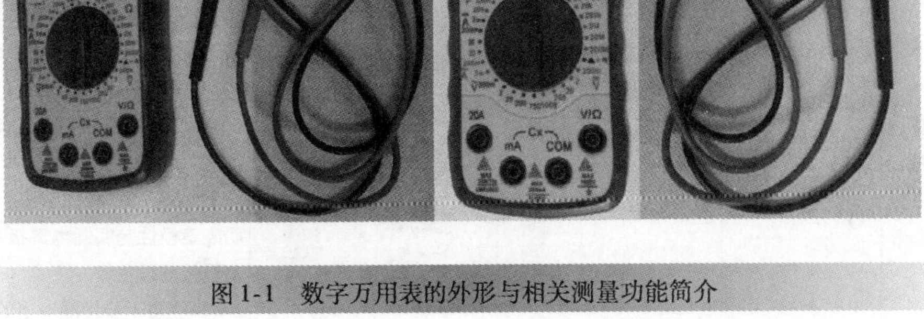

图 1-1　数字万用表的外形与相关测量功能简介

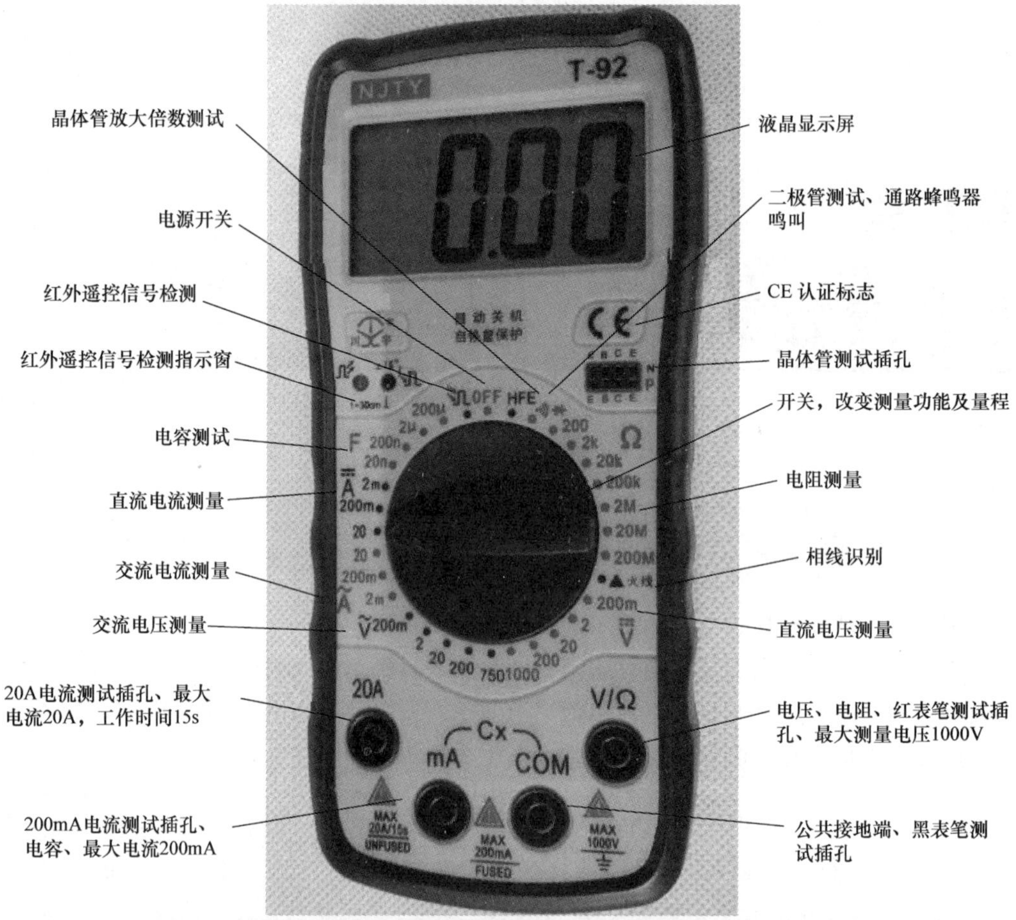

图 1-1　数字万用表的外形与相关测量功能简介（续）

☆☆☆ 1.2　数字万用表的操作 ☆☆☆

数字万用表的操作，见表 1-1。

表 1-1　数字万用表的操作（T－92 型）

序号	测试项目	档位	表笔用法	示意图	备注
1	直流电压测量	200mV（0.1mV）、2V（1mV）、20V（10mV）、200V（100mV）、1000V（1V）	黑表笔插进“COM”孔，红表笔插进“V/Ω”孔		1）旋钮开关旋到比估计值大的量程 2）若显示为“1”，则表明已超过该档量程，要调高一档量程后再测量 3）测量不超过 1000V 的直流电压 4）表笔并接在被测负载或信号源上 5）在数值左边出现“－”，则表明表笔极性与实际电源极性相反，红表笔接的是负极 6）注意不要接触表笔的金属部分，小心触电

（续）

序号	测试项目	档位	表笔用法	示意图	备注
2	交流电压测量	200mV（0.1mV）、2V（1mV）、20V（10mV）、200V（100mV）、750V（1V）	黑表笔插进“COM”孔，红表笔插进“V/Ω”孔		1）旋钮开关旋到比估计值大的量程 2）若显示为“1”，则表明已超过该档量程，要调高一档量程后再测量 3）测量不超过750V的交流电压 4）表笔并接在被测负载或信号源上 5）测交流电压，不能用手触摸表笔的金属部分
3	直流电流测量	2mA（1μA）、200mA（100μA）、20A（10mA）	红表笔插进“200mA”档或“20A”档孔，黑表笔插进“COM”孔	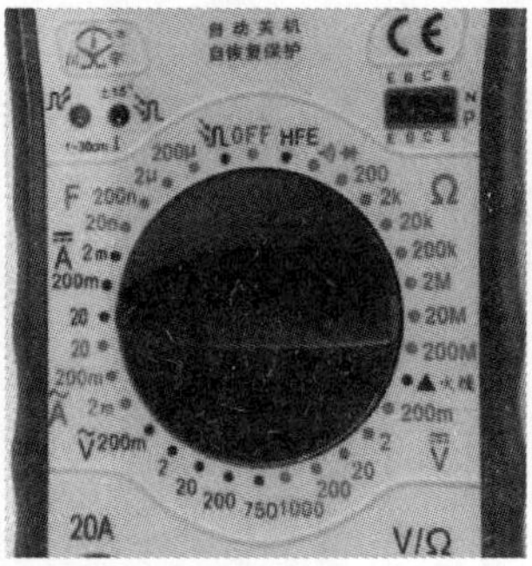	1）测量小于200mA的电流，则将红表笔插入“200mA”插孔，将旋钮旋到直流200mA以内的合适量程 2）若测量大于200mA的电流，则要将红表笔插入“20A”插孔并将旋钮旋到直流“20A”档，测量时间小于15s 3）表笔串接在被测电路中 4）在数值左边出现“-”，则表明表笔极性与实际电源流向相反，红表笔接的是负极
4	交流电流测量	2mA（1μA）、200mA（100μA）、20A（10mA）	红表笔插进“200mA”档或“20A”档孔，黑表笔插进“COM”孔	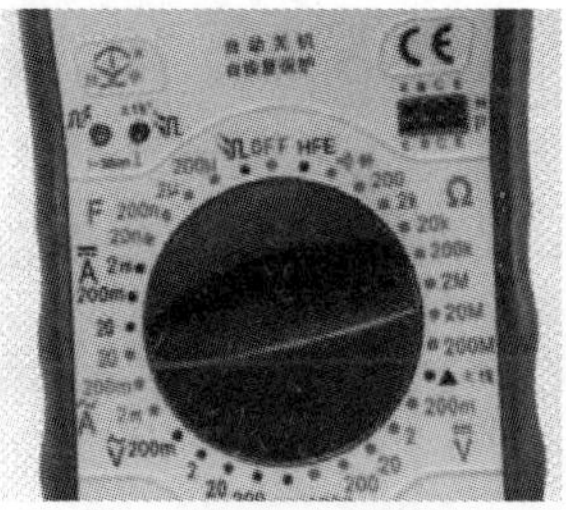	1）测量小于200mA的电流，则将红表笔插入“200mA”插孔，将旋钮旋到直流200mA以内的合适量程 2）若测量大于200mA的电流，则要将红表笔插入“20A”插孔并将旋钮旋到直流“20A”档，测量时间小于15s 3）表笔串接在被测电路中
5	电阻测量	200Ω（0.1Ω）、2kΩ（1Ω）、20kΩ（10Ω）、200kΩ（100Ω）、2MΩ（1kΩ）、20MΩ（10kΩ）、200MΩ（100kΩ）	黑表笔插进“COM”孔，红表笔插进“V/Ω”孔	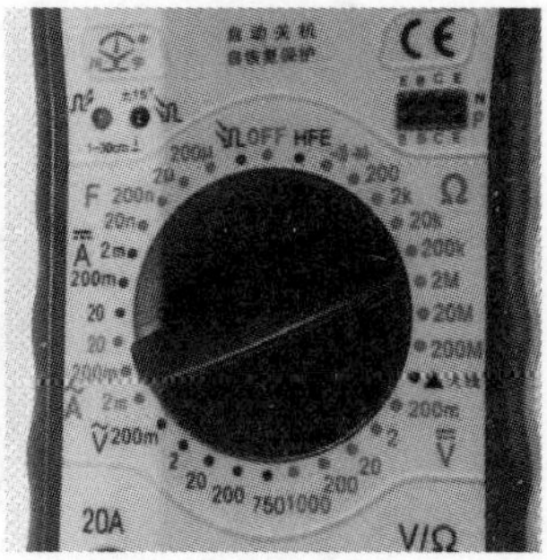	1）测量中不要用手同时接触电阻引脚两端 2）在“200”档时，其单位是“Ω” 3）在“2k”到“200k”档时，其单位为“kΩ” 4）“2M”以上时，其单位是“MΩ” 5）在线测量，要切断电路的电源，并对相关的电容进行放电

（续）

序号	测试项目	档位	表笔用法	示意图	备注
6	电容测量	20nF（10pF）、200nF（100pF）、2μF（1nF）、200μF（10nF）	黑表笔插进“COM”孔，红表笔插进“mA”孔		1）“mA”对应正极性，接红表笔，“COM”对应负极，接黑表笔 2）两表笔跨接电容两端，注意极性 3）若测量的电容是有极性电容，应将红表笔接电容正极，黑表笔接电容负极 4）电容内有电压时，将被测电容两端短接一下放电 5）测量电容范围为20nF～200μF 6）电容漏电严重或击穿时，测量时容值不稳定
7	二极管测量（通断测试）	正向直流电流约为1mA 反向直流电压约为2.8V	黑表笔插进“COM”孔，红表笔插进“V/Ω”孔		1）若两个点之间的电阻小于50Ω，蜂鸣器将发出声音 2）检测电子电路否有开路、短路的现象 3）当电路通时，有“嘀嘀”的声音；当电路断时，则无声 4）开路电压为2.8V 5）将红表笔接二极管正极、黑表笔接二极管负极，显示屏将显示二极管的正向电压降 6）将黑表笔接二极管正极，红表笔接二极管负极，若显示屏显示“1”，表示二极管反向电阻正常，若不显示“1”，表示二极管反向漏电 7）测试表笔并接在测量二极管上 8）可以测量数码管、晶体管
8	晶体管“hFE”测量	“hFE”放大倍数测量范围为0～1000		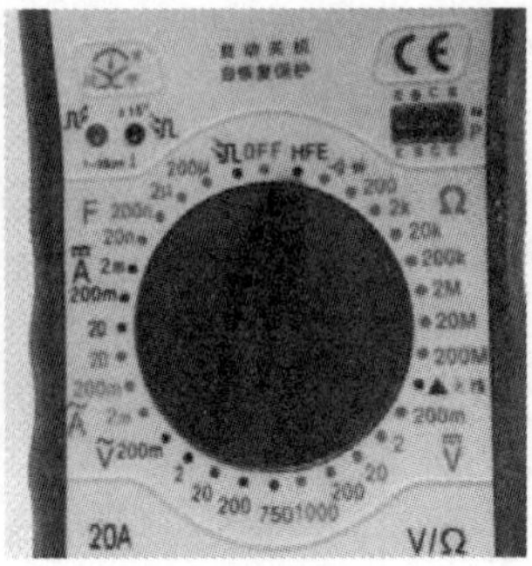	1）将量程开关置于“hFE”档 2）认定所测晶体管是NPN型还是PNP型 3）将所测晶体管发射极E、基极B、集电极C分别插入相应测试孔中

（续）

序号	测试项目	档位	表笔用法	示意图	备注
9	相线识别	显示“▲”	黑表笔插进“COM”孔，红表笔插进“V/Ω”孔	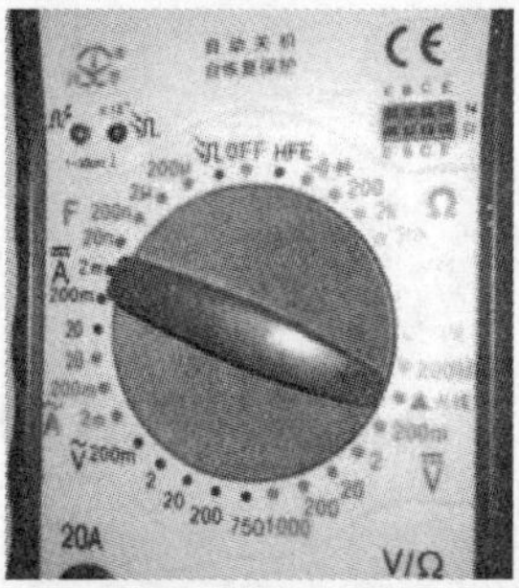	1）黑表笔插入“COM”孔，红表笔插入“V/Ω”孔，量程开关置于“相线”档位 2）红表笔接在被测线路上，一只手拿黑表笔，如果显示“▲”，则被测线路为相线 3）无变化则为零线
10	红外遥控信号检测	红色 LED 发光工作		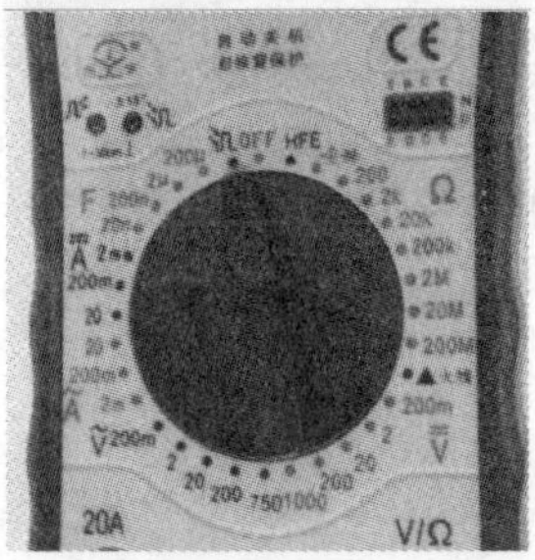	1）红外遥控信号检测，检测红外遥控工作是否正常 2）遥控器的发射头必须垂直于数字万用表的红外接收器 3）可以用于判断遥控器的发射头功率的大小 4）其角度不要超过 ±15°
11	关机	关闭数字万用表		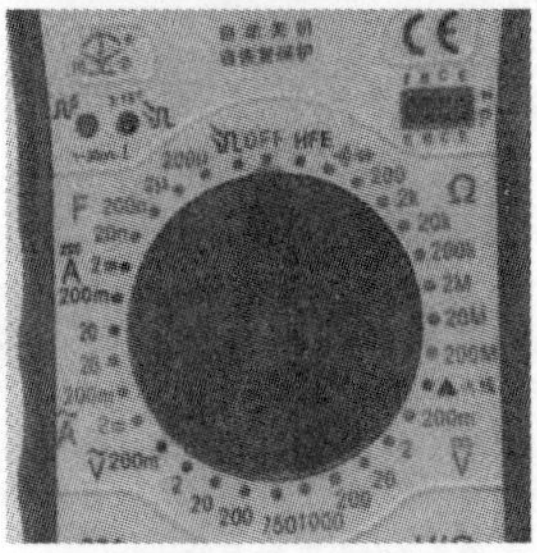	关机不工作

数字万用表表笔接线操作，如图 1-2 所示。

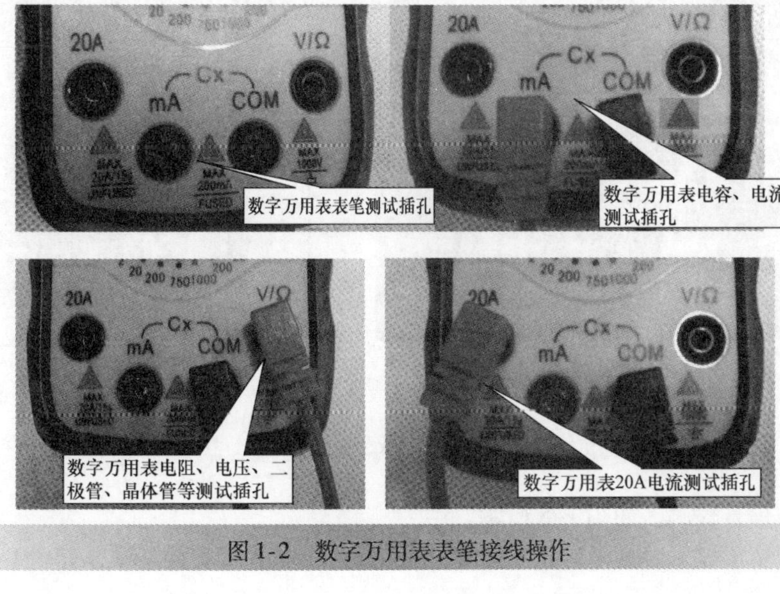

图 1-2　数字万用表表笔接线操作

交流电压测量，如图 1-3 所示。

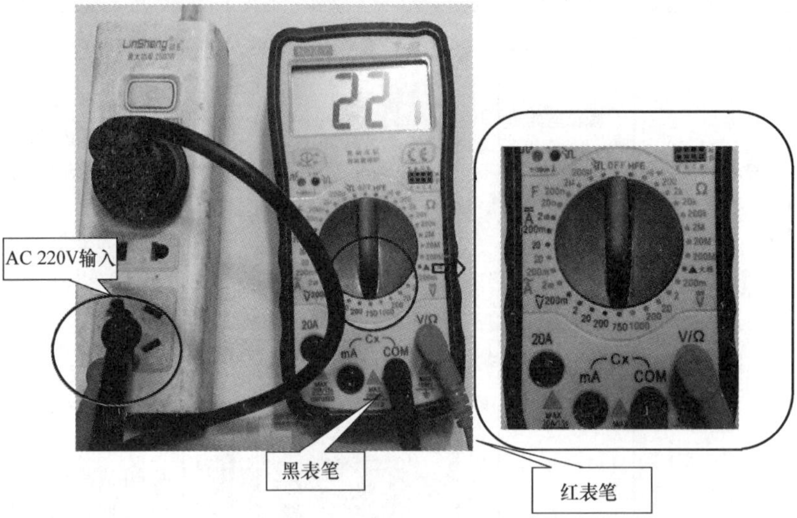

图 1-3　交流电压测量

相线（火线）识别测量，如图 1-4 所示。

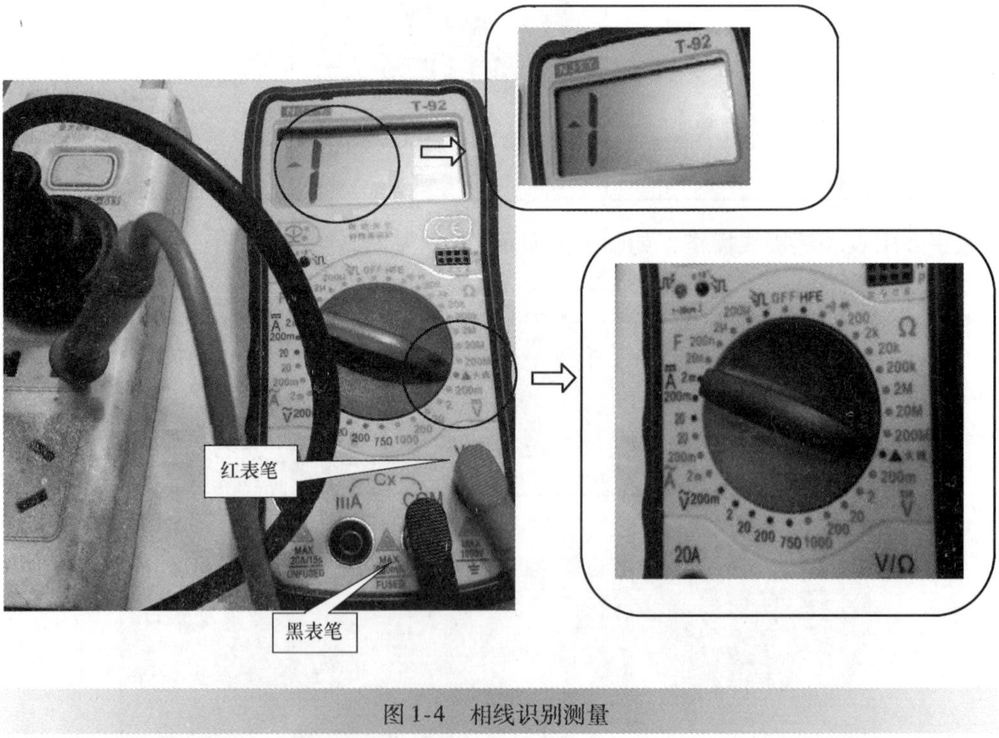

图 1-4　相线识别测量

红外遥控信号检测，如图 1-5 所示。

电阻、电解电容、LED（发光二极管）、二极管、晶体管实操测试，如图 1-6 所示。

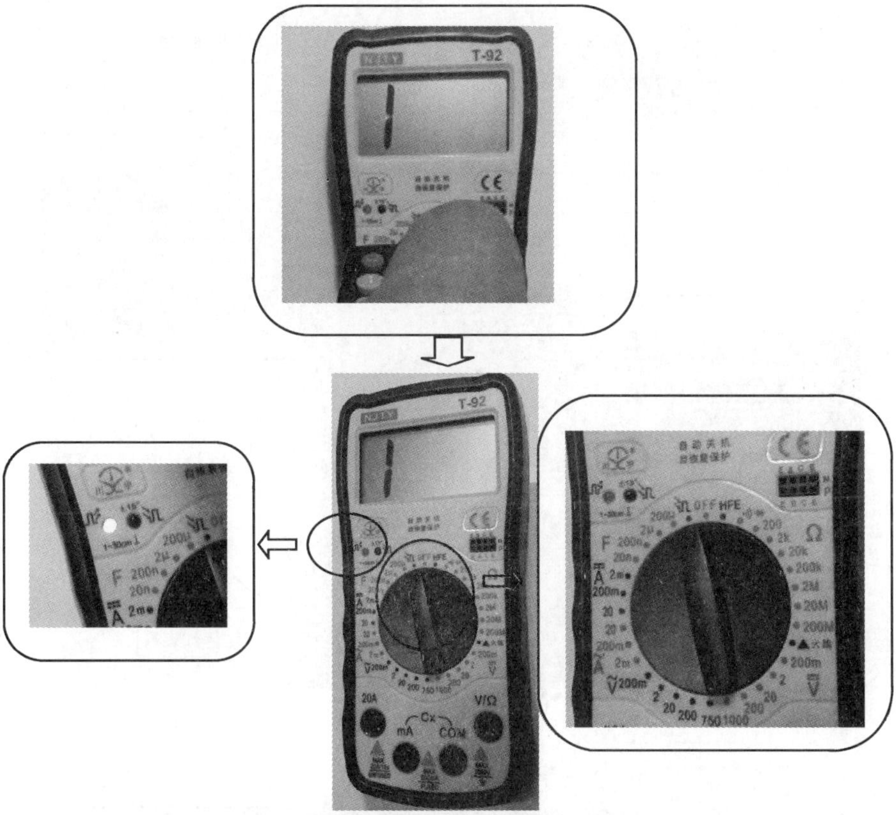

图 1-5　红外遥控信号检测

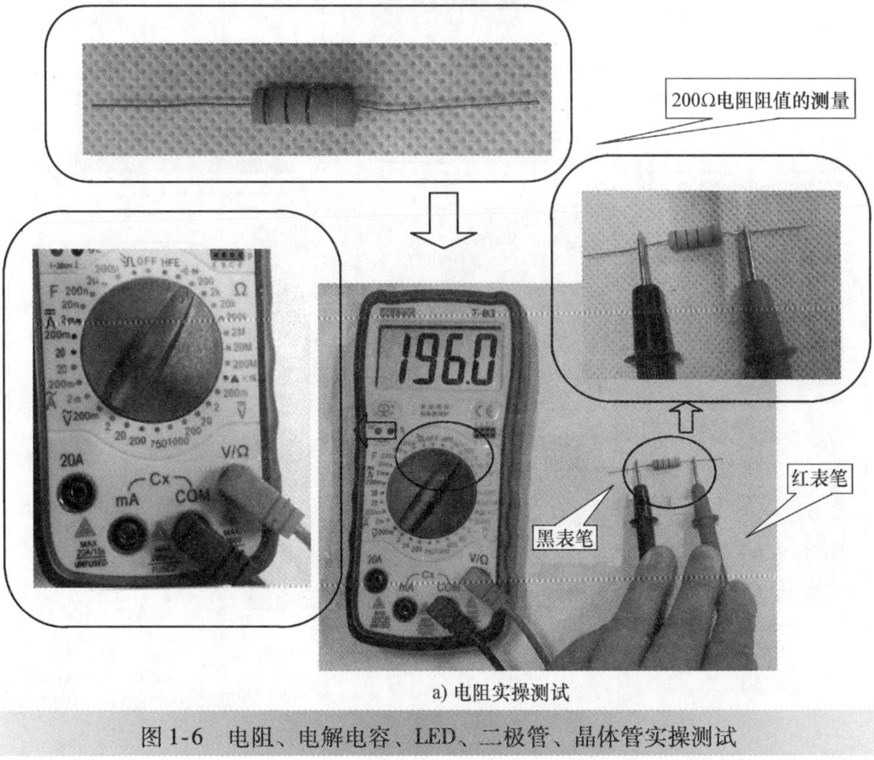

a) 电阻实操测试

图 1-6　电阻、电解电容、LED、二极管、晶体管实操测试

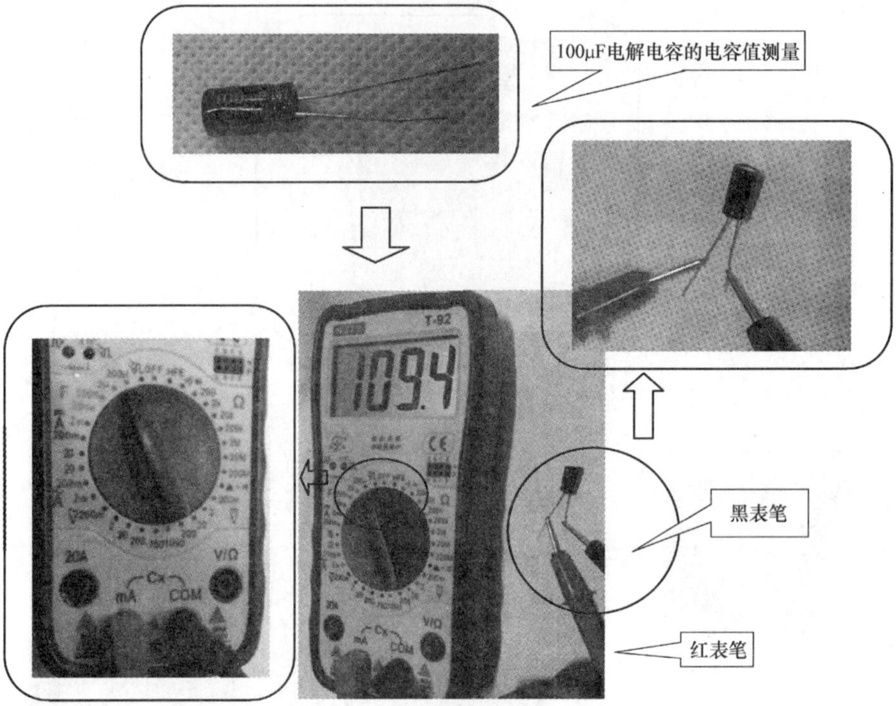

b) 电解电容实操测试

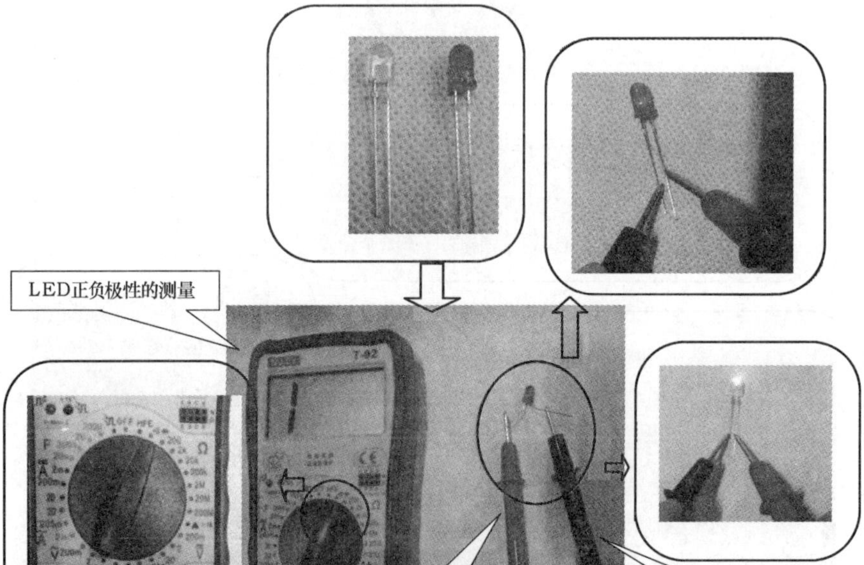

c) LED实操测试

图1-6　电阻、电解电容、LED、

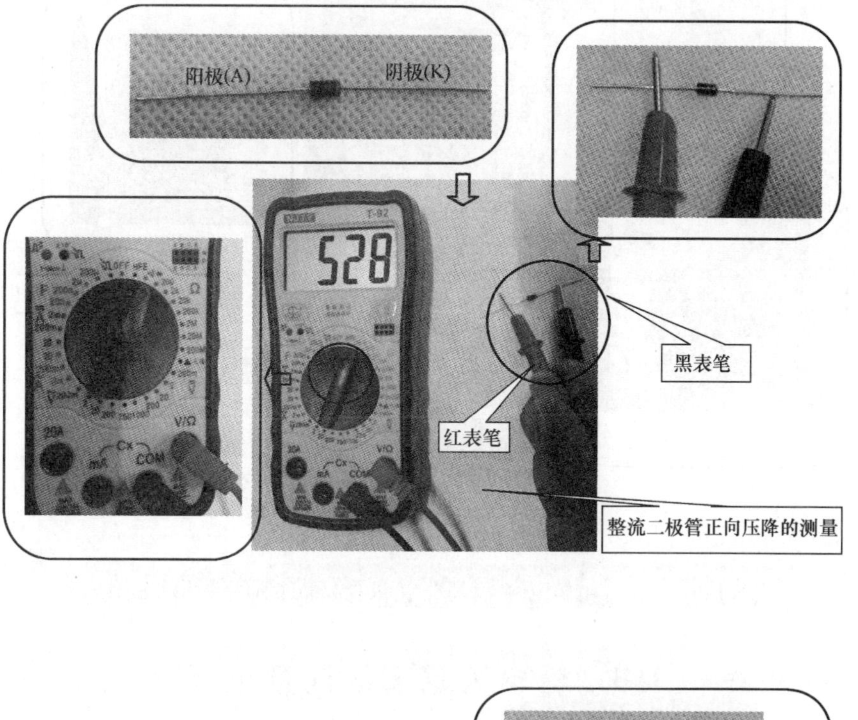

d)二极管实操测试

二极管、晶体管实操测试（续）

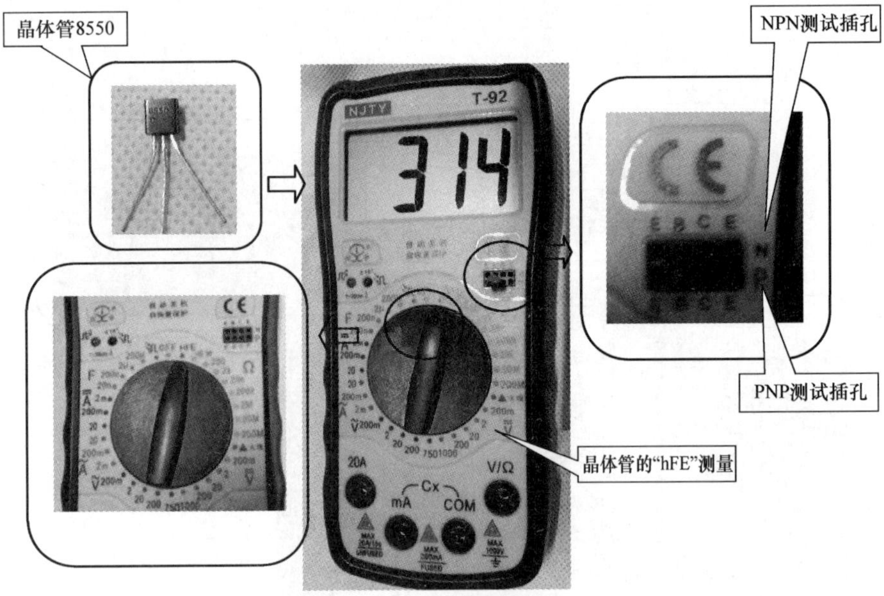

e)晶体管实操测试

图1-6 电阻、电解电容、LED、二极管、晶体管实操测试（续）

——☆☆☆ 1.3 数字万用表的注意事项 ☆☆☆——

1）如果数字万用表损坏或者工作不正常时，应停止使用。

2）测量时，应正确使用数字万用表，其红、黑接线插孔、开关位置或量程都在正确的位置上。

3）当数字万用表显示屏出现“[+ −]”符号时，显示电池电量不足，应更换电池。

4）在线测试之前，应切断电路的电源。同时将电路中与电阻、二极管、晶体管有关的电容进行放电操作。

5）数字万用表测量二极管、交流、直流电压和电流、电子元器件、在线测量时应选择相对应的档位。

6）不要企图测量超过 AC 750V 和 DC 1000V 的电压，超过电压测量的极限可能损坏仪表和危及操作者的安全。

7）对于 DC 60V（有效值）或 AC 36V（有效值）以上的电压测量要小心工作，该类电压有电击的危险。

8）不要在有其他元器件并联的电路板上测电容，这样测量的电容值误差很大。

9）数字万用表每次测量结束后，应把数字万用表电源关掉。

10）数字万用表必须每年送检测或检验机构校验一次，在校验合格后方可使用。

第2章 电阻应用与检测

☆☆☆ 2.1 电阻的识别 ☆☆☆

在物理学中，用电阻（resistance）来表示导体对电流阻碍作用的大小。导体的电阻越大，表示导体对电流的阻碍作用越大。不同的导体，电阻一般不同，电阻是导体本身的一种性质，是一种耗能元件。电阻元件的电阻值大小一般与温度有关，衡量电阻受温度影响大小的物理量是温度系数，其定义为温度每升高1℃时电阻值发生变化的百分数。

电阻是目前世界上所有电子产品中应用最多的无源元件之一，在电子设备中约占所有元器件总数的30%以上，是组成电路的最基本元件。电阻是电子电路中应用最多一种元件，其质量的好坏直接关系到电子电路稳定性。电阻在电路中主要作用是稳定或调节电路中的电流和电压，同时还可以作为分流器、分压器及负载使用。电阻是一种具有阻值大小、几何形状，在电路中起对电流产生阻碍效应的实体元件。电阻的外形和电路符号，如图2-1所示。电阻的基本单位是欧姆（Ω），单位之间的进率为10^3，常见的单位从小至大为毫欧（mΩ）、欧姆（Ω）、千欧（kΩ）、兆欧（MΩ）。换算公式为$1M\Omega = 10^3 k\Omega = 10^6 \Omega$。

在介绍相关电阻知识前，先要介绍两个基本的概念，电阻与欧姆定律，见表2-1。

表2-1 电阻与欧姆定律

序号	名称	公式	描述	说明
1	电阻	$R=\rho \frac{L}{S}$	1）电阻率是描述材料性质的物理量 2）电阻率与导体长度 L、截面积 S 无关 3）电阻率与物体的材料及温度有关	1）ρ—制成电阻的材料电阻率，国际单位制为欧姆米（Ω·m） 2）L—绕制成电阻的导线长度，国际单位制为米（m） 3）S—绕制成电阻的导线截面积，国际单位制为平方米（m^2） 4）R—电阻值，国际单位为欧姆（Ω）
2	欧姆定律	$I=U/R$	闭合电路中的电流大小与电源电压成正比，与电路的电阻成反比	1）电流（I）—单位安培（A） 2）电压（U）—单位伏特（V） 3）电阻（R）—单位欧姆（Ω）

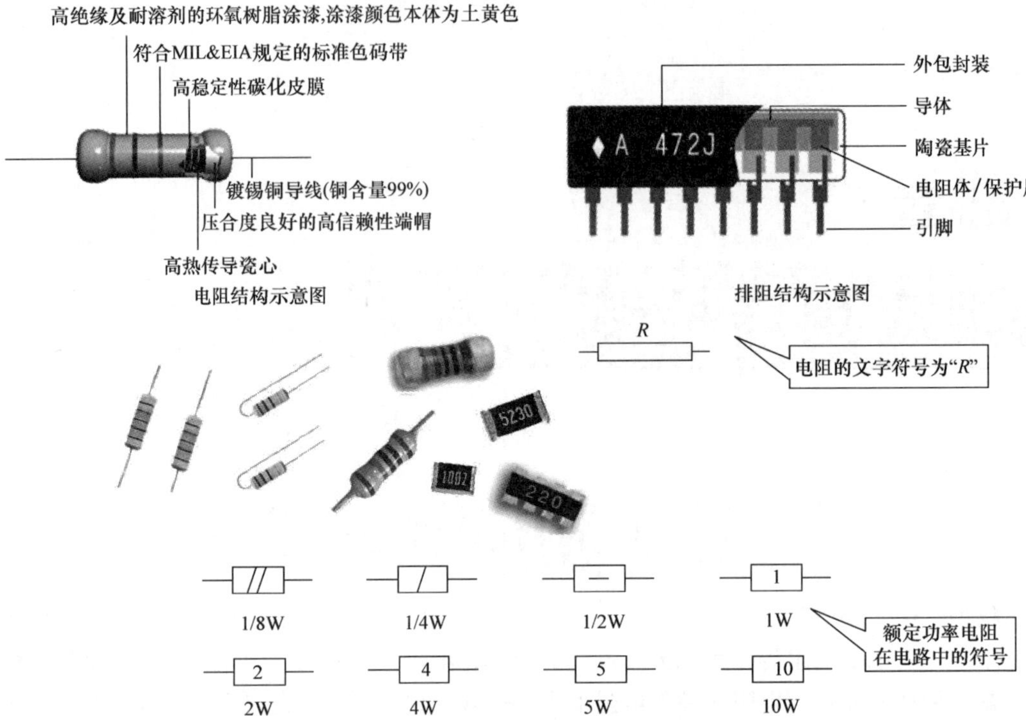

图 2-1 电阻的外形和电路符号

1. 普通电阻的识别

1）按阻值是否连续变化，可分为固定电阻、可变电阻（电位器）、特殊电阻。

2）按结构或材质不同，可分为碳膜电阻、金属膜电阻、氧化膜电阻、水泥电阻、线绕电阻等。

3）按功能或使用场合，可分为普通电阻、热敏电阻、光敏电阻、压敏电阻、湿敏电阻、气敏电阻、熔断电阻等。

电阻种类、使用说明，见表 2-2。

表 2-2 电阻种类、使用说明

序号	外形图	名称	描述	使用场合或特点
1		碳膜电阻（RT 型）	以小瓷棒或瓷管作骨架，通过真空和高温，热分解出的结晶碳沉积生成碳膜（导电膜），瓷管两端装上金属帽盖和引线，外涂保护漆	1）阻值范围为 1Ω ~ 10MΩ 2）额定功率有 0.125W、0.25W、0.5W、1W、2W、5W、10W 等 3）改变碳膜的厚度和长度，可获得不同阻值 4）应用在收录机、电视机等一些电子产品中 5）碳膜电阻为四环（5%），膜的颜色为黑色 6）碳膜电阻外表多为土黄色或其他颜色
2		金属膜电阻（RJ 型）	以小瓷棒或瓷管作骨架，由合金粉蒸发而成的金属膜形成导电膜，瓷管两端装上金属帽盖和引线，外涂保护漆	1）阻值范围宽为 1Ω ~ 10MΩ 2）改变金属膜厚度可以控制阻值 3）金属膜的外表多为蓝色，稳定性均好于碳膜电阻，且体积远小于同功率的碳膜电阻 4）金属膜电阻为五个环（1%），膜的颜色为亮白 5）适用于稳定性和可靠性要求较高的场合，如各种仪器仪表中

（续）

序号	外形图	名称	描述	使用场合或特点
3		金属氧化膜电阻（RY型）	由能水解的金属盐类溶液（如四氯化锡和三氯化锑）在炽热的玻璃或陶瓷的表面分解沉积而成	1）性能可靠、过载能力强、额定功率大（最大达15kW） 2）阻值范围为1Ω～200kΩ
4		线绕电阻	在绝缘的核心外面缠绕镍－铬合金等金属丝所制成的电阻	1）精度高达0.1%的极高精度电阻 2）常用在万用表和电阻箱中作分压器和限流器 3）噪声小，不存在电流噪声和非线性 4）体积大、阻值较低，多在100kΩ以下 5）温度系数小，稳定性好。线绕电阻的精度高，稳定性好，并能承受较高的温度（300℃左右） 6）只适用于频率在50kHz以下的电路 7）大功率电路中作降压或负载等用 8）线绕电阻在应用于交流电路时，应慎重使用 9）不能安装在尘土飞扬的地方，因为尘土积累会导致短路和电导不良
5		玻璃釉电阻（RI型）	金属氧化物（如钌、银、钯、锡、锑等）和玻璃釉黏合剂混合后，涂覆在陶瓷骨架上，经高温烧结而成	1）耐高温、耐湿性好、稳定性好、噪声小、温度系数小 2）阻值范围为4.7Ω～200MΩ
6		水泥电阻	将电阻线绕在无碱性耐热瓷件上，外面加上耐热、耐湿及耐腐蚀的材料保护固定，并把线绕电阻体放入方形瓷器框内，用特殊不燃性的耐热水泥充填密封而成	1）耐热性好，电阻温度系数小，呈直线变化 2）额定功率有2W、3W、5W、7W、8W、10W、15W、20W、30W、40W等规格 3）耐短时间超负载，低噪声，阻值经年无变化 4）防爆性能好，起保护作用 5）通常用于功率大、电流大的场合
7		熔断电阻（RF型）	熔断电阻又称为保险丝电阻，是一种具有电阻和熔断器双重作用的特殊元件，当电路出现故障，通过熔断电阻的功率超过其额定功率时，熔断电阻会在规定时间内断开电路，从而达到保护电路中其他元器件的作用	1）线绕式熔断电阻属于功率型涂釉电阻，其阻值较小，通常应用于工作电流较大的电路中 2）目前使用最多的熔断电阻是膜式熔断电阻，分为碳膜熔断电阻、金属膜熔断电阻和金属氧化膜熔断电阻等 3）熔断电阻的额定功率有0.25W、0.5W、1W、2W、3W等规格 4）阻值范围为0.22Ω～5.1kΩ

2. 敏感电阻的识别

敏感电阻是指对外界温度、电压、亮度、湿度、磁通密度、气体浓度、机械力等物理量反应敏感的电阻元件，主要用于检测和控制相应物理量的装置中，是自动检测和自动控制中不可缺少的组成部分。

敏感电阻的简介，见表2-3。

表 2-3 敏感电阻的简介

序号	外形图	名称	符号	描述	使用场合
1		热敏电阻	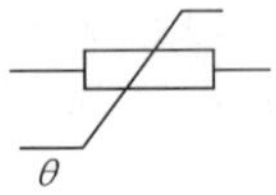	通常由单晶或多晶等半导体材料构成，是以钛酸钡为主要原料，辅以微量的锶、钛、铝等化合物加工制成的	1）温度测量，温度控制，火灾报警，气象探空，微波和激光功率测量 2）作温度补偿及消磁限流电阻
2	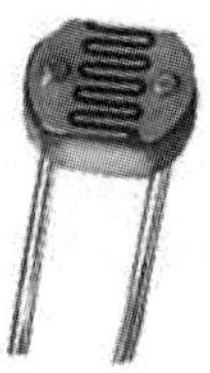	光敏电阻（MG 型）	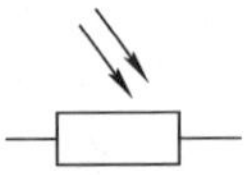	利用半导体光敏效应制成的一种元件。电阻值随入射光线的强弱而变化，光线越强，电阻越小	1）光电控制 2）导弹、卫星监测 3）玩具、灯具、照相机等行业
3		压敏电阻（MY 型）	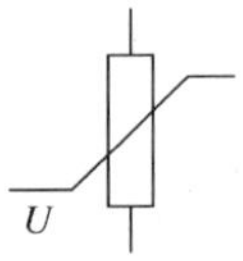	以氧化锌为主要材料制成的半导体陶瓷元件，电阻值随加在两端电压的变化按非线性特性变化	1）应用于过电压保护和用来作为稳压元件 2）防雷、抑制浪涌电流、吸收尖峰脉冲、限幅、高压灭弧、消噪和保护半导体器件等
4		磁敏电阻（MC 型）	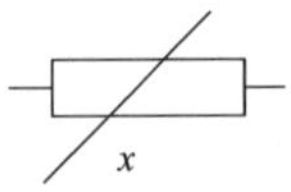	采用砷化铟或锑化铟等材料，根据半导体的磁阻效应制成的，阻值随穿过它的磁通量增大而增大	应用于测量磁场强度、磁卡文字识别、磁电编码、交直流变换
5		力敏电阻（ML 型）		将力转变为电信号的特殊元件。电阻随外加应力的变化而变化	应用于张力计、加速度计和半导体话筒等传感器中
6		气敏电阻（MQ 型）		采用二氧化锡等半导体材料制成。利用半导体表面吸收某种气体后，发生氧化或还原反应，电阻随被测气体的浓度而变化	1）应用于抽油烟机、测汽车尾气、司机是否喝酒等装置 2）常用于气体探测器

☞ 3. 网络电阻（排阻）的识别

排阻，就是若干个参数完全相同的电阻，将它们的一个引脚都连到一起，作为公共引脚或公共端，其余引脚正常引出。有插件排阻和贴片排阻两种。其外形、结构、电路符号及内部框图，如图 2-2 所示。如果一个排阻是由 n 个电阻构成的，其就有 $n+1$ 个引脚，一般来说，排阻最左边的那个引脚是公共引脚，一般用一个白色点标出来。

网络电阻（排阻）的内部电路，见表 2-4。

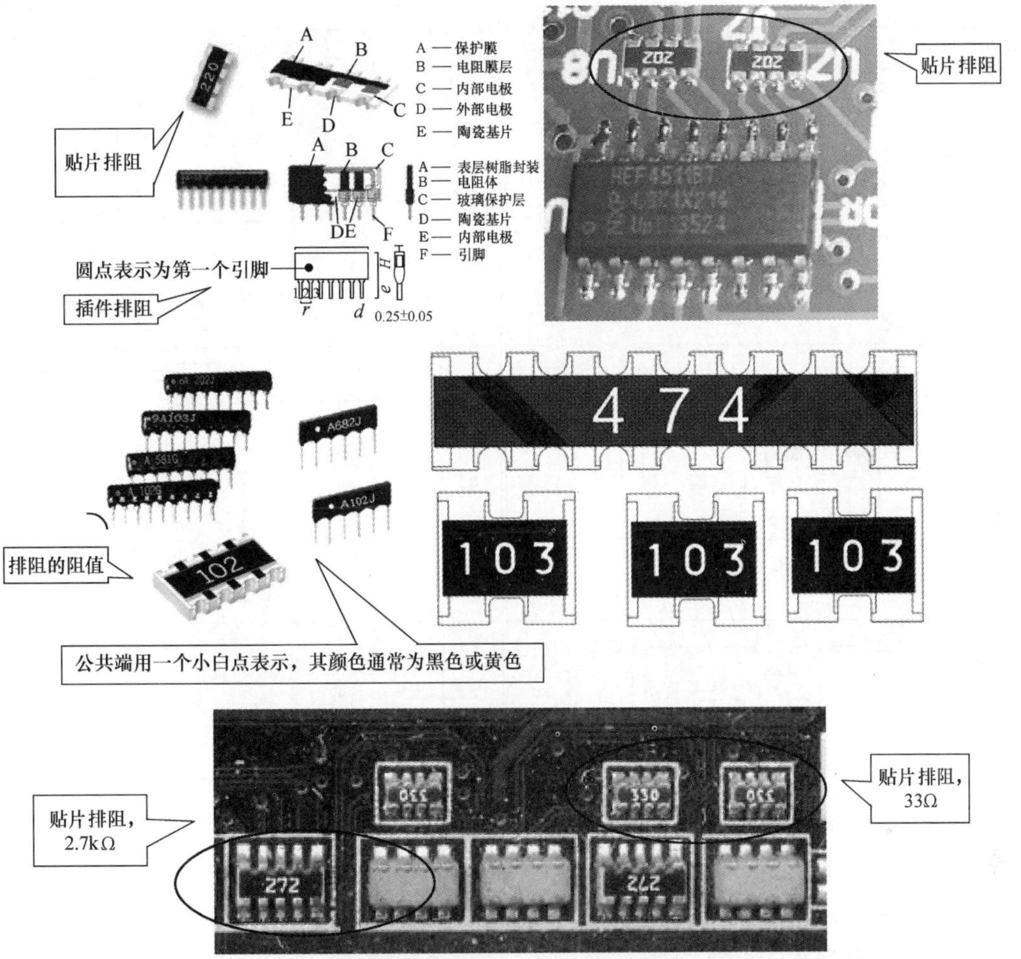

图 2-2 排阻的外形、结构、电路符号及内部框图

表 2-4 网络电阻（排阻）的内部电路

序号	内部电路（等效电路）	序号	内部电路（等效电路）
1	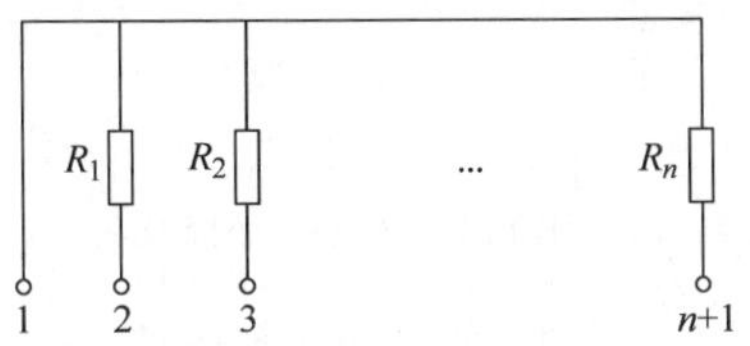 $R_1 = R_2 = \cdots\cdots = R_n$	3	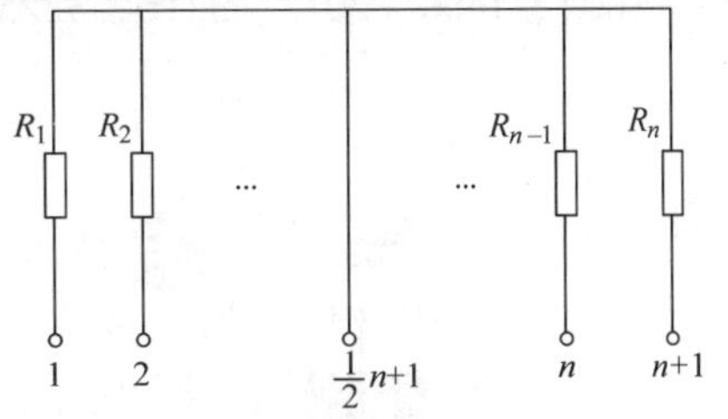 $R_1 = R_2 = \cdots\cdots = R_n$
2	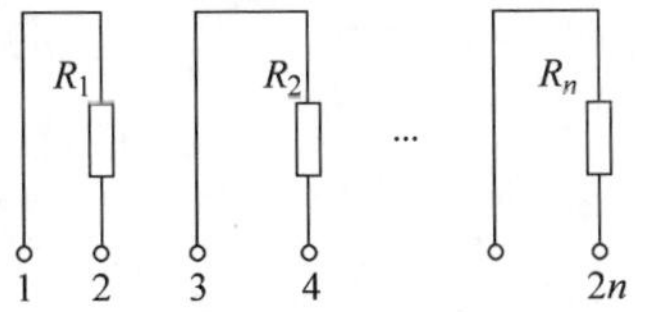 $R_1=R_2=\cdots\cdots=R_n$	4	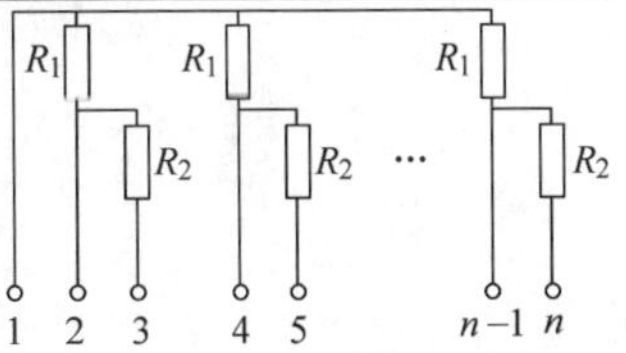 $R_1 = R_2$ 或 $R_1 \neq R_2$

（续）

序号	内部电路（等效电路）	序号	内部电路（等效电路）
5	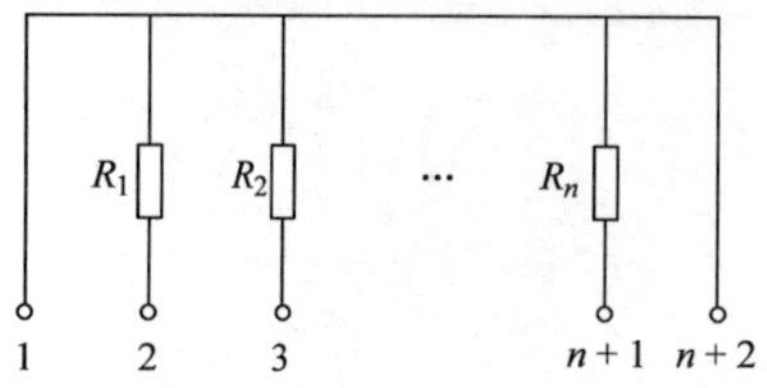 $R_1=R_2=\cdots\cdots=R_n$	8	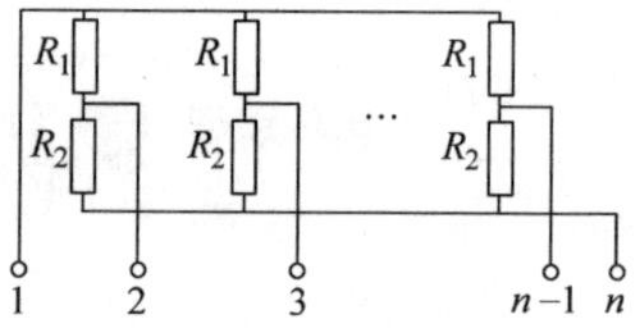 $R_1=R_2$ 或 $R_1\neq R_2$
6	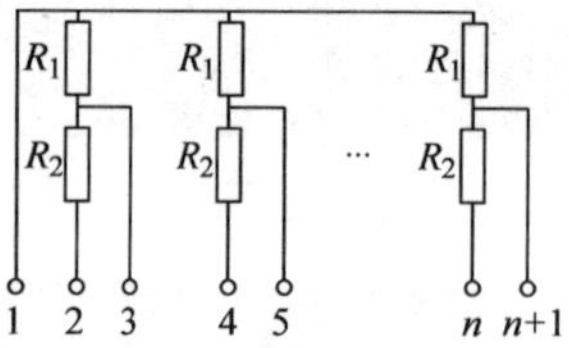 $R_1=R_2$ 或 $R_1\neq R_2$	9	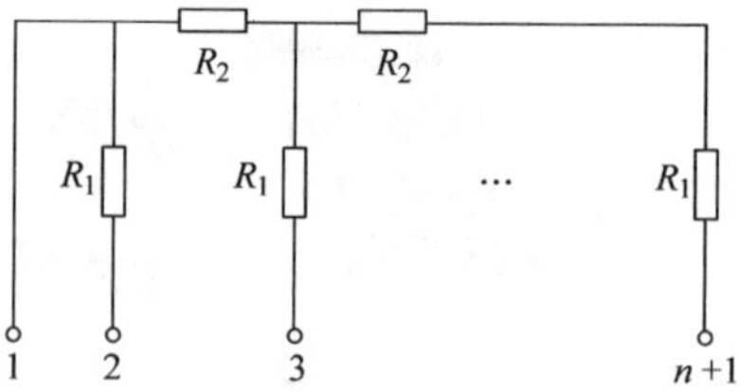 $R_1=R_2$ 或 $R_1\neq R_2$
7	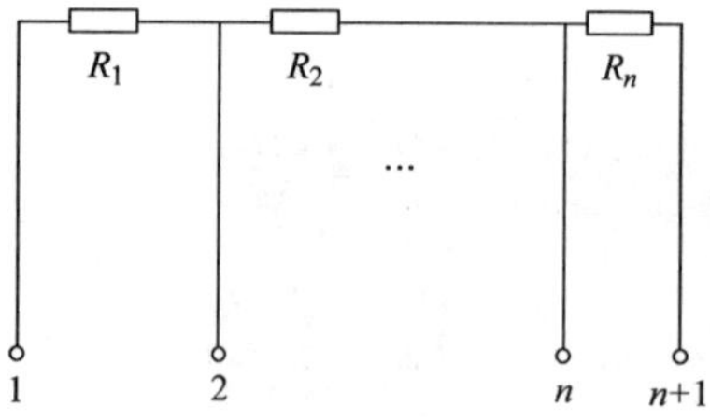 $R_1=R_2=\cdots\cdots=R_n$		

☞ 4. 贴片电阻的识别

贴片电阻（SMD Resistor），是金属玻璃釉电阻中的一种，由基板、电阻膜层、电极、保护介质四部分组成。是将金属粉和玻璃釉粉混合，采用丝网印刷法印在基板上制成的电阻。其封装有英制表示法0201、0402、0603、0805、1206、1210、2010、2512，米制表示法0603、1005、1608、2012、3216、3225、5025、6432。其外形、结构，如图2-3所示。目前

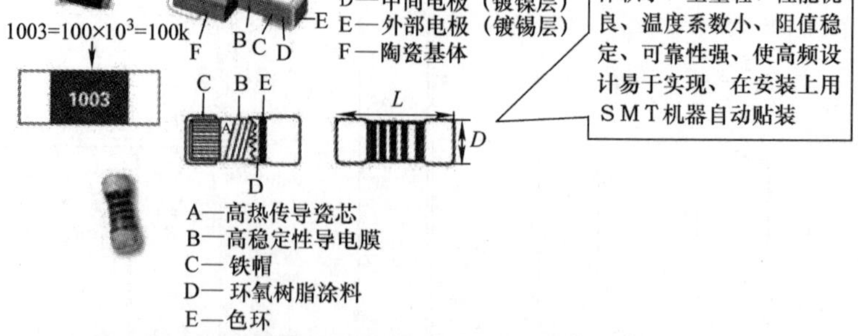

图2-3　贴片电阻外形、结构

图 2-3　贴片电阻外形、结构（续）

应用最广的贴片电阻的尺寸代码是 0805 及 1206，并且逐步有趋势向 0603 发展，0402 和 0201 两种封装常用于集成度较高的产品中。贴片电阻的封装代码及尺寸，见表 2-5。贴片电阻有 5 种参数，即尺寸、阻值、允差、温度系数及封装。

贴片电阻中的零欧电阻在电子电路应用很广，使用时注意各尺寸贴片电阻允许的额定电流。70℃环境温度下通过电流为 0.5A 的尺寸代码是 0402，电流为 1A 的尺寸代码是 0603、0805、1208，电流为 2A 的尺寸代码是 2010、2512。零欧电阻本质上相当于跳线，在 SMT 设计中贴片零欧电阻应用很广泛，给设计者带来了极大的方便。

注：贴片电阻最常用的阻值系列是 E24、E96 系列，设计者应在其中选择接近计算值的标称值的贴片电阻。贴片电阻功率一般都较小，选取贴片电阻时要留有一定的余量，必要时采用降功率设计。在设计 PCB 中贴片电阻焊盘时，一定要注意焊盘尺寸公差。

贴片电阻有 0402、0603、0805、1208、1210、2512 等六种尺寸规格，其中不同尺寸的贴片电阻的额定功率是不同的，尺寸对额定功率起着决定性作用。贴片电阻常用尺寸规格是 0402、0603、0805。贴片电阻的精度比较高，常用的贴片电阻系列是 E24 系列及 E96 系列。贴片电阻的主要电性能指标有标称阻值及偏差、额定功率、最大工作电压。

表 2-5 贴片电阻的封装代码及尺寸

英制代码	公制代码	长度/mm	宽度/mm	厚度/mm	功率/W
0402	1005	1.0	0.5	0.5	1/16
0603	1608	1.55	0.8	0.4	1/16
0805	2012	2.0	1.25	0.5	1/10
1206	3216	3.1	1.55	0.55	1/8
1210	3225	3.2	2.6	0.55	1/4
2010	5025	5.0	2.5	0.55	1/2
2512	6432	6.3	3.15	0.55	1

常用贴片电阻阻值表示方法，见表 2-6。

表 2-6 常用贴片电阻阻值表示方法

序号	数字代码	阻值	误差	序号	数字代码	阻值	误差
1	1R1	0.1Ω	±5%	15	1R20	1.2Ω	±1%
2	R33	0.33Ω	±5%	16	10R0	10Ω	±1%
3	3R3	3.3Ω	±5%	17	91R0	91Ω	±1%
4	100	10Ω	±5%	18	1000	100Ω	±1%
5	560	56Ω	±5%	19	1500	150Ω	±1%
6	391	390Ω	±5%	20	9100	910Ω	±1%
7	472	4.7kΩ	±5%	21	1201	1.2kΩ	±1%
8	473	47kΩ	±5%	22	8201	8.2kΩ	±1%
9	474	470kΩ	±5%	23	2402	24kΩ	±1%
10	475	4.7MΩ	±5%	24	4703	470kΩ	±1%
11	825	8.2MΩ	±5%	25	1204	1.2MΩ	±1%
12	106	10MΩ	±5%	26	4704	4.7MΩ	±1%
13	0000	0Ω	±1%	27	8204	8.2MΩ	±1%
14	0R47	0.47Ω	±1%	28	1005	10MΩ	±1%

5. 电位器的识别

电位器是一种阻值可调的电阻，由可变电阻演变而来的，一般均由电阻体、滑动臂、转柄（滑柄）、外壳及焊片构成，如图 2-4 所示。焊片 A、B 与电阻体两端相连，其阻值为电位器的最大阻值，是一个固定值。

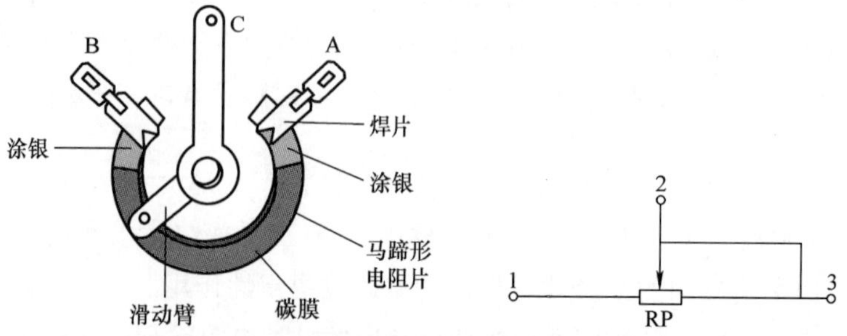

图 2-4 电位器的示意图

1）按电阻材料，分为合金型电位器、合成型电位器、薄膜型电位器。
2）按阻值随转轴旋转角度的变化关系，分为线性电位器和非线性电位器。

注：常用的电位器有直线式、对数式、指数式，分别用字母 X、D、Z 来表示。

3）按调节方式，分为直滑式电位器、旋转式电位器。
4）按结构特点，分为抽头式电位器、带开关电位器、单联电位器、多联电位器。
5）按用途，分为普通型、微调型、精密型、功率型、专用型。
电位器的简介，见表2-7。

表2-7　电位器的简介

序号	外形图	名称	描述	特点
1		碳膜（合成膜）电位器	用配置好的悬浮液涂抹在胶脂板或玻璃纤维板上制成的电阻体，能制成片状的半可调电位器、结构较复杂的带开关电位器和精密电位器	1）阻值连续可调，分辨力高 2）阻值范围宽（几百欧～几兆欧） 3）功率不能太高，一般做到2W 4）耐温和耐湿性能较差
2	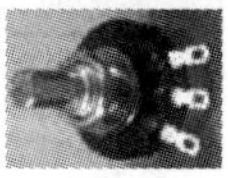	金属膜电位器	由特种合金或金属或金属氧化物等材料通过真空溅射，沉积在瓷基体上制造而成	1）耐温性能好，分布电感小 2）可以在100MHz的高频电路工作 3）耐磨性能较差 4）阻值范围窄（10Ω～100kΩ）
3	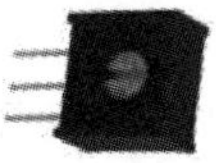	金属玻璃釉电位器	用丝网印刷的方法，将玻璃釉浆料印在陶瓷基体上，在700～800℃温度下烧制而成	1）分辨力高，阻值范围宽（几十欧～几十兆欧） 2）耐温、耐湿、耐磨，分布电容和电感小 3）适用于射频范围工作 4）接触电阻变化大，电流噪声大
4		有机合成实芯电位器	用有机黏合剂将碳质导电物、填料均匀混合构成电阻体材料，连同引出端和绝缘的塑料粉压制后加热聚合而成	1）阻值连续可调，分辨力高 2）阻值范围宽（100Ω～4.7MΩ） 3）体积小，耐磨、耐热性能好 4）温度稳定性较差
5		无机合成实芯电位器	由含无机黏合剂（如玻璃釉）的碳质合成物和填料混合冷压在基体上而成	1）体积小，防潮性能好 2）耐热性能好
6	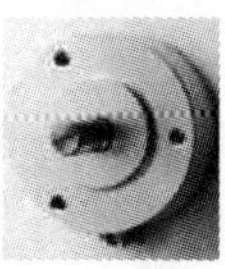	导电塑料电位器	由炭黑、石墨、超细金属粉、邻苯二甲酸二丙酯树脂（DAP树脂）和交联剂（DAP单体）塑压而成	1）电阻率比一般电阻体大3～4个数量级 2）特别耐磨，寿命可达500万次 3）制作工艺简单，分辨力高 4）平滑性良好，接触可靠 5）阻值范围宽（10Ω～1MΩ） 6）工作温度范围－55～＋125℃

6. 电阻的串、并联

电阻的串、并联，见表2-8。

表2-8　电阻的串、并联

序号	示意图	电阻的串、并联等效电路	公式
1	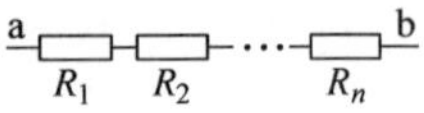	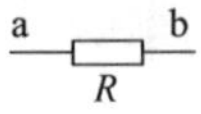	$R=\frac{U_1}{I_1}+\frac{U_2}{I_2}+\frac{U_3}{I_3}+\frac{U_4}{I_4}+\cdots+\frac{U_n}{I_n}=R_1+R_2+R_3+R_4+\cdots+R_n$ $I=I_1=I_2=I_3=I_4=\cdots=I_n$ $U=U_1+U_2+U_3+U_4+\cdots+U_n$
2	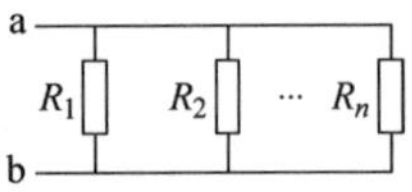	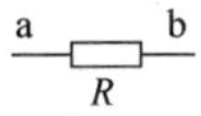	$\frac{1}{R}=\frac{1}{R_1}+\frac{1}{R_2}+\frac{1}{R_3}+\frac{1}{R_4}+\cdots+\frac{1}{R_n}$ $U=U_1=U_2=U_3=U_4=\cdots=U_n$ $I=I_1+I_2+I_3+I_4+\cdots+I_n$

序号	示意图	名称	描述	特点
1	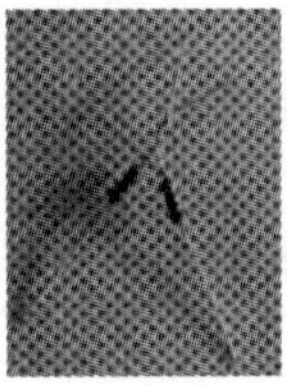	电阻串联	只有一条电流路径，通过一个电阻的电流同时也通过另一个	1）电阻串联，每个电阻中流过的电流都相等 2）电阻串联电路的总电压等于各电阻上的电压之和 3）电阻串联电路的总等效电阻等于各串联电阻之和
2	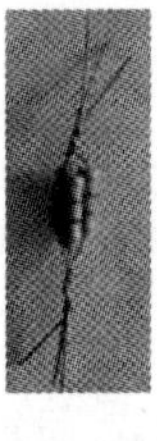	电阻并联	有两条（或多条）电流路径	1）电阻并联，每个电阻上的电压都相等 2）电阻并联电路的总电流等于各电阻中的电流之和 3）电阻并联电路的总电阻的倒数等于各并联电阻的倒数之和

——☆☆☆ 2.2　电阻的检测 ☆☆☆——

1. 电阻的主要参数

（1）外形尺寸

外形尺寸是指电阻器的外观结构及主要外形尺寸（引脚、管芯）。在这里所讲到外形尺寸实际就是电阻的封装。

（2）标称阻值和允许误差

电阻上所具有的阻值叫作标称阻值。不同类型的电阻，阻值范围不同，不同精度的电阻其阻值系列亦不同。常用的标称阻值有 E6、E12、E24、E48、E96 系列。实际阻值与标称阻值的相对误差称为允许偏差。常用的精度有 ±5%、±10%、±20%，精密电阻精度要求更高，如 ±2%、±1% 和 ±0.5% ~ ±0.001% 等。常用的标称阻值，见表2-9。

表 2-9　常用的标称阻值

E12（误差 ±20%）	1.0	1.2	1.5	1.8	2.2	2.7	3.3	3.9	4.7	5.6	6.8	8.2
E24（误差 ±5%）	1.0	1.1	1.2	1.3	1.5	1.6	1.8	2.0	2.2	2.4	2.7	3.0
	3.3	3.6	3.9	4.3	4.7	5.1	5.6	6.2	6.8	7.5	8.2	9.1
E96（误差 ±1%）	1.00	1.02	1.05	1.07	1.10	1.13	1.15	1.18	1.21	1.24	1.27	1.30
	1.33	1.37	1.40	1.43	1.47	1.50	1.54	1.58	1.62	1.65	1.69	1.74
	1.78	1.82	1.87	1.91	1.96	2.00	2.05	2.10	2.15	2.21	2.26	2.32
	2.37	2.43	2.49	2.55	2.61	2.67	2.74	2.80	2.87	2.94	3.01	3.09
	3.16	3.24	3.32	3.40	3.48	3.57	3.65	3.74	3.83	3.92	4.02	4.12
	4.22	4.32	4.42	4.53	4.64	4.75	4.87	4.99	5.11	5.23	5.36	5.49
	5.62	5.76	5.90	6.04	6.19	6.34	6.49	6.65	6.81	6.98	7.15	7.32
	7.50	7.68	7.87	8.06	8.25	8.45	8.66	8.87	9.09	9.31	9.53	9.76

注： 常用的电阻是 E24 与 E96 系列。使用时，将表 2-9 中的数值乘以 10^0、10^1、10^2、10^3，一直到 10^n（n 为整数）成为系列阻值。如 E24 系列中的 1.0 就有 1Ω、10Ω、100Ω、1kΩ、10kΩ、100kΩ、1MΩ、10MΩ 等。

（3）标称功率

元件的额定功率，决定了相同阻值可以承受的不同电流，与环境温度有关。额定功率指电阻在交、直流电路中长时间连续工作不损坏，或不显著改变其性能所允许消耗的最大功率。它并不是电阻在电路中工作时一定要消耗的功率，而是电阻在电路工作中所允许消耗的最大功率。

注： 电阻的功率决定了电阻能安全通过的电流大小，单位为瓦特（W）。常用的电阻功率有 1/8W、1/4W、1/2W、1W、2W、5W、10W 等，2W 以上的电阻功率一般直接印在电阻体上，2W 以下的电阻，其功率一般以自身体积大小来表示。

（4）额定电压与最高工作电压

按额定功率和标称电阻的乘积开方而得到的电压称为额定电压。对于额定功率一定的电阻，额定电压随阻值增大而增大，上升到一定值后，不允许再随阻值增大而上升，这个电压就是最高工作电压。

注： 电阻的工作电压超过最高工作电压，电阻可能烧毁或产生极间飞弧和击穿现象。

（5）噪声电动势

噪声电动势是产生于电阻中的一种不规则的电压起伏。噪声的量值是 μV/V，即电阻的工作电压为 1V 时噪声电压的大小（以 μV 计）。噪声电动势分为热噪声和电流噪声。

热噪声由于电子在导体中的无规则热运动而造成。经放大后可以测出噪声电压，也可变成声音，是一种不可抑制的物理现象。

电流噪声是由于导体中通过电流时，导体颗粒与导电颗粒之间不断发生碰撞，产生机械振荡，使颗粒之间的接触电阻不断变化的结果。电阻两端加上直流电压时，电流将被起伏的电阻所调制，产生一个不规则的交变电压分量，就是电流噪声电压。

注：① 热噪声仅与温度和电阻值有关。而与电阻的材料、结构、导体形状、导体中的电流值没有关系。

② 电流噪声与材料、结构及外加直流电压有关。可以通过改善基体材料的表面粗糙度、减小导体材料的粒度等来改善电流噪声。

③ 线绕电阻只有热噪声，金属膜与碳膜电阻存在两个噪声。

④ 电阻的主要故障是过电流烧毁、变值、断裂、引脚脱焊等。通过电阻目测，可以看出引线松动、折断或电阻体烧坏等外观故障。

⑤ 零欧电阻的作用是作为跳线或熔丝使用。

2. 电位器的主要参数

（1）标称阻值

电位器的标称阻值是指电位器两个固定端的最大阻值。

（2）额定功率

额定功率是指电位器的两个固定端上允许耗散的最大功率。

注：① 滑动抽头与固定端所能承受的功率要小于电位器的额定功率。

② 线绕电位器的额定功率有0.25W、0.5W、1W、2W、3W、5W、10W、16W、25W、40W、63W、100W等。

③ 非线绕电位器功率有0.025W、0.05W、0.1W、0.25W、0.5W、1W、2W、3W等。

（3）滑动噪声

当电刷在电阻体上滑动时，电位器中心端与固定端的电压出现无规则的起伏现象。它是由电阻体电阻率分布的不均匀性和电刷滑动时接触电阻的无规律变化引起的。

（4）分辨力

电位器对输出量可实现的最精细的调节能力，称为分辨力。

（5）零位电阻

零位电阻是指电位器动接点处于电阻体始（末）端时，动接点与电阻体始（末）端之间的电阻值。

（6）阻值变化规律

为适用各种不同的用途，电位器电阻的变化规律也不相同。

3. 压敏电压的主要参数

（1）压敏电压 U_{1mA}

压敏电压是指在直流工作电压条件下，压敏电阻中流过规定直流电流时，其两端的端电压。一般规定此直流电流的值为1mA。

（2）电压温度系数 α_u

当通过压敏电阻的电流保持恒定时，温度每变化 1℃，电压的相对变化百分比，称为压敏电阻的电压温度系数 α_u。

（3）非线性系数 α

非线性系数是表征压敏电阻伏安特性非线性程度的一项重要参数。α 越大越好。α 越大，表明通过压敏电阻的电流随外加电压的变化越大。

4. 电阻阻值标注方法

电阻阻值标注方法有下列 3 种，分别为直接标注法、文字符号法、色环标注法。

（1）直接标注法

将电阻的阻值和误差等级或功率直接用数字印在电阻上，如图 2-5 所示。其方法简单明了、读数方便，主要用于功率和体积较大的电阻。

对阻值小于 1000Ω 的电阻只标出数值，同时也标注单位 Ω。对 kΩ、MΩ 阻值的电阻，只标注 kΩ、MΩ。精度等级标为Ⅰ级或Ⅱ级，Ⅲ级不标注。

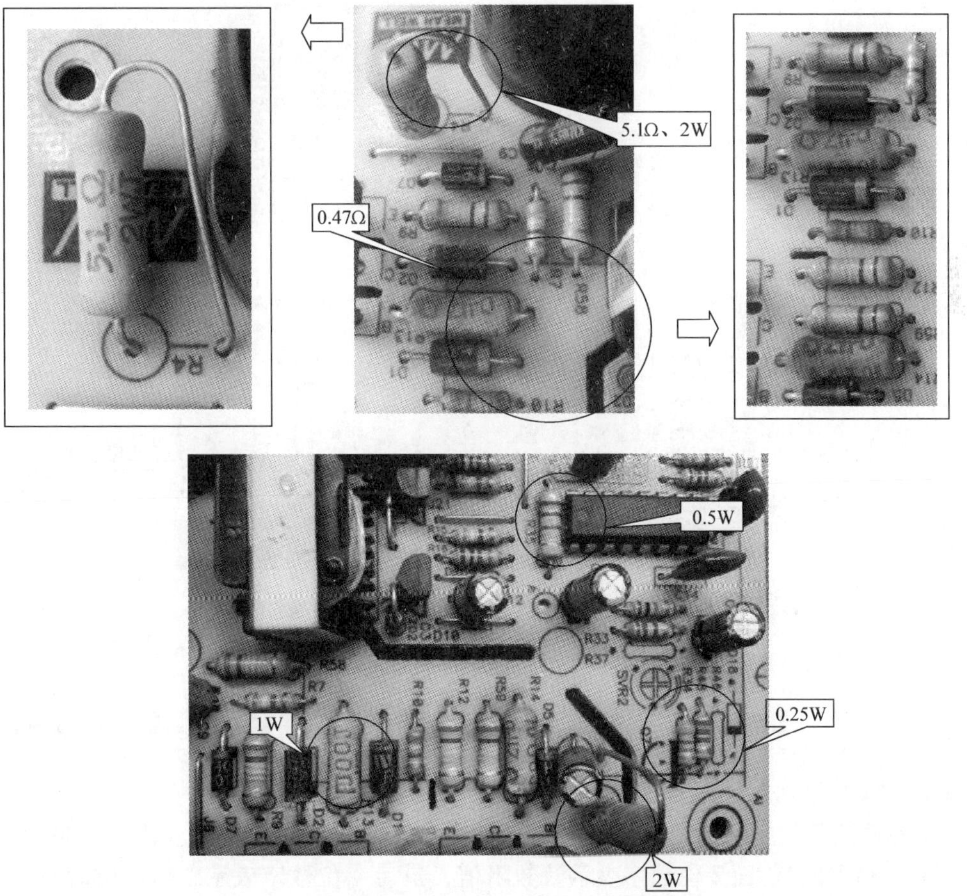

图 2-5　直接标注法的电阻

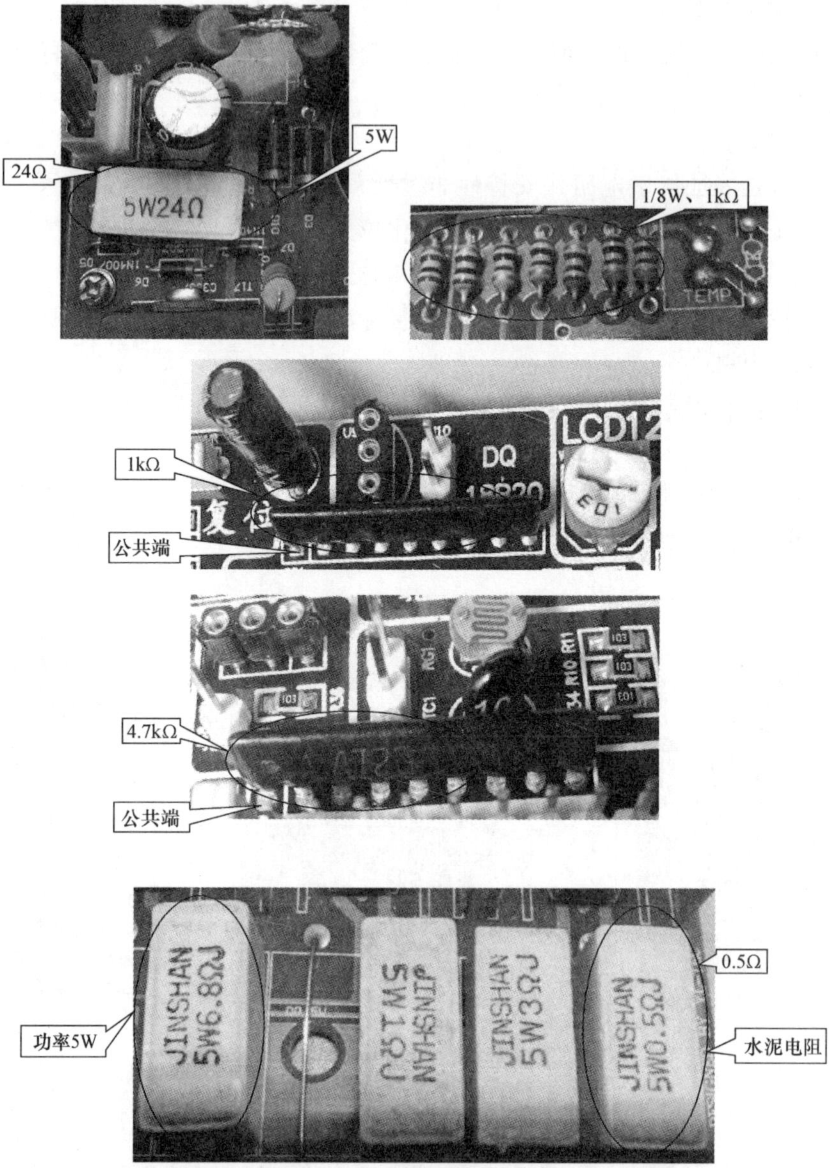

图 2-5 直接标注法的电阻（续）

注：在电子电路设计中，根据设计要求选择电阻，其有Ⅰ、Ⅱ、Ⅲ级误差可选用。

（2）数字标注法

数字标注法就是用阿拉伯数字来表示标称阻值，分为 3 位数字标注法与 4 位数字标注法。3 位数字标注法前面 2 位数字表示整数阻值，最后一位数字表示整数阻值后面“0”的个数。4 位数字标注法前面 3 位数字表示整数阻值，最后一位数字表示整数阻值后面“0”的个数。数字标注法主要用于贴片电阻，如图 2-6 所示。贴片电阻一般为表面黑色，底面及两边为白色，一般在外表面标出阻值大小。

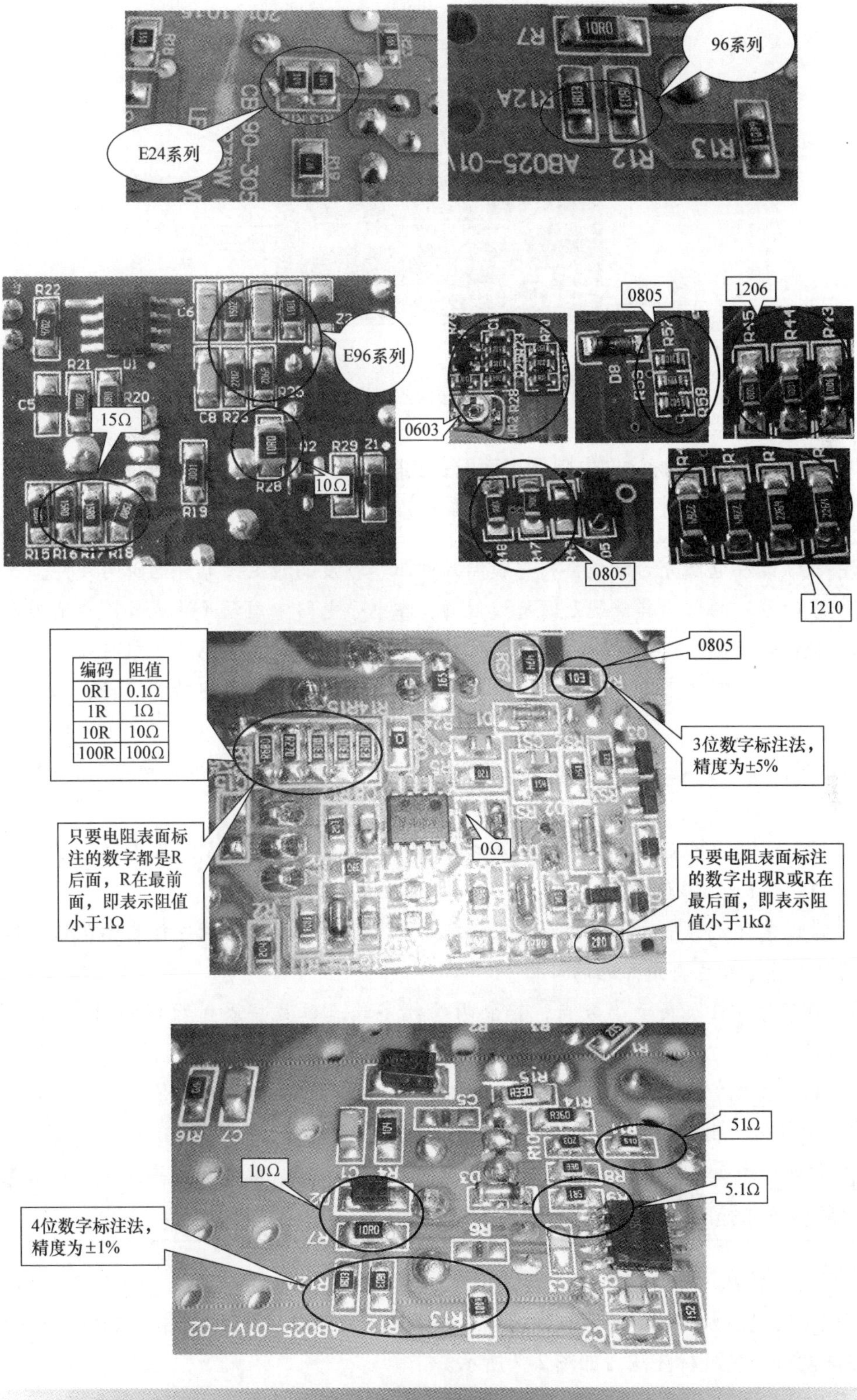

图 2-6 数字标注法的电阻

图 2-6　数字标注法的电阻（续）

贴片电阻的阻值一般标注在电阻体表面上，其阻值代码规则为 2 位有效数字 +0 的个数（E24 系列）、3 位有效数字 +0 的个数（E96 系列）。

注：① 贴片电阻分为常规系列厚膜贴片电阻、精度高稳定性贴片电阻两大类。

② 零欧电阻的作用其实就是做跨线用的，在电子电路中用电子导线作跨线有时和其他元器件容易碰到一起造成短路。另外在生产工艺上，在 SMT 贴片机中可以作为一个电阻元件，使 PCB 生产方便，效率高。零欧电阻同时也可以作为功能选择、临时的断路测试点。

③ 103，前两位表示有效数字，第三位表示 10 的 N 次方，基本单位是 Ω，103 = 10000Ω = 10kΩ。

④ 1803，前三位表示有效数字，第四位表示 10 的 N 次方，基本单位是 Ω，1803 = 180000Ω = 180kΩ。

⑤ 表面装配元件中，电阻表面为黑色。贴片电阻上面用白色的字体表示阻值，所以除端角外背景颜色都是黑色的。

⑥ 用字母“R”表示小数点，其余两位数字或三位数字表示数值的有效数字。0 ~ 10Ω 带小数点电阻，其表示方法为 xRxx 或 Rxxx。

⑦ 用三位数字表示元件的标称值。从左至右，前两位表示有效数位，第三位表示 10^n（n = 0 ~ 8）。当 n = 9 时为特例，表示 10^{-1}。

⑧ 碳膜电阻、金属膜（金属氧化膜）电阻、保险电阻、线绕电阻等，目前采用色环标注的方法进行阻值的标示。

（3）色环标注法

对体积小的电阻及合成电阻，其阻值和误差常用色环来标注。色环标注法有 4 色环和 5 色环标注法两种。色环标注法，如图 2-7 所示。

4 色环电阻的第 1 道色环和第 2 道色环分别表示电阻的第 1 位和第 2 位有效数字，第 3

道色环表示 10 的乘方数（10^n，n 为第 3 道色环颜色所表示的数字），第 4 道色环表示允许误差（若无第 4 道色环，则误差为 ±20%）。色环电阻的单位为 Ω。

5 色环电阻的第 1 道色环和第 2 道色环及第 3 道色环分别表示电阻的第 1 位和第 2 位及第 3 位有效数字，第 4 道色环表示 10 的乘方数（10^n，n 为第 4 道色环颜色所表示的数字），第 5 道色环表示允许误差。色环电阻的单位为 Ω。

E24 系列电阻使用 4 色环表示法，最后一道色环通常是金色的。E96 系列电阻使用 5 环表示法，其有效数值为 3 位，使用第 1、2、3 道色环表示，第 4 道色环表示 10 的乘方数，第 5 道色环表示允许误差。对于 5 色环电阻来说，如发现最边上的一道色环为金色，则表示为最后一道色环，其意义表示其误差小于 ±5%。

注：① 色环电阻的电阻误差用金色、银色、棕色表示，最常用的误差色环是金色环和银色环，所以只要在电阻上最末 1 环有金色环和银色环，就可以基本认定这是色环电阻的误差色环。

② 对于 5 色环电阻，判断色环的排列顺序可以根据间隔的大小进行判断。色环电阻第 5 环和第 4 环之间的间隔，要比第 1 环和第 2 环之间的间隔宽一些。

③ 色环电阻在仅靠色环间距没有办法判断色环顺序的情况下，可以利用色环电阻的生产标值表来加以判别，即从左到右得到的阻值与从右到左得到的阻值进行对比。如果发现阻值在电阻的生产标值系列表中是没有的，说明读取色环电阻的色环顺序是不对的。

④ 对于无法读出色环的电阻，其阻值可以通过万用表对色环电阻的阻值进行测量，直接得到读数。

⑤ 色环电阻用 4 条或 5 条色环来表示其阻值与误差级别，识别或读取色环电阻的阻值时，一定要将色环颜色与所代表的数字记熟，即棕 1、红 2、橙 3、黄 4、绿 5、蓝 6、紫 7、灰 8、白 9、黑 0。

⑥ 4 色环电阻的最后一环，金色为 Ⅰ 级误差（±5%）、银色为 Ⅱ 级误差（±10%），精密电阻用 5 条色环表示，误差为 ±2%。

⑦ 读者当面对一个色环电阻时，首先找出金色或银色的一端，并将色环电阻朝下，从头开始读色环电阻的色环。

⑧ 6 色环电阻的前 5 环和 5 色环电阻读取方法是一样，只是后面多了一个表示温度系数的色环。红色为 ±50ppm/℃，橙色为 ±15ppm/℃，黄色为 ±25ppm/℃，绿色为 ±20ppm/℃，蓝色为 ±10ppm/℃，紫色为 ±5ppm/℃，灰色为 ±1ppm/℃。

⑨ 色环电阻用 4 色环及 5 色环来进行标注，其区别在于 4 色环电阻的前两位色环表示 4 色环电阻的有效数字，而 5 色环电阻用前三位色环表示 5 色环电阻的有效数字，两者相同是的倒数第 2 位色环都表示色环电阻的有效数字的倍乘，最后一位色环表示色环电阻的误差。

⑩ 5 色环电阻的电阻体中间只有一条黑色色环时，其电阻阻值为 0Ω，称为零欧电阻。

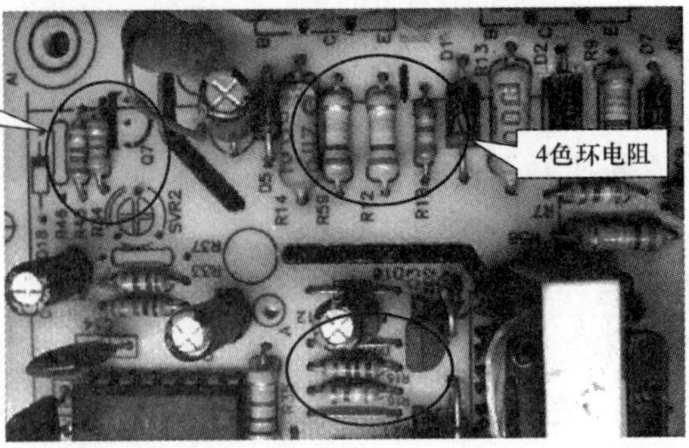

允许误差(%)	±0.001	±0.002	±0.005	±0.01	±0.02	±0.05	±0.1
等级符号	E	X	Y	H	U	W	B
允许误差(%)	±0.2	±0.5	±1	±2	±5	±10	±20
等级符号	C	D	F	G	J(Ⅰ)	K(Ⅱ)	M(Ⅲ)

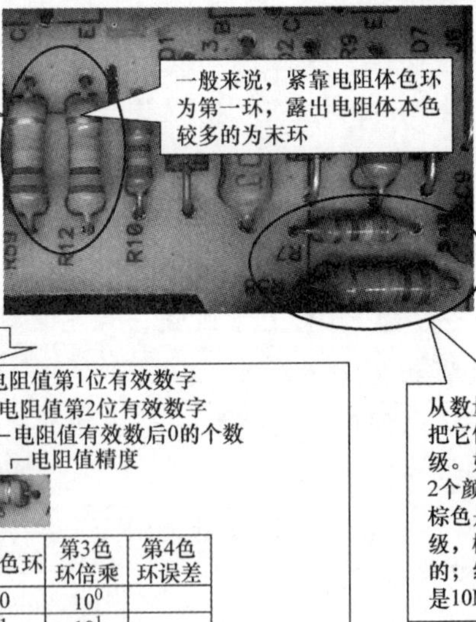

从数量级来看，大体上可把它们划分为三个大的等级。如第三环颜色(倒数第2个颜色)是金色、黑色、棕色是Ω级的；红色是kΩ级，橙色、黄色是10kΩ级的；绿色是MΩ级、蓝色则是10MΩ级的

颜色	第1色环	第2色环	第3色环倍乘	第4色环误差
黑	0	0	10^0	
棕	1	1	10^1	
红	2	2	10^2	
橙	3	3	10^3	
黄	4	4	10^4	
绿	5	5	10^5	
蓝	6	6	10^6	
紫	7	7	10^7	
灰	8	8	10^8	
白	9	9	10^9	
金			10^{-1}	±5%
银			10^{-2}	±10%
无色				±20%

图 2-7　色环标注法的电阻

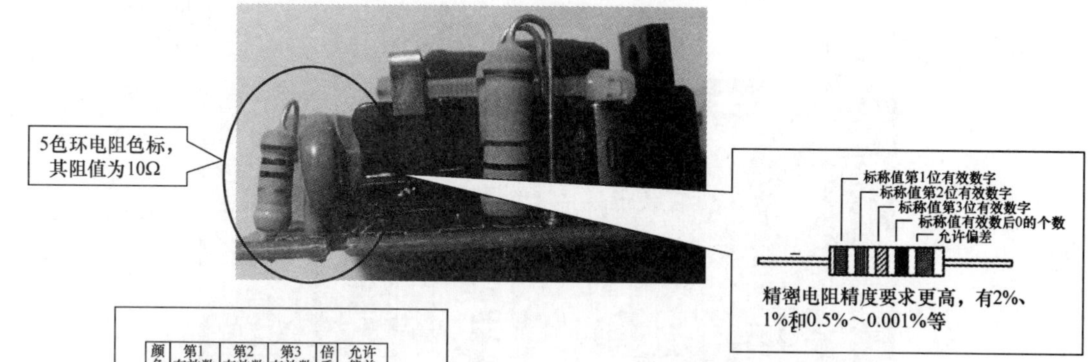

颜色	第1有效数	第2有效数	第3有效数	倍乘	允许偏差
黑	0	0	0	10^0	
棕	1	1	1	10^1	±1%
红	2	2	2	10^2	±2%
橙	3	3	3	10^3	
黄	4	4	4	10^4	
绿	5	5	5	10^5	±0.5%
蓝	6	6	6	10^6	±0.25%
紫	7	7	7	10^7	±0.1%
灰	8	8	8	10^8	
白	9	9	9	10^9	
金				10^{-1}	
银				10^{-2}	

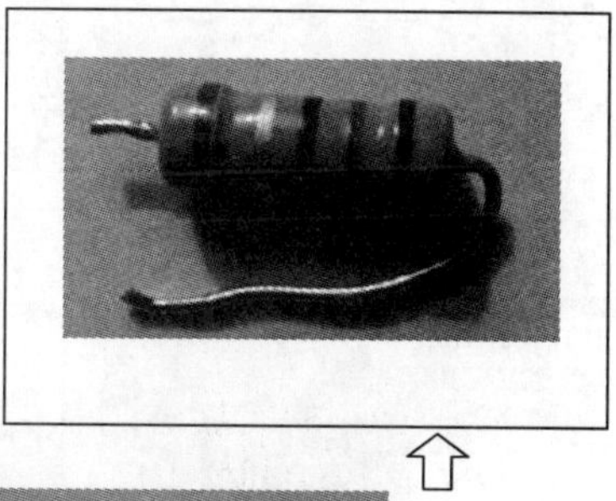

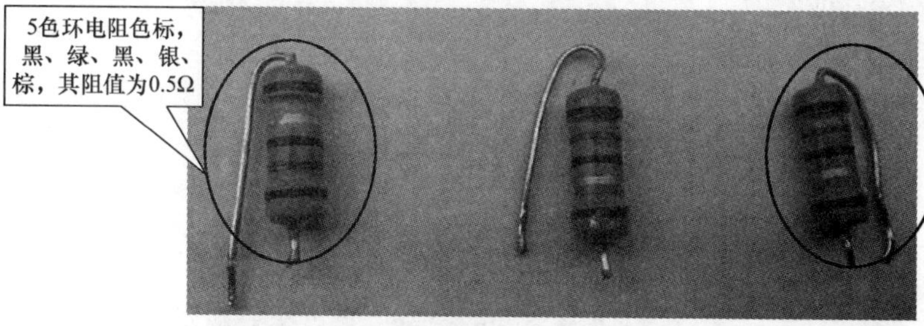

图 2-7　色环标注法的电阻（续）

5. 电阻的安装方式

电阻的安装方式，如图 2-8 所示。

注：在电子电路中，电阻的主要故障为过电流烧毁、变值、断裂、引脚脱焊等。

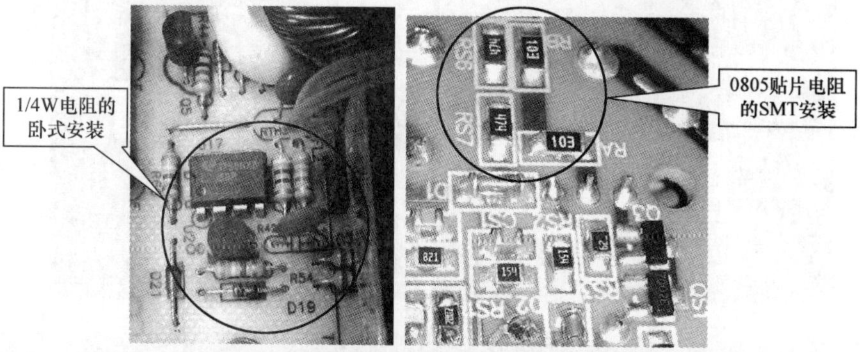

图 2-8　电阻的安装方式

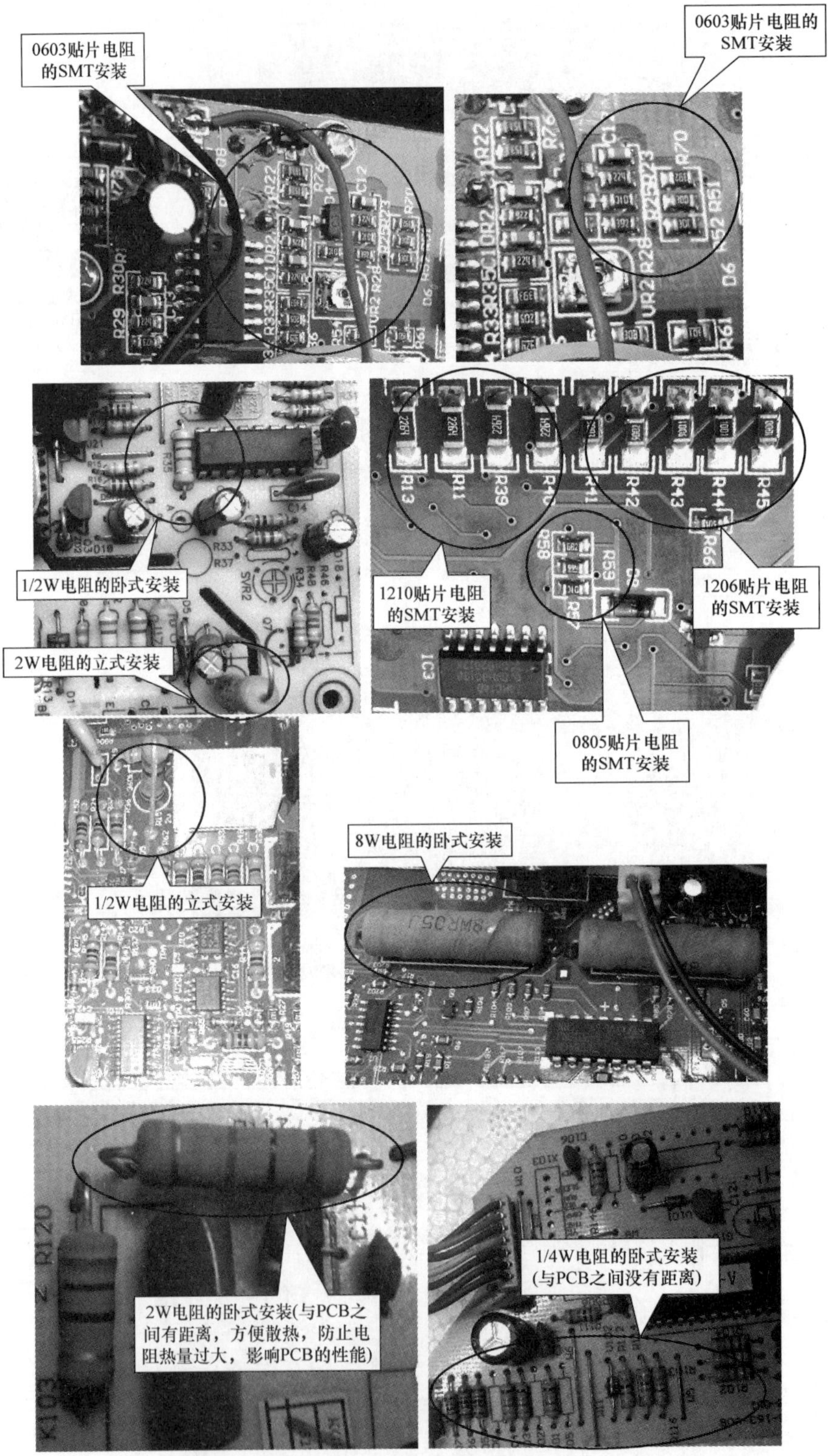

图 2-8　电阻的安装方式（续）

6. 电阻与电位器的选用

电阻与电位器的选用，见表2-10。

表2-10 电阻与电位器的选用

<table>
<tr><th>序号</th><th>名称</th><th>应用场合</th><th>选用要求</th></tr>
<tr><td>1</td><td>碳膜电阻</td><td>一般的电子电路，无特殊要求</td><td rowspan="5">1）电阻在电路中实际消耗的功率不得超过其额定功率，通常要求额定功率高于实际消耗功率的两倍以上
2）电阻的阻值应按标称系列选取
3）一般电子电路中电阻的误差，选用误差为Ⅰ、Ⅱ、Ⅲ级即可
4）如果电阻的阻值不在标称系列中，可以选择最接近这个阻值的标称值电阻
5）如果没有合适的电阻阻值，可以用两个或两个以上的电阻的串并联来代替所需的电阻
6）金属膜电阻、金属氧化膜电阻等高频电阻主要应用于高频电路</td></tr>
<tr><td>2</td><td>金属膜电阻</td><td>高品质的收录机和电视机等</td></tr>
<tr><td>3</td><td>贴片电阻</td><td>高频电路</td></tr>
<tr><td>4</td><td>精密电阻</td><td>测量电路或仪表、仪器电路</td></tr>
<tr><td>5</td><td>线绕电阻</td><td>工作频率低，功率大，对耐热性能要求较高的电路</td></tr>
<tr><td>6</td><td>碳膜电位器</td><td>无线电电子设备和家用电器中</td><td rowspan="4">1）经常调节的电位器，选用轴端铣成平面的，便于旋钮安装
2）不经常调整的电位器，选用轴端带刻槽的
3）一经调好就不再变动的电位器，选用带紧锁装置的电位器
4）直线式电位器用作分压器或示波器的聚焦电位器及万用表的调零电位器
5）对数式电位器用作音调调节电位器</td></tr>
<tr><td>7</td><td>线绕电位器</td><td>高频电路中不宜使用</td></tr>
<tr><td>8</td><td>直滑式电位器</td><td>用于收录机和电视机中，其功率较小，阻值范围为470Ω～2.2MΩ</td></tr>
<tr><td>9</td><td>方形电位器</td><td>1）电位器装有插入式焊片和插入式支架
2）可以直接安装在PCB上</td></tr>
</table>

7. 电阻与电位器的检测

(1) 电阻的检测

电阻表面的参数因某种原因脱落或要知道电阻准确阻值时，就需要用万用表对其进行测量。对于常用的碳膜、金属膜电阻以及线绕电阻的阻值，可用数字万用表的电阻档直接测量。

在用数字万用表对电阻具体测量时应注意：

1）合理选择量程。先将数字万用表功能选择置于“200Ω”档，由于数字万用表的电阻档分为7档，因此必须选择合适的量程，使被测电阻的阻值尽可能位于档位内，这样可提高测量的精度。

2）测量时不能用双手同时捏住电阻或数字万用表测试表笔，否则，人体电阻与被测电阻并联，影响测量精度。

在线贴片电阻的测量，如图 2-9 所示。

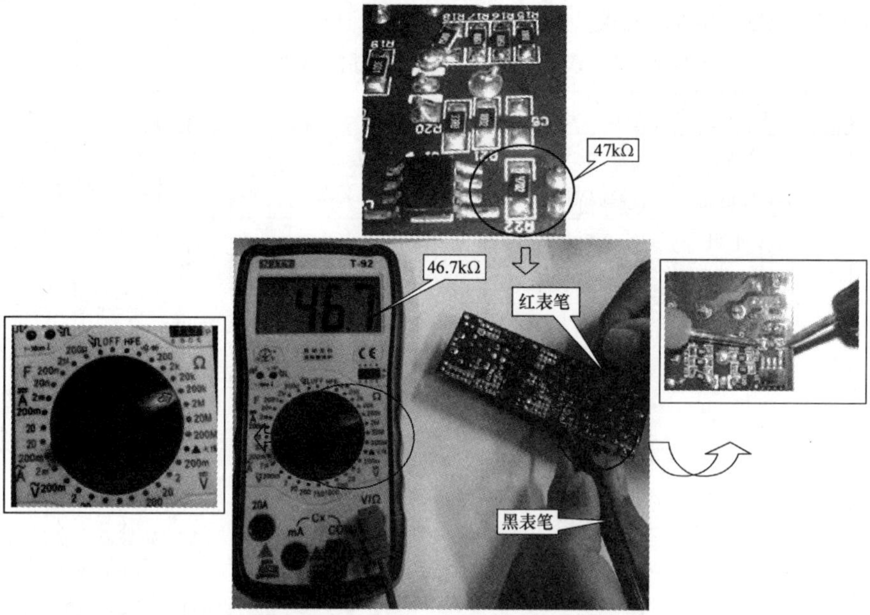

图 2-9　在线贴片电阻的测量

在线电阻的测量，如图 2-10 所示。

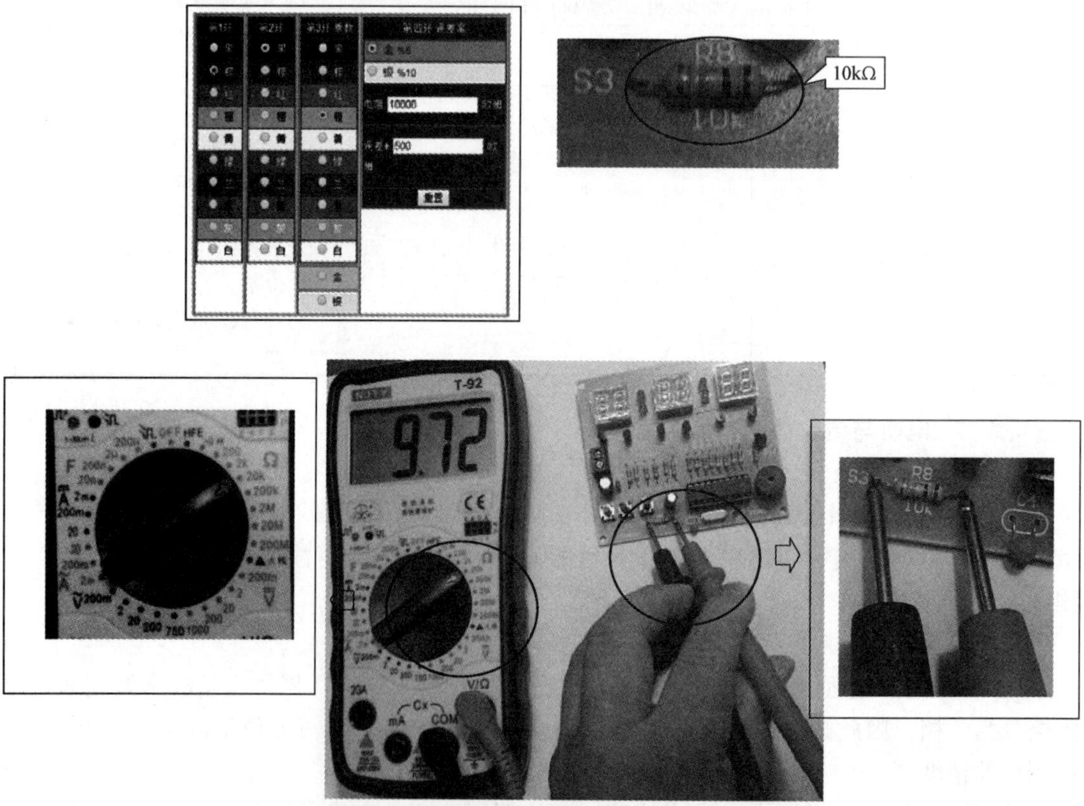

图 2-10　在线电阻的测量

色环电阻的测量，如图2-11所示。测量电阻阻值时，禁止用两只手分别捏住电阻引脚的两端测量，防止人体电阻与被测电阻并联，影响其测量的准确性。

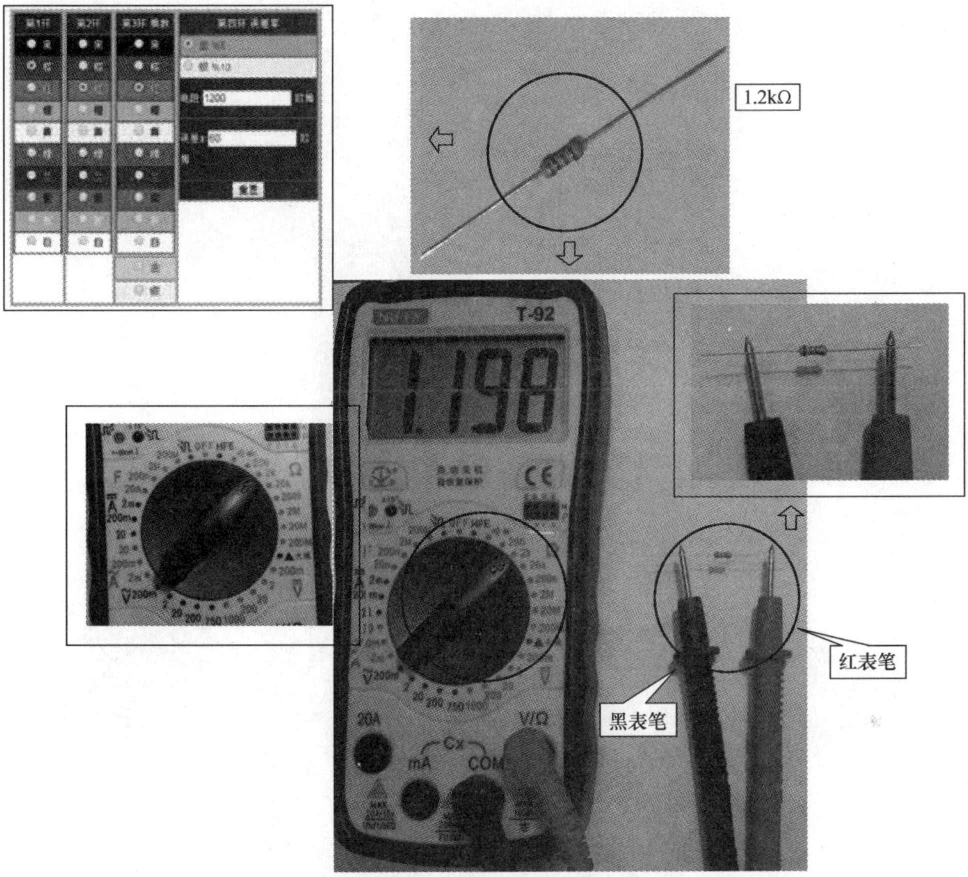

图2-11　色环电阻的测量

（2）电位器的检测

电位器的标注，如图2-12所示。

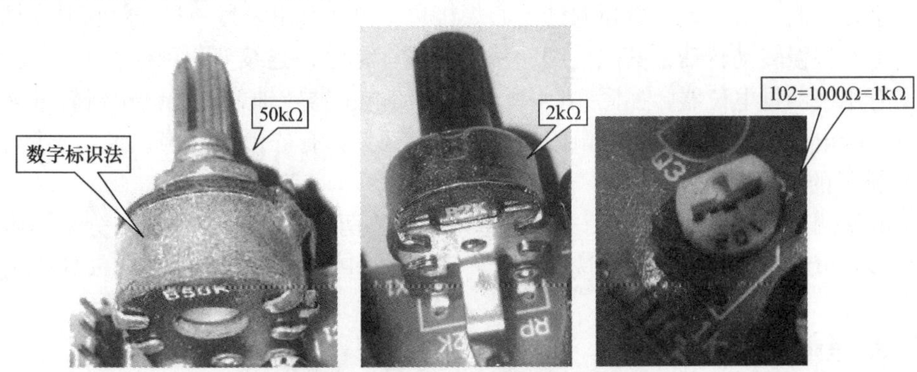

图2-12　电位器的标注

电位器也可先用数字万用表电阻档测量总阻值，然后将数字万用表表笔接于活动端子和引出端子，反复慢慢旋转电位器转轴，看数字万用表的数字是否连续均匀变化，如数字平稳移动而无跳动的现象，则说明电位器正常。

数字万用表电阻档测量电位器总阻值，如图 2-13 所示。

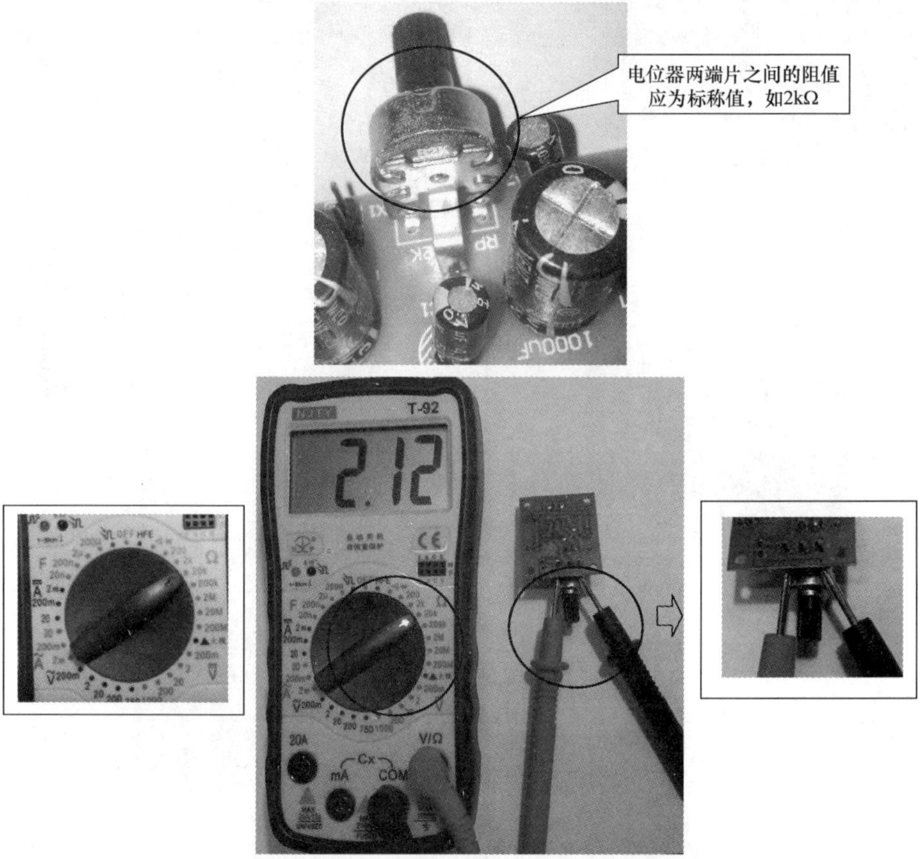

图 2-13　数字万用表电阻档测量电位器总阻值

将数字万用表一只表笔接电位器的中心焊接片，数字万用表另一只表笔接其余两端片中的任意一个，慢慢转动转轴，其阻值则应从零（或标称值）连续变化到标称值（或零）。

数字万用表测量电位器，如图 2-14 所示。转动电位器转轴，看看电位器转轴转动是否平滑，听一听电位器内部接触点和电阻体摩擦的声音，如有“沙沙”声，说明质量不好。

（3）排阻的检测

排阻的检测，如图 2-15 所示。选择合适量程，将两表笔（不分正负）分别与电阻的两端引脚相接即可测出实际电阻值。读数与标称阻值之间分别允许有 ±5%、±10% 或 ±20% 的误差。

8. 电阻的检验标准

电阻的检验标准，见表 2-11。

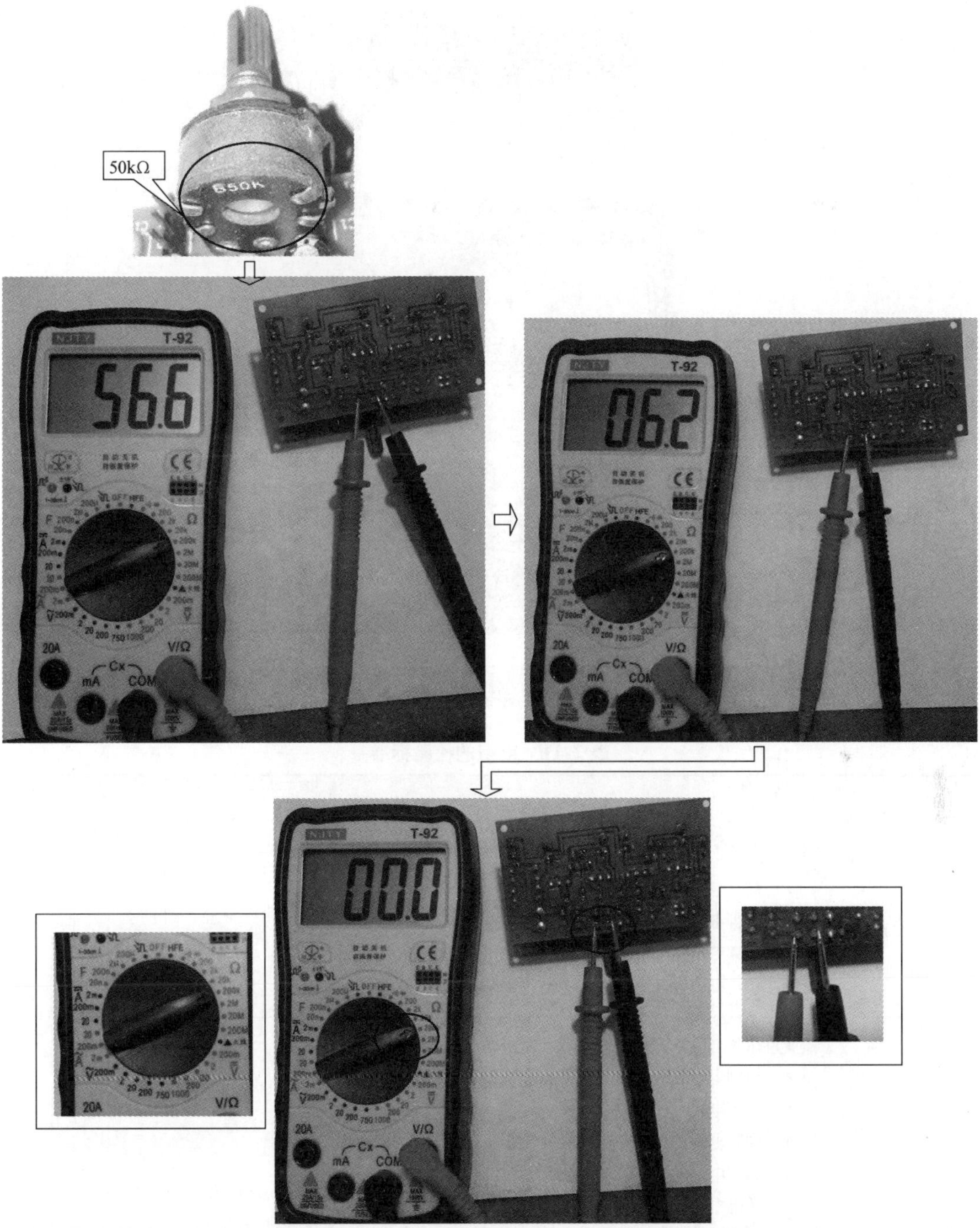

图 2-14　数字万用表测量电位器

注：在电子电路中应检查电位器引出端子是否松动，接触是否良好。转动电位器转轴时应感觉平滑，不应有过松或过紧等情况。

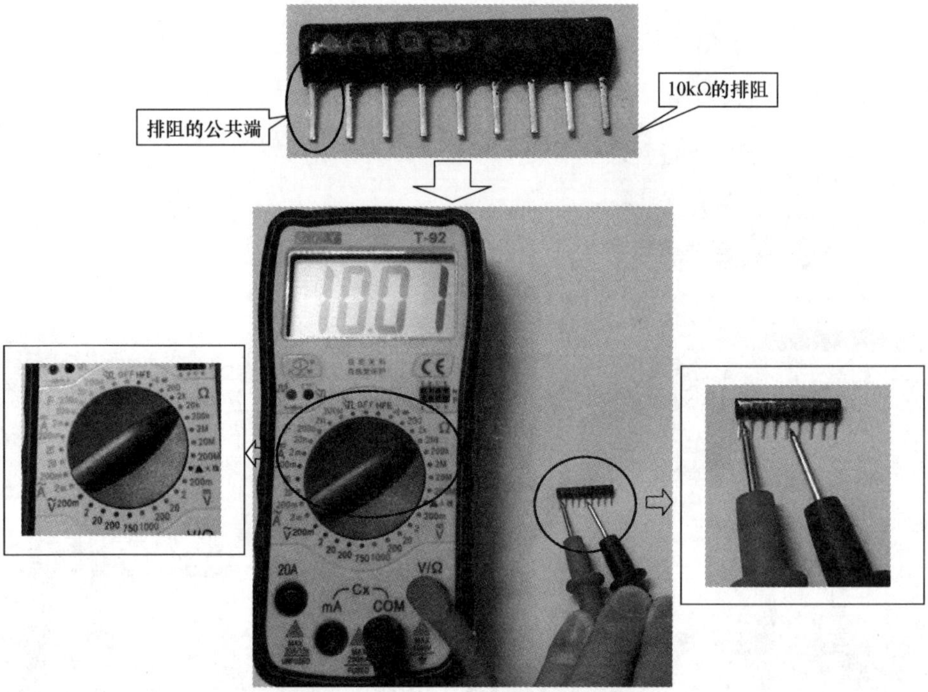

图 2-15 排阻的检测

表 2-11 电阻的检验标准

序号	检验项目	检测标准	检测方式/仪器	缺陷分类		
				CRI	MAJ	MIN
1	尺寸	1）贴片电阻长、宽、高的误差为 ±0.2mm 2）插脚电阻长、直径（圆体）、脚径的误差为 ±0.25mm 3）插脚电阻体积和脚径尺寸与承认书上的参数符合 4）贴片电阻长、宽、高与承认书上的参数符合	卡尺		√	
2	外观	1）贴片电阻本体应无破损或严重脏污现象 2）插脚电阻的引脚端不允许有严重氧化、断裂 3）插脚电阻色环模糊、印错 4）插脚电阻的引脚与主体连接牢固，用手轻折 2 次不断 5）插脚电阻的引脚轻微氧化不影响其焊接 6）插脚电阻的颜色识别、材质与设计要求相符合	目视		√	
3	包装	1）贴片电阻包装方式为盘装 2）插脚电阻包装方式为袋装或盒装 3）电阻的外包装需贴有明显物品标示且应与实物相符 4）贴片电阻中的 SMD 元件排列方向需一致，不允许有中断现象 5）电阻的标签及印章清晰正确	目视		√	

（续）

序号	检验项目	检测标准	检测方式/仪器	缺陷分类		
				CRI	MAJ	MIN
4	电气参数	1）量测其阻值必须与标示及对应的产品物料清单要求相符 2）耐压值与承认书上标示的范围相符 3）普通电阻误差≤5%；精密电阻误差≤1%	LCR 电桥	√		
5	浸锡	1）电阻的焊端、引脚可焊锡度不低于90% 2）元件引脚浸没在260℃ ±5℃的锡液中5s，元件的外观、电气参数应无变化			√	
6	机械性能	一手持插脚电阻的电阻体，另一手将端子线弯曲90°后，恢复原位，继续再向反方向弯曲90°，如此三次而插脚电阻接头不可脱落或折断			√	

☆☆☆ 2.3　电阻的应用 ☆☆☆

1. 限流

限流是电阻的主要作用之一，根据欧姆定律 $I=U/R$，当电压 U 一定时，流过电阻的电流 I 与电阻值 R 成反比。在电子电路设计中选择适当电阻值，就可以将流过电阻的电流 I 限定在要求数值上，即电阻的限流作用，目前在 LED 电路中常用。电阻限流应用电路图，如图 2-16 所示。

2. 降压

当电流流过电阻时，在电阻上将产生一定的压降，其大小与电阻阻值 R 及流过电阻的电流的乘积成正比，即 $U=IR$。利用电阻的降压作用，可以在电源电路中使高电压适应电子电路工作电压的要求。电阻降压应用电路，如图 2-17 所示。

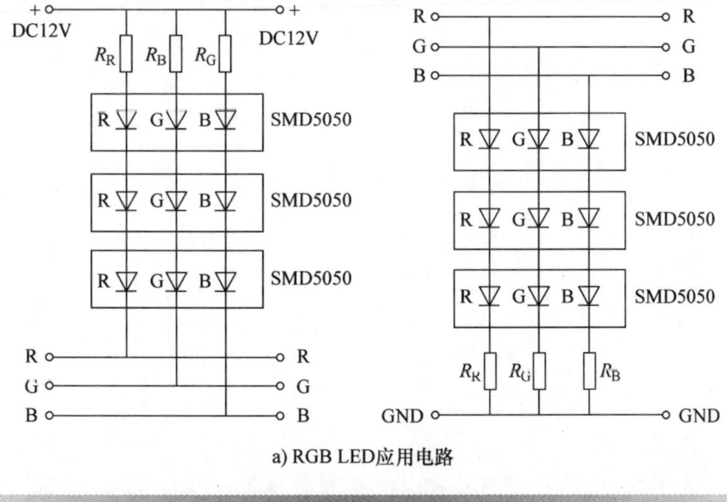

a) RGB LED应用电路

图 2-16　电阻限流应用电路图

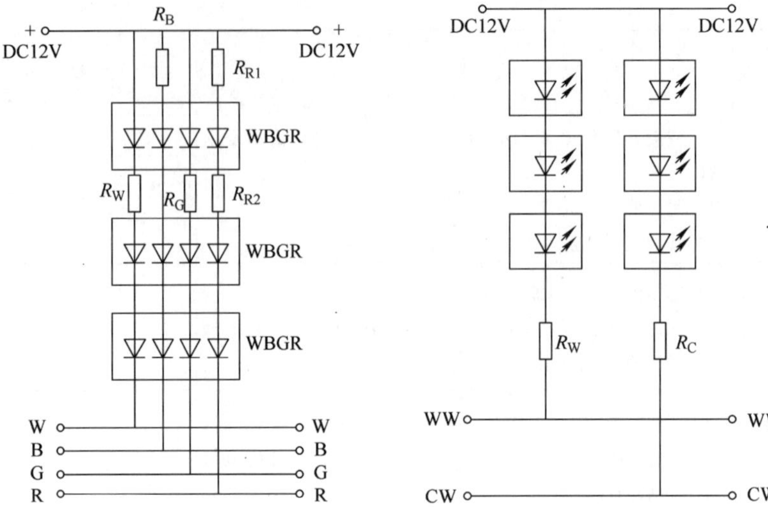

b) RGBW LED应用电路　　c) 双色温LED应用电路

图 2-16　电阻限流应用电路图（续）

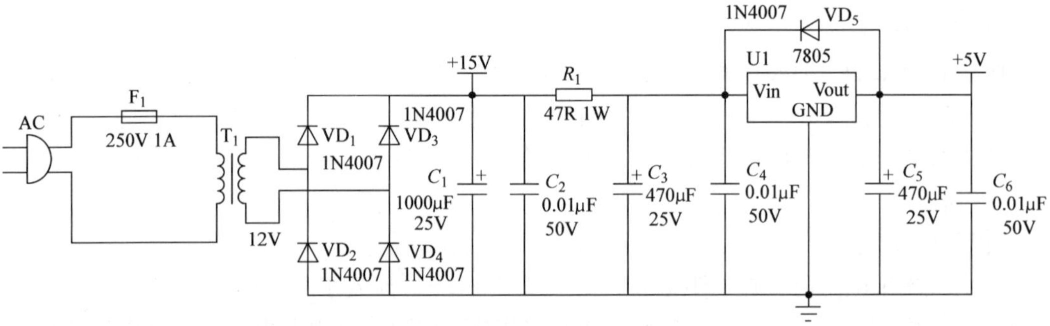

图 2-17　电阻降压应用电路

第3章

电容应用与检测

——☆☆☆ 3.1 电容的识别 ☆☆☆——

电容是电子电路应用的主要元件之一，在各种电子产品与电力设备中广泛的应用。电容是由两个导体电极中间夹一层绝缘体（又称电介质）所构成，其基本特性是存储电荷。电容的外形与符号，如图3-1所示。电容国际制单位为法拉，简称法，符号为F。常用单位有微法（μF）、纳法（nF）、皮法（pF），$1F = 10^6 \mu F = 10^{12} pF$。电容在电子电路中的作用是，隔直通交、旁路、滤波及耦合等。在振荡电路应用中，主要是存储能量和改善电压。

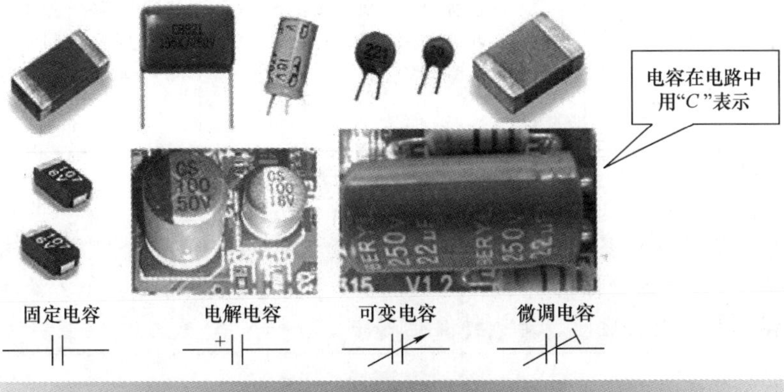

图3-1 电容的外形与符号

1. 电容的工作原理

电容的工作原理，见表3-1。

表3-1 电容的工作原理

序号	名称	示意图	描述	公式	备注
1	电容定义	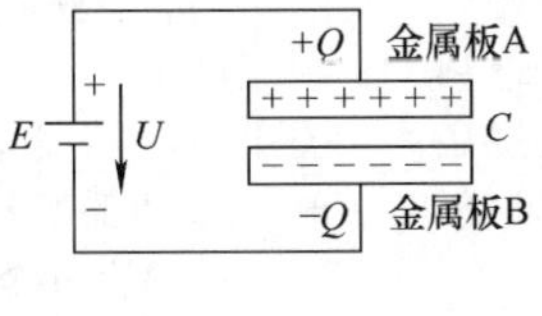	电容所带电量与两极板间电势差的比值叫电容量	$C=\frac{Q}{U}$	1）电容量是衡量电容存储电荷本领大小的物理量 2）电容的数值由电容的构造决定 3）电容的大小与是否带电或与带电量的多少无关 4）任何两个导体之间都存在电容

（续）

序号	名称	示意图	描述	公式	备注
2	平行板电容	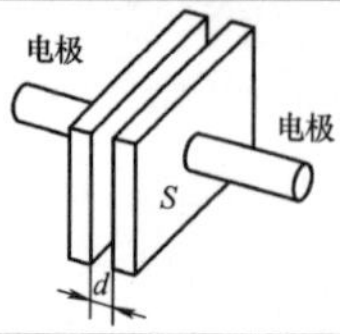	在两个平行金属板之间夹上一层绝缘介质，就组成一个平行板电容	$C=\frac{\varepsilon S}{4\pi kd}$	1）平行板电容的电容量 C 与介电常量 ε 成正比，与正对面积 S 成正比，与极板间的距离 d 成反比 2）电量 Q、正对面积 S 保持不变时，距离 d 越大，C 越小
3	电容充电（电容带电的过程）	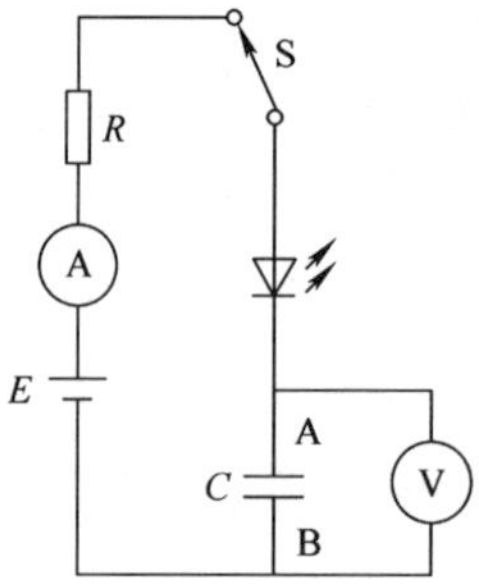	电容两极板分别接在电池两端，两极板带上等量异种电荷的过程	$\tau=RC$	1）电容充电时，当电流逐渐减小，电容两端的电压逐渐增大 2）电容充电结束时，电流为零，电容两端电压 $U_C=E$ 3）充电后的电容因为两极板上有电荷，所以存在电场，而使电容具有电场能 4）电场具有能量，是从电源吸取过来存储在电容中的 5）电容充、放电的快慢用时间常数来衡量 6）电容存储的电场能量 $W_C=\frac{1}{2}CU^2$ 7）$t=5\tau$ 时，充电过程基本结束
4	电容放电（电容失去电荷的过程）	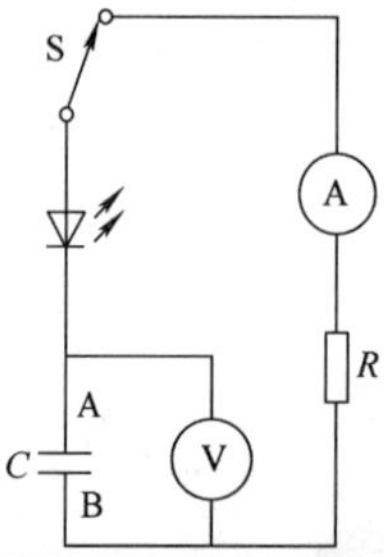	充满电的电容的两极板用导线相连，使两极板上正、负电荷中和的过程直到两极电压等于零为止	$\tau=RC$	1）电容放电电流逐渐减小，电容两端的电压逐渐减小 2）电容放电电流也逐渐减小直至为零，此时放电过程结束 3）$t=5\tau$ 时，放电过程基本结束

注：① 若电容两端加直流，电容相当于开路，即电容具有隔直流的作用。

② 若将交变电压加在电容两端，则电路中有交变的电流通过电容，对电容进行充电，即电容具有通交流作用。

③ 电容本身不消耗能量，是一种储能元件。

2. 电容的串并联

电容的串并联，见表3-2。

表3-2 电容的串并联

序号	名称	示意图	描述	公式	备注
1	电容串联	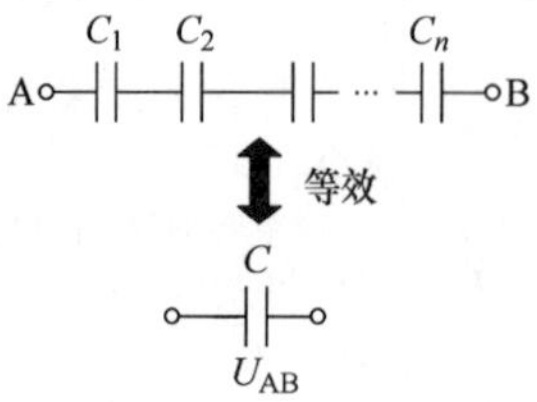	两个或两个以上的电容，连接成一个中间无分支电路的连接方式	$\frac{1}{C}=\frac{1}{C_1}+\frac{1}{C_2}+\frac{1}{C_3}+\cdots+\frac{1}{C_n}$ $U=U_1+U_2+U_3+\cdots+U_n$ $Q=Q_1=Q_2=Q_3=\cdots=Q_n$ 当两个电容串联时，$C=\frac{C_1C_2}{C_1+C_2}$	1）串联电容总电容量的倒数等于各电容电容量的倒数之和 2）串联可提高电容耐压能力 3）当一个电容的耐压不能满足电路要求，其容量满足时，可将几个电容串联起来使用

（续）

序号	名称	示意图	描述	公式	备注
1	电容串联	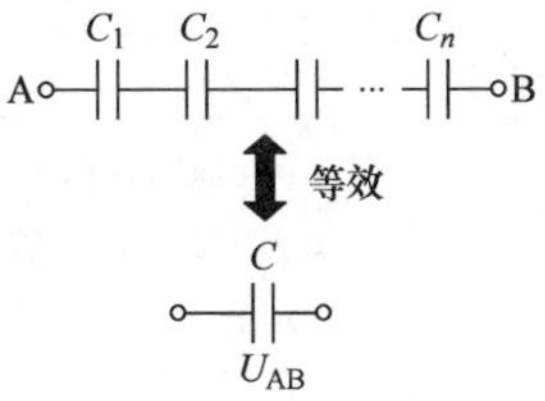	两个或两个以上的电容，连接成一个中间无分支电路的连接方式	$\frac{1}{C}=\frac{1}{C_1}+\frac{1}{C_2}+\frac{1}{C_3}+\cdots+\frac{1}{C_n}$ $U=U_1+U_2+U_3+\cdots+U_n$ $Q=Q_1=Q_2=Q_3=\cdots=Q_n$ 当两个电容串联时，$C=\frac{C_1C_2}{C_1+C_2}$	4）电容串联时，每个电容所带的电量相等，两极之间的电压与电容的电容量成反比 5）串联电容总电压等于各个电容上的电压之和 6）当 n 个电容量均为 C_0 的电容串联时，其等效电容为 $C=\frac{C_0}{n}$
2	电容并联	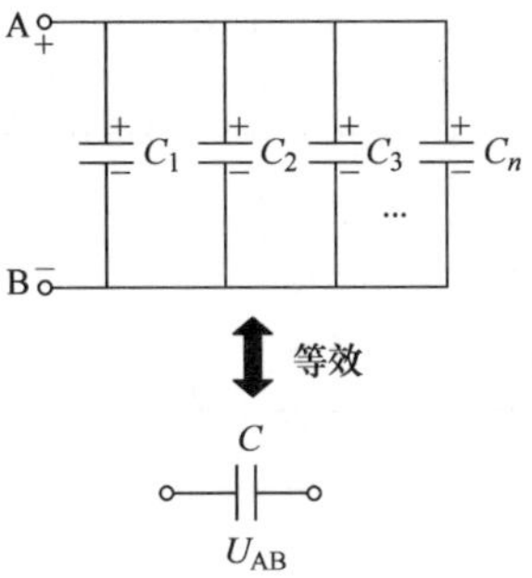	两个或两个以上的电容，接到两个节点之间的连接方式，即将几个电容的正极连在一起，负极连在一起	$C=C_1+C_2+C_3+\cdots+C_n$ $U=U_1=U_2=U_3=\cdots=U_n$ $Q=Q_1+Q_2+Q_3+\cdots+Q_n$	1）并联电容的总电容量等于各个电容的电容量之和 2）并联可提高电容的电容量 3）当一个电容的电容量不能满足电路的要求，其耐压满足时，可将几个电容并联起来使用 4）电容并联时，每个电容两极之间的电压相等，而各个电容所带的电量则与电容成正比 5）电容两端承受的电压相等，并等于电源电压
3	电容混联	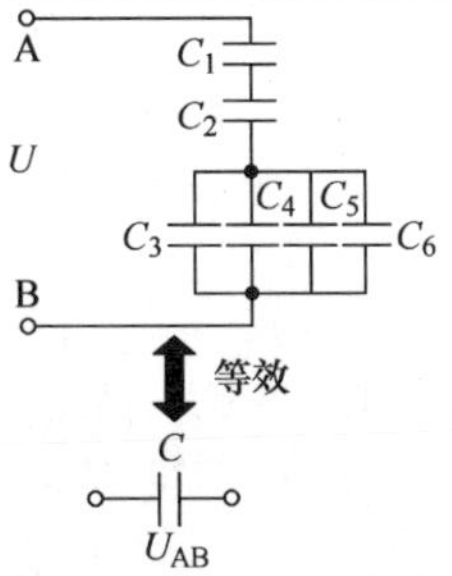	既有电容串联又有电容并联的组合	两者相结合	

注：电容充放电时间的长短用时间常数来衡量。

3. 电容的分类

电容的分类，见表3-3。

表3-3 电容的分类

序号	分类	种类	说明
1	极板形状	平行板电容、球形电容、柱形电容	
2	极板间电介质	真空电容、空气电容、云母电容、纸介电容、陶瓷电容、聚四氟乙烯电容、电解电容	

（续）

序号	分类		种类	说明
3	用途		高频旁路、低频旁路、滤波、调谐、高频耦合、低频耦合、小型电容	
4	电容是否变化		固定电容、可变电容、半可变电容	
5	介质材料	有机介质	复合介质、纸介质、塑料介质、薄膜复合电容	塑料介质有涤纶、聚苯乙烯、聚丙烯、聚碳酸酯、聚四氟乙烯电容
		无机介质	云母电容、玻璃釉电容、陶瓷（独石）电容	玻璃釉电容形状有圆片状、管状、矩形
		电解质	普通铝电解、钽电解、铌电解电容	有极性电容

注：电解电容有极性，正负极不能接反，不能直接接交流电。

4. 常用电容的介绍

常用电容的介绍，见表3-4。

表3-4 常用电容的介绍

序号	外形图	名称	描述	特点	使用场合
1		聚丙烯电容（CBB）	用无极性聚丙烯薄膜为介质制成的一种负温度系数无极性电容	损耗小，性能稳定，绝缘性好，容量大	1）一般应用于中、低频电子电路 2）电动机的起动电容
2	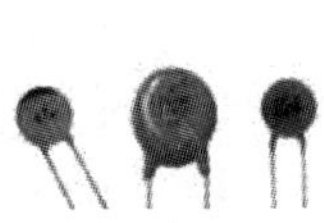	瓷介电容（CC）	用陶瓷材料作介质，在陶瓷表面涂覆一层金属（银）薄膜，再经高温烧结后作为电极而成	1）温度系数小、稳定性高、损耗低、耐压高（1类瓷介电容） 2）最大容量不超过1000pF（1类瓷介电容） 3）介电系数高，容量大，最大可达0.47μF（2、3类瓷介电容） 4）体积小、损耗和绝缘性能较1类瓷介电容的差（2、3类瓷介电容）	1）1类瓷介电容（NPO、CCG）主要应用于高频电路中 2）2、3 类瓷介电容主要应用中、低频电路中作隔直、耦合、旁路和滤波等电容使用 3）无极性要求
3		涤纶电容（CL）	用有极性聚酯薄膜为介质制成的具有正温度系数（即温度升高时，电容量变大）的无极性电容	1）耐高温、耐高压、耐潮湿、价格低 2）电容量范围为1000pF～0.5μF 3）耐压范围为63～630V	一般应用于中、低频电路中
4	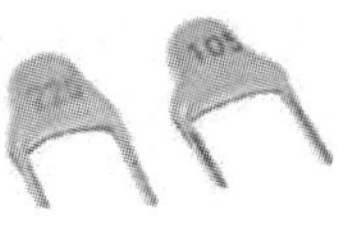	独石电容	用钛酸钡为主的陶瓷材料烧结制成的多层叠片状超小型电容	1）具有性能可靠、耐高温、耐潮湿、容量大 2）容量1pF～1μF、漏电流小 3）耐压低于100V	应用于谐振、旁路、耦合、滤波等

（续）

序号	外形图	名称	描述	特点	使用场合
5		云母电容（CY）	采用云母作为介质，在云母表面喷一层金属膜（银）作为电极，按需要的容量叠片后经浸渍压塑在胶木壳（或陶瓷、塑料外壳）内构成	1）分布电感小、精度高、损耗小 2）绝缘电阻大、温度特性及频率特性好 3）容量范围小，一般为14.7～30000pF 4）耐高压、高温，性能稳定，体积小，漏电小 5）工作电压高（50V～7kV）	1）一般在高频电路中作信号耦合、旁路、调谐等使用 2）可用作标准电容
6		铝电解电容（CD）	将附有氧化膜的铝箔（正极）和浸有电解液的衬垫纸，与阴极（负极）箔叠片一起卷绕而成	1）容量范围大，一般为1～10000μF 2）额定工作电压范围为6.3～450V 3）介质损耗、容量误差大（最大允许误差＋100%、－20%） 4）耐高温性较差，存放时间长容易失效 5）体积小，电容量较大，击穿后有自愈能力 6）电解电容使用温度一般在－20～85℃以内	1）在直流电源电路起滤波作用 2）中、低频电路中起滤波、退耦、信号耦合 3）时间常数设定、隔直流等 4）铝电解电容本身标示负极，在PCB丝印层标示正极
7		钽电解电容（CA）	钽粉烧结式是指阳极（正极）用颗粒很细的钽粉压块后烧结而成 箔式钽电解电容是指内部采用卷绕芯子，负极为液体电解质，介质为氧化钽	1）介质损耗小、频率特性好、耐高温、漏电流小 2）介质损耗小、频率特性好、耐高温、漏电流小 3）电容量范围为220～3300μF 4）耐压范围为16～125V	1）广泛应用于通信、航天、军工及家用电器上各种中、低频电路和时间常数设置电路中 2）钽电容本身与PCB上的丝印层都标示正极的极性
8		安规电容（满足安全规范标准的电容）	电容失效后，不会导致电击，不危及人身安全，包括了X电容和Y电容	1）X电容是跨接在电力线两线（L－N）之间的电容 2）Y电容是分别跨接在电力线两线和地之间（L－E，N－E）的电容	1）一般X电容是μF级，Y电容是nF级 2）一般是成对出现 3）X电容抑制差模干扰，Y电容抑制共模干扰 4）Y电容的电容量必须受到限制，从而达到控制在额定频率及额定电压作用下，流过它的漏电流的大小和对系统EMC性能影响的目的

5. 电容的电参数对比介绍

电容的电参数对比介绍，见表3-5。

表3-5 电容的电参数对比

序号	名称	陶瓷电容	薄膜电容	钽电解电容	铝电解电容
1	容量范围	1pF～10μF	1nF～100μF	0.1～470μF	0.1～10000μF
2	最高工作电压	5000V	2000V	50V	550V
3	损耗值	0.001以下	0.01以下	0.10以下	0.25～0.05
4	电压降额	0.75	0.7	0.5	0.8
5	漏电流	小	小	大	较大
6	阻抗频率特性	好	较好	较差	差
7	寿命	长	长	长	2000～10000h
8	容量误差	±10%、±15%、+30～80%	±5%、±10%	±20%	±20%
9	容量体积比	较小	小	大	较大

6. 可变电容的介绍

可变电容是指电容量能在较大范围内，手动或自动调节的电容。可变电容简介，见表3-6。

表3-6 可变电容简介

序号	外形图	名称	描述	特点	使用场合
1		空气介质可变电容	电极由两组金属片组成，一组为定片，一组为动片，动片与定片之间以空气作为介质，动片可随轴旋转180°	1）调节方便、性能稳定、不易磨损 2）体积大	主要应用于收音机、电子仪器、高频信号发生器、通信电子设备
2		薄膜可变电容	在其动片与定片之间加上塑料薄膜作为介质，外壳为透明或半透明塑料封装	1）体积小、重量轻 2）噪声大、易磨损	1）单连主要用在简易收音机或电子仪器 2）双连用在晶体管收音机和电子仪器、电子设备 3）四连常用在AF/FM多波段收音机
3	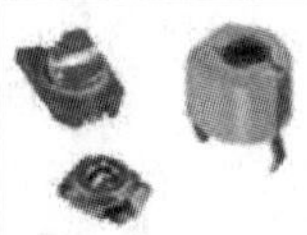	微调电容	电容量在某一范围内可以调整的电容	容量在几皮法到几十皮法范围内可调的电容	常用于收音机、通信和电子仪器的调谐回路或作为补偿电路

7. 贴片电容的介绍

贴片电容（单片陶瓷电容）是目前用量比较大的常用元件。目前贴片电容有NPO、X7R、Z5U、Y5V等不同的规格，不同的规格有不同的用途。下面仅对常用的贴片电容NPO、X7R、Z5U和Y5V进行介绍。电容常用的封装尺寸为0201、0402、0603、0805、1206、1210、1812等。贴片电容，如图3-2所示。

注：贴片钽电解电容有标记的一端是正极，另外一端是负极。钽电解电容引脚长的是正极，钽电解电容不能接反，接反后就不起作用了。

图 3-2　贴片电容

NPO、X7R、Z5U 和 Y5V 的主要区别是填充介质不同。在相同的体积下由于填充介质不同，电容的容量就不同，随之带来的电容的介质损耗、容量稳定性等也就不同。所以在使用电容时应根据电容在电路中作用不同来选用不同的电容。

（1）NPO 电容

NPO 电容是一种最常用的具有温度补偿特性的单片陶瓷电容。它的填充介质是由铷、钐和一些其他稀有氧化物组成的。NPO 电容是电容量和介质损耗最稳定的电容之一。NPO 电容随封装形式不同，其电容量和介质损耗随频率变化的特性也不同，大封装尺寸的要比小封装尺寸的频率特性好。NPO 电容可选取的电容量范围，见表 3-7。

表 3-7　NPO 电容可选取的电容量范围

封装	DC50V	DC100V
0805	0.5 ~ 1000pF	0.5 ~ 820pF
1206	0.5 ~ 1200pF	0.5 ~ 1800pF
1210	560 ~ 5600pF	560 ~ 2700pF
2225	1000pF ~ 0.033μF	1000pF ~ 0.018μF

注：NPO 电容适合用于振荡器、谐振器的槽路电容，以及高频电路中的耦合电容。

（2）X7R 电容

X7R 电容被称为温度稳定型的陶瓷电容。X7R 电容的容量，在不同的电压和频率条件下是不同的，它也随时间的变化而变化。X7R 电容主要应用于要求不高的工业应用，而且当电压变化时其容量变化是可以接受的条件下。主要特点是在相同的体积下电容量可以做得比较大。X7R 电容可选取的电容量范围，见表 3-8。

表 3-8　X7R 电容可选取的电容量范围

封装	DC50V	DC100V
0805	330pF ~ 0.056μF	330pF ~ 0.012μF
1206	1000pF ~ 0.15μF	1000pF ~ 0.047μF
1210	1000pF ~ 0.22μF	1000pF ~ 0.1μF
2225	0.01 ~ 1μF	0.01 ~ 0.56μF

（3）Z5U 电容

Z5U 电容称为“通用”陶瓷单片电容。Z5U 电容主要特点是它的小尺寸和低成本。在相同的体积下 Z5U 电容有最大的电容量。但它的电容量受环境和工作条件影响较大，它的老化率最大可达每 10 年下降 5%。尽管它的容量不稳定，由于它具有体积小、等效串联电感（ESL）和等效串联电阻（ESR）低、频率响应良好等特点，使其具有广泛的应用范围。尤其是在退耦电路的应用中。Z5U 电容的取值范围，见表 3-9。

表 3-9　Z5U 电容可选取的电容量范围

封装	DC25V	DC50V
0805	0.01 ~ 0.39μF	0.01 ~ 0.1μF
1206	0.01 ~ 1μF	0.01 ~ 0.33μF
1210	0.01 ~ 1.5μF	0.01 ~ 0.47μF
2225	0.68 ~ 2.2μF	0.68 ~ 1.5μF

（4）Y5V 电容

Y5V 电容是一种有一定温度限制的通用电容，在 −30 ~ 85℃ 范围内其容量变化可达 22% ~ 82%。Y5V 电容的高介电常数允许在较小的物理尺寸下制造出高达 4.7μF 的电容。Y5V 电容的取值范围，见表 3-10。

表 3-10　Y5V 电容可选取的电容量范围

封装	DC25V	DC50V
0805	0.01 ~ 0.12μF	0.01 ~ 0.1μF
1206	0.01 ~ 0.33μF	0.01 ~ 0.27μF
1210	0.01 ~ 0.68μF	0.01 ~ 0.47μF
2225	0.01 ~ 1μF	0.01 ~ 1μF

8. 常用电解电容容量、耐压的介绍

常用电解电容容量、耐压的介绍，见表 3-11。

9. 电容的安装方式

电容的安装方式，如图 3-3 所示。

表 3-11 常用电解电容容量、耐压的介绍

电压/V	6.3			10			16			25		
项目 容量/μF	尺寸 $D\times L$/mm	最大阻抗（100kHz 25℃ ±2℃）/Ω	纹波有效电流（105℃ 100kHz）/mA	尺寸 $D\times L$/mm	最大阻抗（100kHz 25℃ ±2℃）/Ω	纹波有效电流（105℃ 100kHz）/mA	尺寸 $D\times L$/mm	最大阻抗（100kHz 25℃ ±2℃）/Ω	纹波有效电流（105℃ 100kHz）/mA	尺寸 $D\times L$/mm	最大阻抗（100kHz 25℃ ±2℃）/Ω	纹波有效电流（105℃ 100kHz）/mA
33										5×11	0.40	250
47										5×11	0.40	250
100	5×11	0.90	150	5×11	0.90	150	5×11	0.40	250	5×11	0.40	250
220	5×11	0.40	250	5×11	0.40	250	5×11	0.40	250	6.3×11	0.22	400
330	6.3×11	0.22	340	6.3×11	0.22	400	6.3×11	0.22	400	8×11.5	0.13	640
470	6.3×11	0.22	400	6.3×11	0.22	400	6.3×11	0.22	400	10×12.5	0.080	865
1000	8×11.5	0.13	640	10×12.5	0.080	865	8×11.5	0.13	640	10×20	0.046	1400
2200	10×16	0.062	1300	10×20	0.046	1400	10×16	0.062	1210	12.5×25	0.032	2230
3300	10×20	0.046	1400	12.5×20	0.041	1900	12.5×20	0.041	1900	16×25	0.021	2930
4700	12.5×25	0.032	2230	12.5×25	0.032	2230	12.5×25	0.032	2230	16×31.5	0.019	3450
6800	12.5×25	0.032	2230	16×25	0.021	2930	16×25	0.021	2930			
10000	16×25	0.021	2930	16×31.5	0.019	3450	16×31.5	0.019	3450			
15000	16×35.5	0.015	3610									

电压/V	35			50			63			100		
项目 容量/μF	尺寸 $D\times L$/mm	最大阻抗（100kHz 25℃ ±2℃）/Ω	纹波有效电流（105℃ 100kHz）/mA	尺寸 $D\times L$/mm	最大阻抗（100kHz 25℃ ±2℃）/Ω	纹波有效电流（105℃ 100kHz）/mA	尺寸 $D\times L$/mm	最大阻抗（100kHz 25℃ ±2℃）/Ω	纹波有效电流（105℃ 100kHz）/mA	尺寸 $D\times L$/mm	最大阻抗（100kHz 25℃ ±2℃）/Ω	纹波有效电流（105℃ 100kHz）/mA
0.47				5×11	5.50	17				5×11	6.00	15
1.0				5×11	4.00	30				5×11	4.50	20
2.2				5×11	2.50	43				5×11	3.00	30

（续）

电压/V	35			50			63			100		
项目 容量/μF	尺寸 $D \times L$/mm	最大阻抗（100kHz 25℃ ±2℃）/Ω	纹波有效电流（105℃ 100kHz）/mA	尺寸 $D \times L$/mm	最大阻抗（100kHz 25℃ ±2℃）/Ω	纹波有效电流（105℃ 100kHz）/mA	尺寸 $D \times L$/mm	最大阻抗（100kHz 25℃ ±2℃）/Ω	纹波有效电流（105℃ 100kHz）/mA	尺寸 $D \times L$/mm	最大阻抗（100kHz 25℃ ±2℃）/Ω	纹波有效电流（105℃ 100kHz）/mA
3.3				5×11	2.20	53				5×11	2.70	40
4.7				5×11	1.90	88				5×11	2.50	65
10				5×11	1.50	100	5×11	0.88	173	5×11	1.40	163
22				5×11	0.90	150	5×11	0.88	173	6.3×11	0.57	267
33	5×11	0.40	250	5×11	0.70	250	6.3×11	0.35	278	8×11.5	0.36	462
47	5×11	0.40	250	6.3×11	0.40	250	6.3×11	0.35	278	8×16	0.25	585
100	6.3×11	0.22	400	8×11.5	0.25	400	10×12.5	0.15	725	10×20	0.12	1040
220	8×11.5	0.13	640	10×16	0.12	770	10×20	0.078	1200	12.5×25	0.060	1620
330	10×12.5	0.080	865	10×20	0.078	1050	12.5×20	0.060	1570	16×25	0.044	2210
470	10×16	0.062	1210	12.5×20	0.062	1300	12.5×25	0.043	1990			
1000	12.5×20	0.041	1900	16×25	0.034	1850	16×25	0.032	2730			
2200	16×25	0.021	2930	16×35.5	0.019	3150						
3300	16×31.5	0.019	3450									

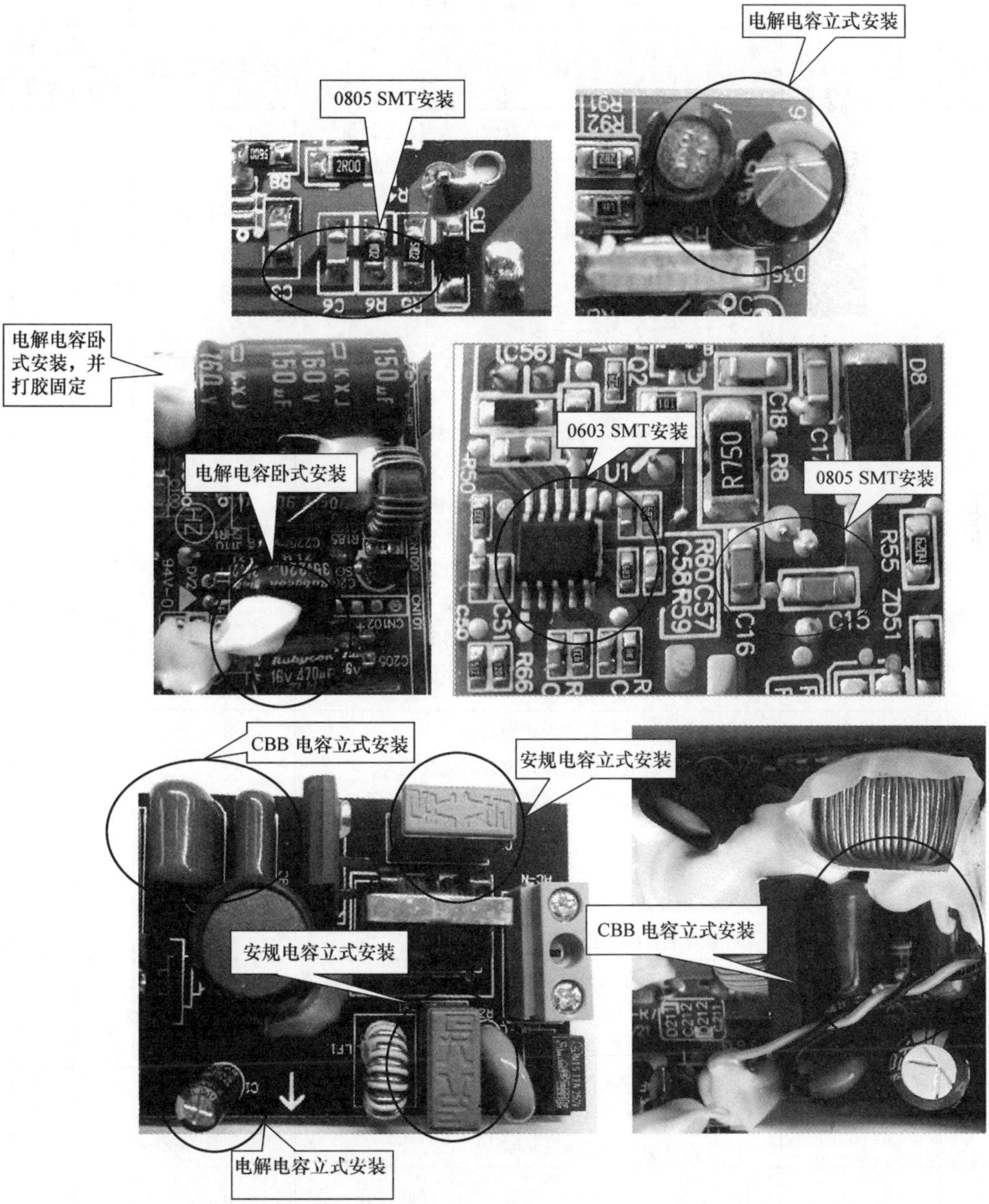

图 3-3　电容的安装方式

10. 电解电容的检验标准

电解电容的检验标准，见表 3-12。

表 3-12　电解电容的检验标准

序号	检验项目	检测标准	检测方式/仪器	缺陷分类		
				CRI	MAJ	MIN
1	尺寸	1）贴片电解电容长、宽、高的误差为±0.2mm 2）插脚电解电容长、直径（圆体）、脚径的误差为±0.25mm 3）插脚电解电容体积与脚径尺寸与承认书上的参数符合 4）贴片电解电容长、宽、高与承认书上的参数符合	卡尺（游标卡尺）		√	
2	外观	1）贴片电解电容本体应无破损或严重脏污现象 2）插脚电解电容的引脚端不允许有严重氧化、断裂 3）插脚电解电容的引脚与主体连接牢固，用手轻折2次不断 4）电解电容丝印模糊，可识别，外皮破损 5）丝印轻微模糊但仍能识别其规格 6）电解电容介质外溢、电解漏液等现象 7）插脚电解电容的引脚轻微氧化不影响其焊接	目视		√	
3	包装	1）贴片电解电容包装方式为盘装 2）插脚电解电容包装方式为袋装或盒装 3）电解电容的外包装需贴有明显物品标示且应与实物相符 4）贴片电解电容中的SMD元件排列方向需一致，不允许有中断现象 5）电解电容的标签及印章清晰正确	目视		√	
4	电气参数	1）量测其电容值必须与标示及对应的产品物料清单要求相符 2）漏流参照电解电容检验标准 3）标准值±10% 4）耐压值与承认书上标示的范围相符 5）普通电解电容误差≤20%	电容表或数字万用表	√		
5	浸锡	1）电解电容的焊端、引脚可焊锡度不低于90% 2）元件引脚浸没在260℃±5℃的锡液中5s，元件的外观、电气参数应无变化			√	
6	耐温	烤105℃、1h，无破皮			√	
7	清洗	1）超声波清洗后丝印有轻微模糊但仍能辨别其规格 2）超声波清洗后胶皮（电解）不得有松脱、破损现象			√	

☆☆☆ 3.2 电容的检测 ☆☆☆

1. 电容的主要参数

(1) 额定工作电压（耐压）

耐压是指电容长时间工作而不会引起介质电性能受到任何破坏的最大直流电压值。实际使用时，工作电压应小于额定电压，降额使用，对提高产品的寿命有显著的作用。

注：①目前电容的耐压系列有 6.3V、10V、16V、25V、35V、50V、63V、80V、100V、160V、200V、250V、315V、350V、400V、450V、500V、550V 等。

② 铝电解电容的电容量随频率的上升而下降，变化很大，只能用于工频或开关频率较低电路中，当频率超过 200kHz 时，铝电解电容就没有了滤波能力，而且尺寸越大，谐振点就越低。

(2) 标称容量

电容上所标明的电容量称为标称容量。

注：铝电解电容的电容量一般按 E6 系列定义，也是电容存储电荷能力大小的指标。

(3) 允许误差

电容的标称容量与实际容量总是存在着一定的偏差，称为误差。其误差是在国家标准规定的允许范围之内，故称为允许误差。

注：电容的允许误差可以用误差等级表示，也可以用误差百分数表示。

(4) 损耗（损耗角正切值 $\tan\delta$）

电容损耗，也叫作电容损耗角正切值，是电容有功功率和无功功率之比。

注：① 铝电解电容损耗是衡量电容质量的一项重要参数。

② 电容损耗 = 有功功率/无功功率。

(5) 绝缘电阻

绝缘电阻也称漏电阻，它与电容的漏电流成反比。

注：漏电流越大，绝缘电阻越小。绝缘电阻越大，表明电容的漏电流越小，质量也越好。

(6) 频率特性

频率特性是指电容对各种不同高低的频率所表现出的性能。

注：电容的频率特性通常是指电容的电参数，如电容量、损耗角正切值等。不同品种的电容，最高使用频率范围不同。

（7）温度系数

电容量随温度变化的大小用温度系数来表示，也就是说，在一定温度范围内，温度每变化 1℃，电容量的相对变化值。

注：温度系数越小越好。

2. 电容的应用注意事项

1）测试电参数或试验完成后的电容，要用 1kΩ/10W 左右的电阻进行放电，否则有触电危险，特别是对高压大容量的电容。

2）电容在存储、安装、清洗、使用过程中，不能接触到卤素液体或气体，否则会发生阳极腐蚀。

3）PCB 安装孔与电容引脚间距匹配，引线成形时不能对电容产生引线方向的拉力；引线式电容尽量不要放在板边缘，最少距离是 2mm。

4）电解电容尽量远离发热严重的元器件，放在通风口，以降低环境温度，延长电解电容寿命。

5）电解电容安装在 PCB 上时，电容下面不要有过流孔及铜皮走线，否则当电解电容液体、气体释放时有短路放电危险，但可以有合适的通气孔。

6）电容的套管（PVC/PET）有一定的耐电压能力，但不是绝缘的，如有安规要求需另行处理。

7）电解电容在安装后不能受外力挤压、碰撞，否则极易损坏电解电容。

3. 电容标注方法

（1）直标法

将电容的主要参数如标称容量、额定电压、允许误差等，直接标注在电容上，如图3-4所示。

注：① 电解电容或体积较大的无极性电容在表面上丝印有标称容量、额定电压及允许误差。体积较小的无极性电容在表面上丝印有标称容量、额定电压及允许误差。

② 额定电压有 6.3V、10V、16V、25V、32V、50V、63V、100V、160V、250V、400V、450V、500V、630V、1000V、1200V、1500V、1600V、1800V、2000V 等。

③ 电解电容外壳颜色常用是绿色，也有黑色等，其外形通常是圆柱形的。用 CD、CA 和 CN 分别表示铝、钽、铌电解电容。铝电解电容负号一边的引脚为标记负极，钽电解电容正极引线有标记。

④ 贴片铝电解电容的顶部有黑色或其他颜色的标志，标志标示的是负极，贴片铝电解电容顶部标有电容量及耐压值等参数。

⑤ 贴片钽电解电容的表面一端用黑色或白色线标记，其极性为正极，贴片钽电解电容的表面上标有电容量与耐压值。

⑥ 全球主要生产钽电容有 AVX（美国京瓷）、KEMET（基美公司）、VISHAY（威世）、NEC（日本电气），其中以 AVX 及 VISHAY 产量大，质量好。

⑦ 铝电解电容不能用于交流电源电路，在直流电源中作滤波电容使用时铝电解电容极性不能接反。

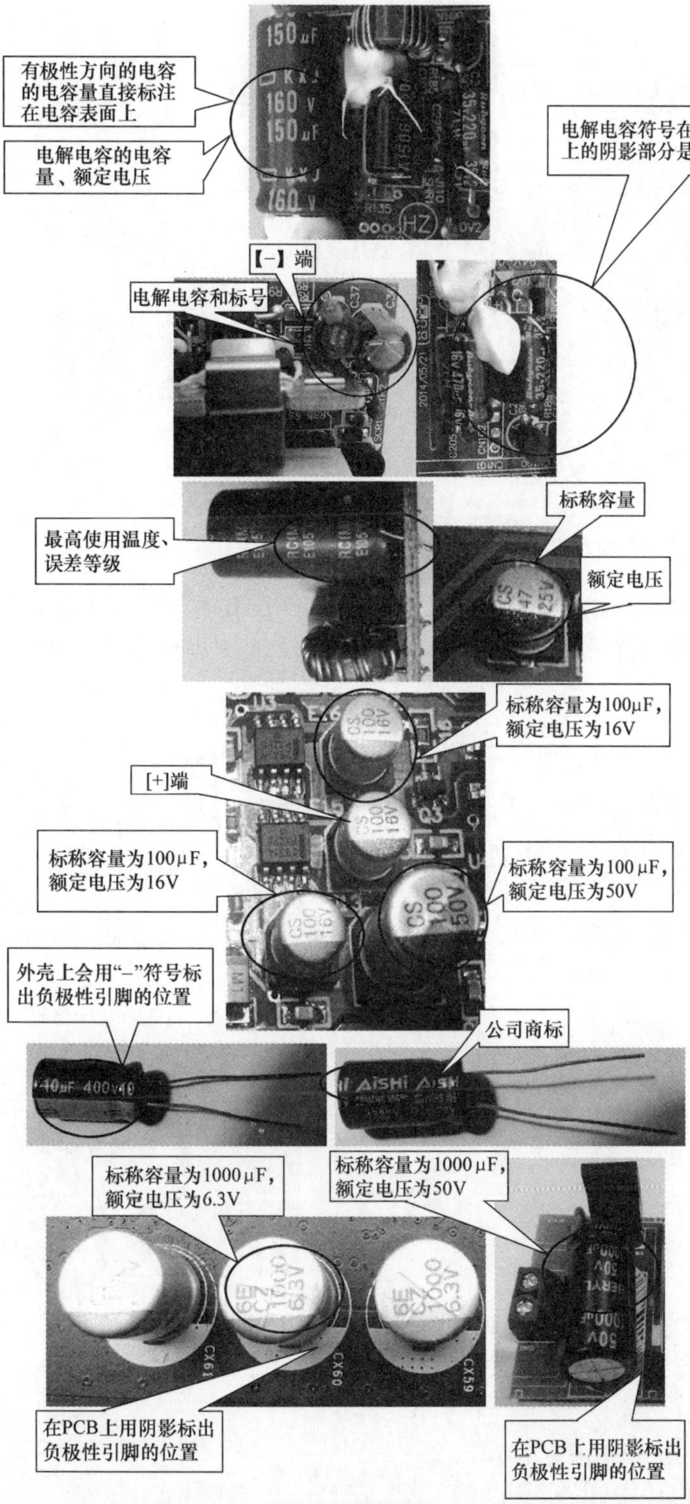

有极性方向的电容的电容量直接标注在电容表面上
电解电容的电容量、额定电压
电解电容符号在PCB上的阴影部分是负极
【-】端
电解电容和标号
最高使用温度、误差等级
标称容量
额定电压
标称容量为100μF，额定电压为16V
[+]端
标称容量为100μF，额定电压为16V
标称容量为100μF，额定电压为50V
外壳上会用“-”符号标出负极性引脚的位置
公司商标
标称容量为1000μF，额定电压为6.3V
标称容量为1000μF，额定电压为50V
在PCB上用阴影标出负极性引脚的位置
在PCB上用阴影标出负极性引脚的位置

图3-4 直标法标注

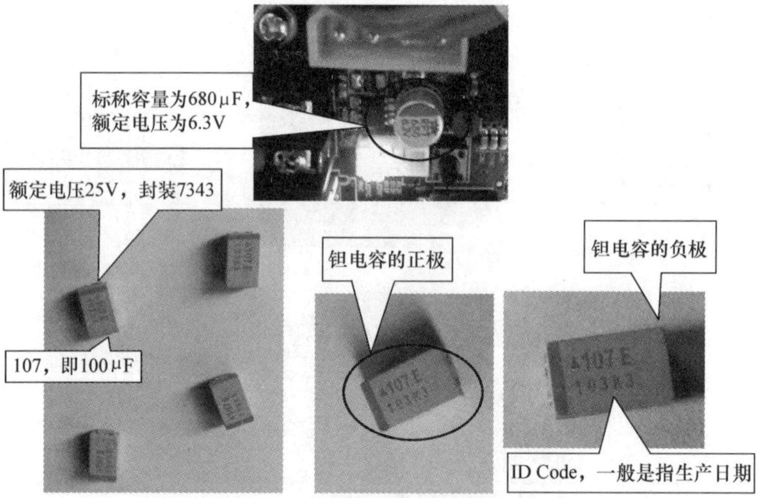

图 3-4　直标法标注（续）

（2）数字标注法

一般是用 3 位数字表示电容的电容量，单位为 pF。其中前两位为有效值数字，第三位为倍乘数（即表示有效值后有多少个 0），第三位倍乘数是 9 时表示 $\times 10^{-1}$。数字标注法，如图 3-5 所示。

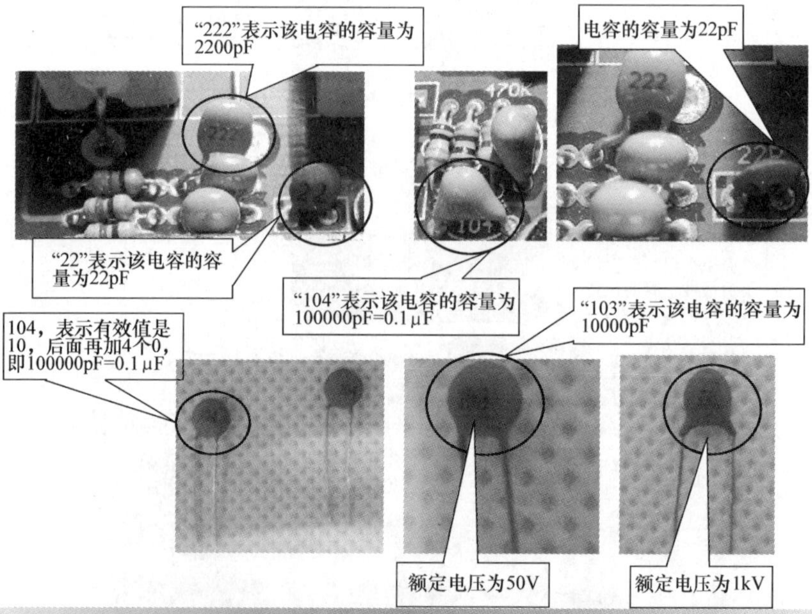

图 3-5　数字标注法

注： ① 103 表示 10×10^3pF = 0.01μF。

② 104 表示 10×10^4pF = 0.1μF。

③ 331 表示 33×10pF = 330pF。

④ 在数字表示法中，如果第三位数字是"9"，表示的是 10^{-1}，而不是 10^9。

⑤ 数字表示法的电容仅限于电容量为 pF 和 μF，无极性电容为 pF，电解电容为 μF。

（3）字母与数字混合标注法

用2～4位数字表示有效值，后面的字母表示电容的电容量的允许误差，如图3-6所示。

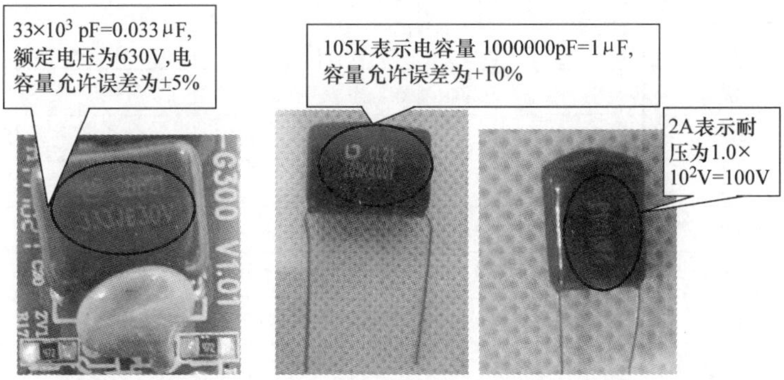

图3-6　字母与数字混合标注法

注：①进口电容在标注数值时不用小数点，而是用p、n、μ、m等字母表示有效数后面的量级（即p、n、μ、m分别表示pF、nF、μF、mF），将整数部分写在字母之前，小数部分写在字母后面。如4P7表示4.7pF，3m3表示3300μF等。

②普通电容允许误差为±5%（I，J）、±10%（II，K）、±20%（III，M）。

③精密电容允许误差为±2%（G）、±1%（F）、±0.5%（D）、±0.25%（C）、±0.1%（B）、±0.05%（W）。

④容量在10000pF以下的电容，通常用pF作单位，如68pF、100pF、680pF、5600pF等。

⑤容量在10000pF以上的电容，通常用μF作单位，如0.47μF、1μF、2.2μF、47μF、330μF、470μF等。

（4）色码表示法

色码表示法与电阻的色环表示法类似，颜色涂于电容的一端或从顶端向引线排列。色码一般只有三种或四种颜色，前两位或三位为有效数字，第三环或四环为倍乘，单位为pF。

普通电容用四环色标表示，第一、二环表示有效数值，第三环表示倍乘数，第四环表示允许误差。四环色标表示法，见表3-13。

精密电容用五环色标表示，第一、二、三环表示有效数值，第四环表示倍乘数，第五环表示允许误差。五环色标表示法，见表3-14。电容的误差一般用字母表示。其含义为C为±0.25pF，D为±0.5pF，F为±1%，J为±5%，K为±10%，M为±20%。

表3-13　四环色标表示法

序号	色环颜色	第一位数（第一色环）	第二位数（第二色环）	倍乘数	允许误差
1	棕	1	1	10^1	
2	红	2	2	10^2	
3	橙	3	3	10^3	
4	黄	4	4	10^4	

（续）

序号	色环颜色	第一位数（第一色环）	第二位数（第二色环）	倍乘数	允许误差
5	绿	5	5	10^5	
6	蓝	6	6	10^6	
7	紫	7	7	10^7	
8	灰	8	8	10^8	
9	白	9	9	10^9	-20% ~ +50%
10	黑	0	0	10^0	
11	金	—	—	10^{-1}	±5%
12	银	—	—	10^{-2}	±50%
13	无色	—	—	—	±20%

表 3-14　五环色标表示法

序号	色环颜色	第一位数（第一色环）	第二位数（第二色环）	第三位数（第三色环）	倍乘数	允许误差
1	棕	1	1	1	10^1	±1%
2	红	2	2	2	10^2	±2%
3	橙	3	3	3	10^3	—
4	黄	4	4	4	10^4	—
5	绿	5	5	5	10^5	±0.5%
6	蓝	6	6	6	10^6	±0.25%
7	紫	7	7	7	10^7	±0.1%
8	灰	8	8	8	10^8	—
9	白	9	9	9	10^9	—
10	黑	0	0	0	10^0	—

4. 电容的检测

目前大多数数字万用表都有测量电容量的功能，其量程分为 20n、200n、2μ 和 200μ 四档。测量时要将测量电容放电，表笔直接插入表板上的 Cx 插孔，黑表笔插进“COM”孔，红表笔插进“mA”孔。选取适当的量程后，就可读取显示数据。

1）20n 档，测量 2000pF ~ 20nF 之间的电容。

2）200n 档，测量 20 ~ 200nF 之间的电容。

3）2μ 档，测量 200nF ~ 2μF 之间的电容。

4）200μ 档，测量 2 ~ 200μF 之间的电容。

注：电解电容还可以用指针式万用表进行测量，1 ~ 2.2μF 电解电容用 R × 10k 档，4.7 ~ 22μF 的用 R × 1k 档，47 ~ 220μF 的用 R × 100 档，470 ~ 4700μF 的用 R × 10 档，大于 4700μF 的用 R × 1 档。

数字万用表电容档，如图 3-7 所示。

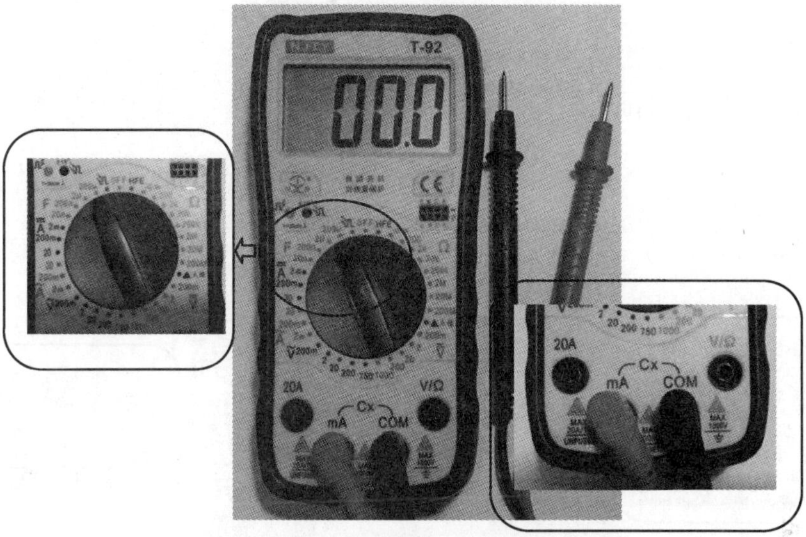

图 3-7　数字万用表电容档

数字万用表测量电解电容的电容量，如图 3-8 所示。
数字万用表测量聚丙烯电容的电容量，如图 3-9 所示。

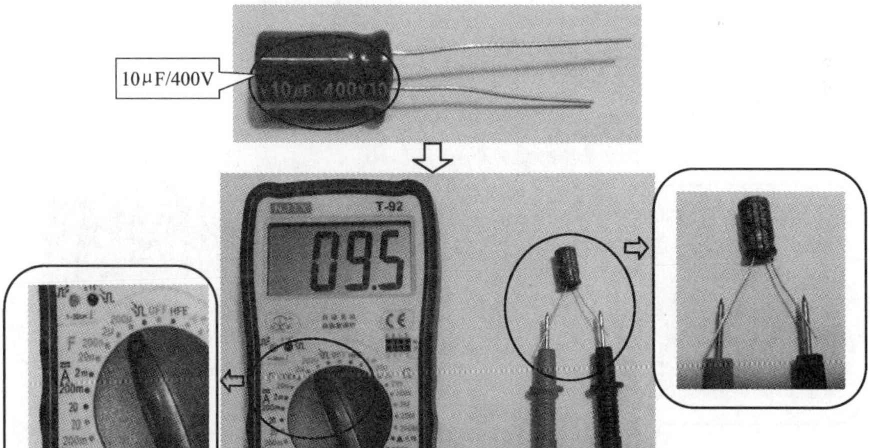

图 3-8　数字万用表测量电解电容的电容量

数字万用表测量瓷片电容的电容量，如图 3-10 所示。

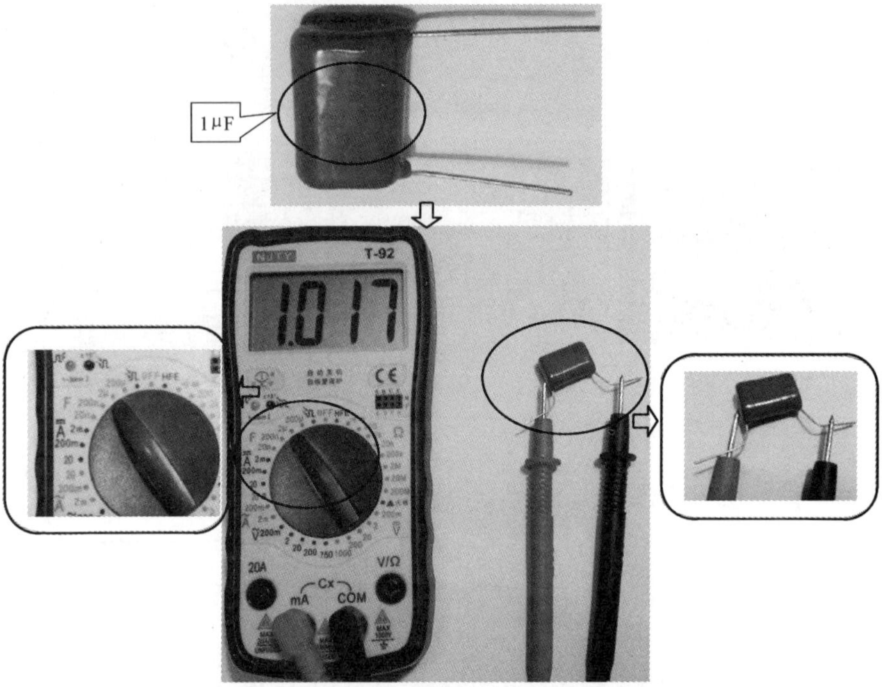

图 3-9　数字万用表测量聚丙烯电容的电容量

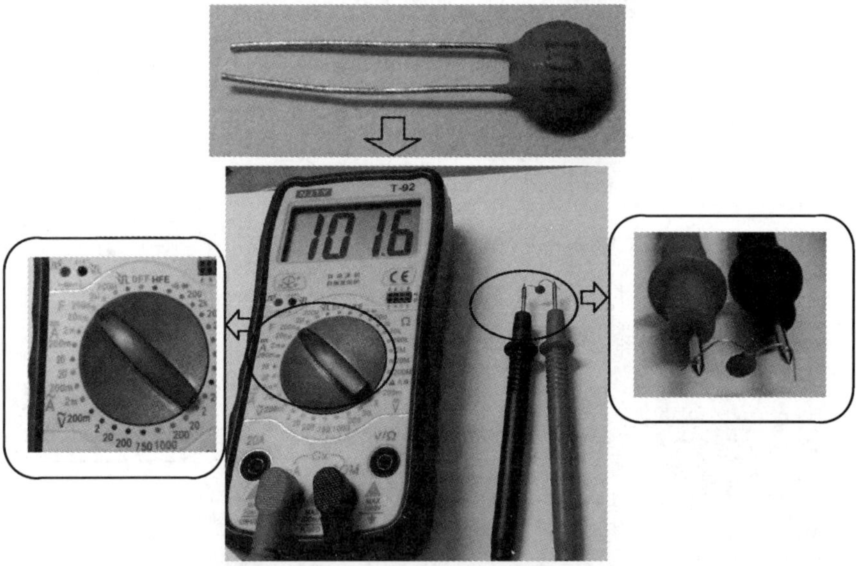

图 3-10　数字万用表测量瓷片电容的电容量

注： 用数字万用表测量电容时，只需将电容的两脚用插入数字万用表 Cx 插座内的红黑表笔进行测试，同时将数字万用表置于相应的档位即可。由于数字万用表电容测量档量程有限，一般最大只能测量 200μF，数字万用表只能对部分电容进行测量。

数字万用表测量安规电容的电容量，如图 3-11 所示。

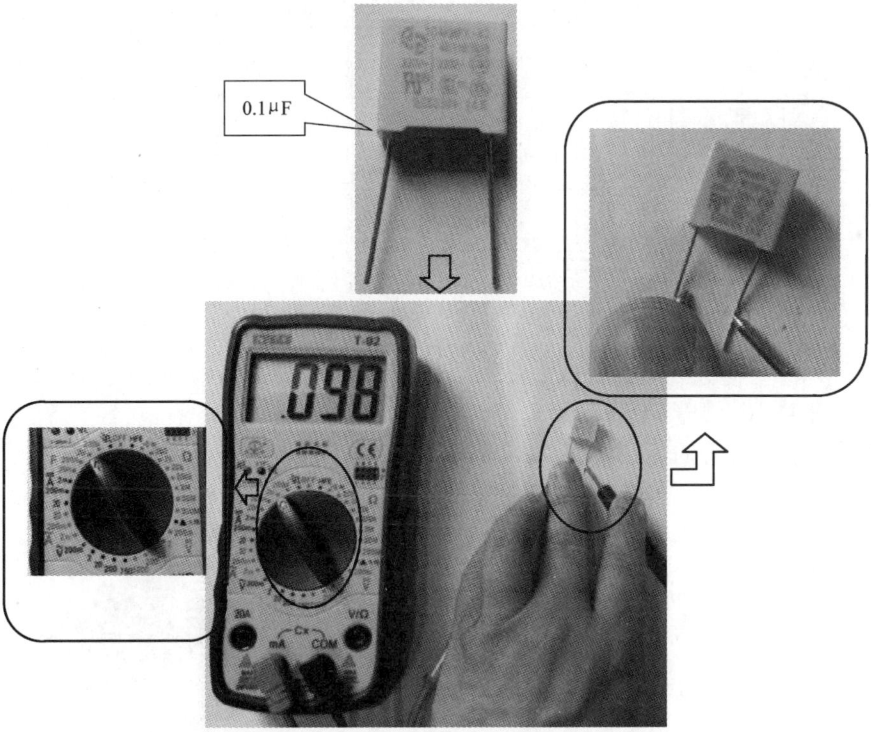

图 3-11　数字万用表测量安规电容的电容量

☆☆☆ 3.3　电容的应用 ☆☆☆

电容在电子电路中的作用有滤波、旁路、耦合、去耦等。

1. 滤波电容

滤波电容一般采用电解电容，主要用在电源电路的整流电路中。滤波电容可以滤除交流成分，使输出的直流更平滑。滤波电容的电容量比较大，在使用时要注意其极性。滤波电容应用电路，如图 3-12 所示。

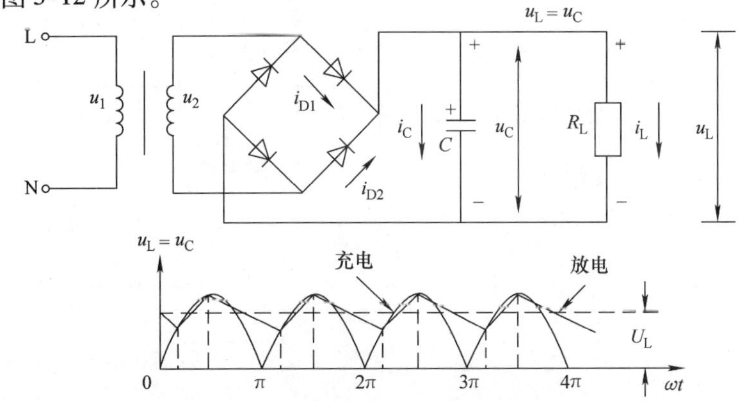

图 3-12　滤波电容应用电路

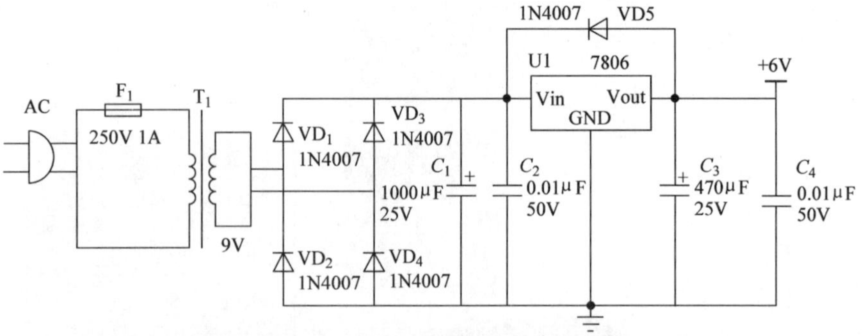

图 3-12　滤波电容应用电路（续）

2. 去耦（退耦）电容

去耦（退耦）电容的应用电路，如图 3-13 所示。

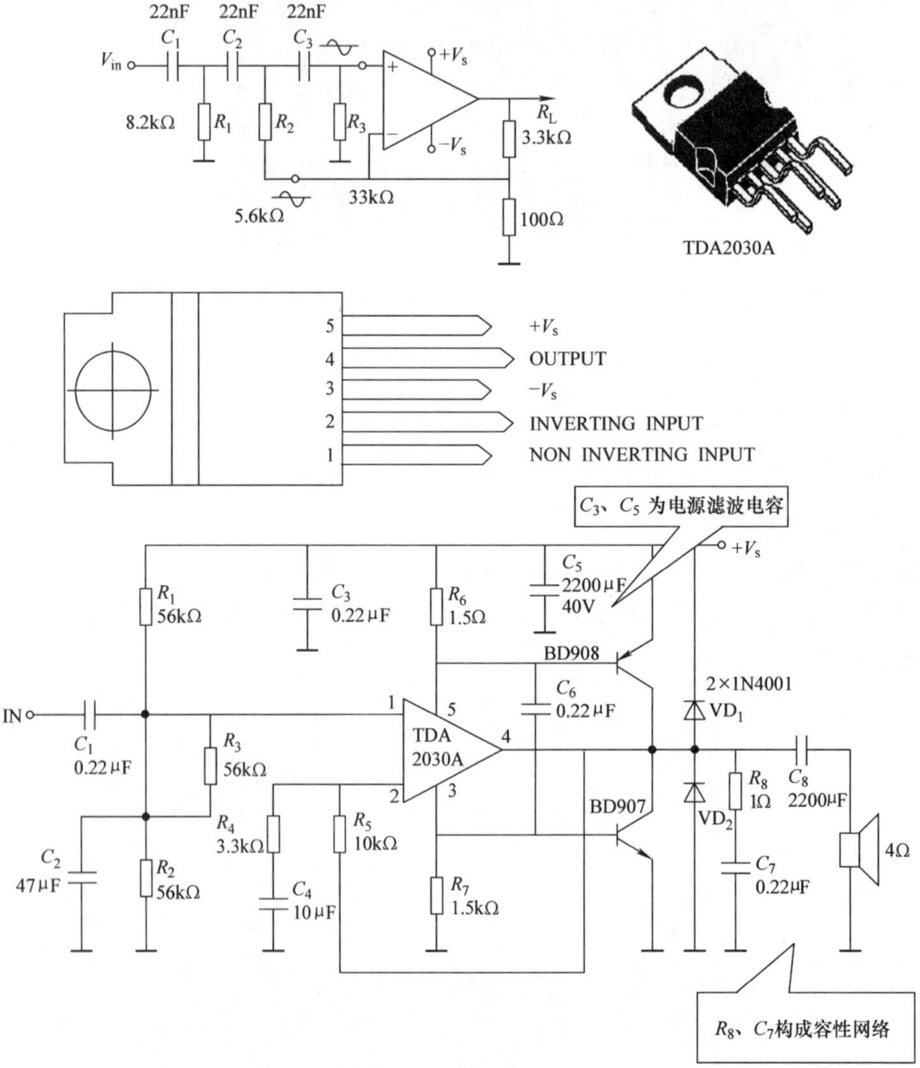

图 3-13　去耦（退耦）电容的应用电路

第4章

二极管应用与检测

——☆☆☆ 4.1 二极管的识别 ☆☆☆——

半导体器件都是以PN结为核心，正确认识PN结，是了解及运用其他半导体器件的关键所在。二极管的基本结构为PN结，其特性与PN结有关。PN结的基本特性为单向导电性，即正向导通、反向截止。PN结的基本知识，见表4-1。

表4-1 PN结的基本知识

序号	名称	示意图	描述	备注
1	N型半导体	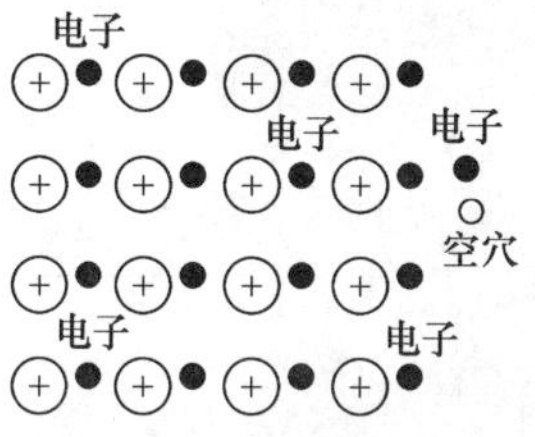	掺入磷杂质的硅半导体晶体中，自由电子的数目大量增加	电子是多数载流子、空穴是少数载流子
2	P型半导体	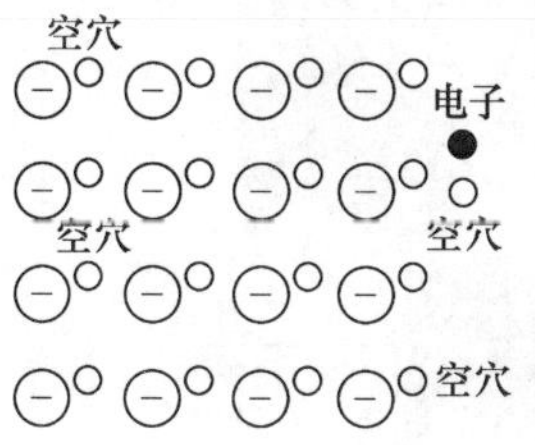	掺硼半导体中，空穴数目远大于自由电子数目	空穴为多数载流子，自由电子是少数载流子
3	正向导通	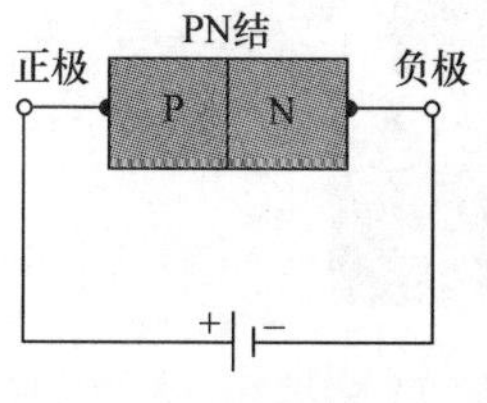	1）PN结的P端接电源的“+”极，N端接电源的“-”极 2）PN结两侧的多数载流子能顺利地通过PN结形成较大的正向电流 3）PN结加正向电压时，PN结变窄，正向电流较大	1）PN结呈现低阻导通状态 2）理想情况下相当于开关闭合 3）$U_{阳} > U_{阴}$或U_D为正，二极管正向偏置，二极管导通

（续）

序号	名称	示意图	描述	备注
4	反向截止	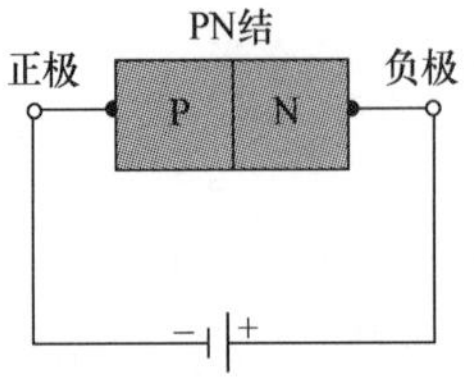	1）PN 结的 P 端接电源的“－”极，N 端接电源的“＋”极 2）PN 结加反向电压时，PN 结变宽，反向电流较小	1）PN 结呈高阻截止状态 2）理想情况下相当于开关断开 3）少数载流子是热激发产生的，PN 结的反向电流受温度影响很大 4）$U_{阳} < U_{阴}$ 或 U_D 为负，二极管反向偏置，二极管截止

注：① 在实际生产中，制造二极管、晶体管的材料都是杂质半导体。
② PN 结处于动态平衡时，扩散电流与漂移电流相抵消，即通过 PN 结的电流为零。

二极管构成是两根引脚分别引出于两个半导体材料，从 P 型材料上引出正极性引脚，从 N 型材料上引出负极性引脚。二极管的外形与电路符号，如图 4-1 所示。二极管的表面

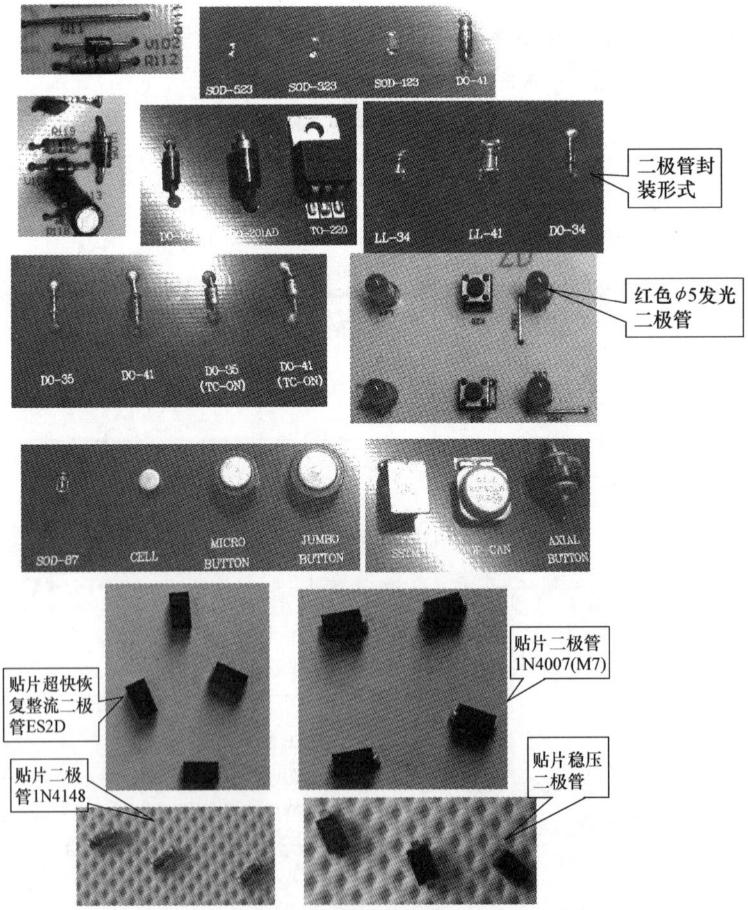

图 4-1　二极管的外形与电路符号

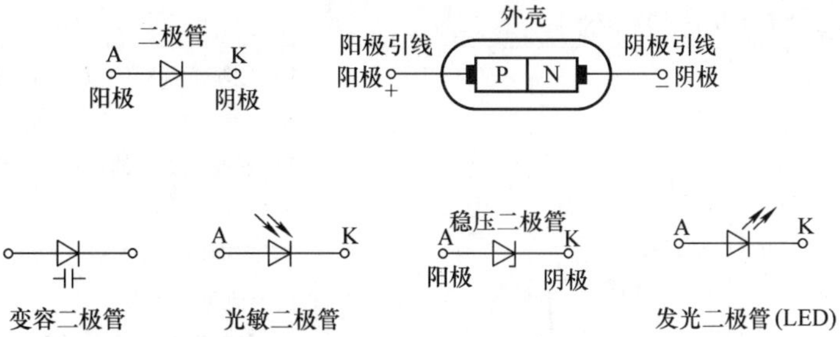

图4-1　二极管的外形与电路符号（续）

贴装有SOT-23、SMA、SMB、SMC、DPAK、D^2PAK、D^3PAK，插装有DO-35、DO-41、TO-220、TO-247，螺栓封装有SOT-227。

二极管的基本结构，见表4-2。

表4-2　二极管的基本结构

序号	示意图	名称	描述	应用场合
1	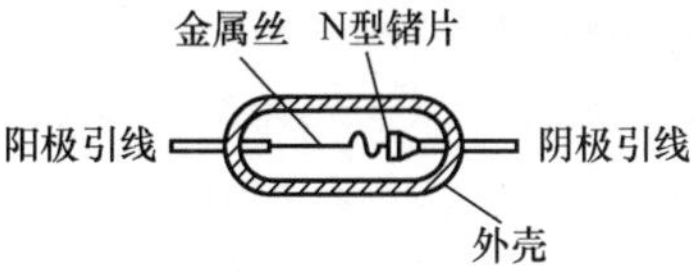	点接触型	1）PN结面积小，结电容小 2）不允许通过较大的电流 3）工作频率高	用于高频小电流电路
2	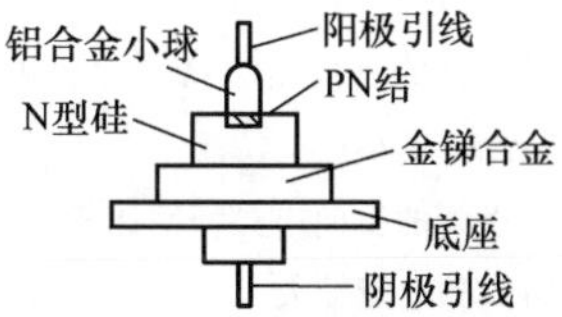	面接触型	1）PN结面积大 2）允许流过的电流大 3）工作频率低	用于工频大电流整流电路
3	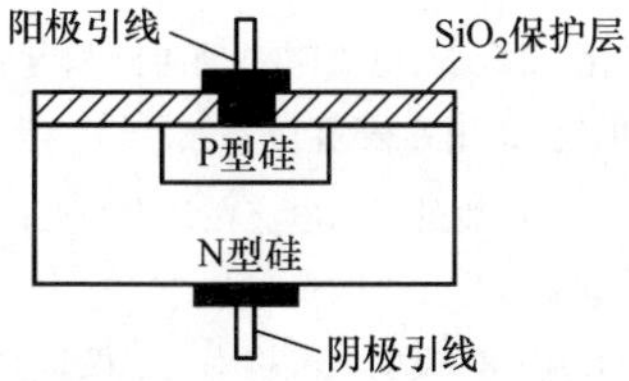	平面型	1）PN结结面积可大可小 2）小的工作频率高 3）大的结允许的电流大	1）用于集成电路制造工艺中 2）结面积大，则用于大功率整流 3）结面积小，则用于高频、脉冲和开关电路中

1. 二极管的伏安特性

二极管的伏安特性，见表4-3。

2. 稳压二极管伏安特性

稳压二极管伏安特性，见表4-4。

表 4-3　二极管的伏安特性

<table>
<tr><th>二极管的伏安特性图示</th><th>说明</th></tr>
<tr><td>

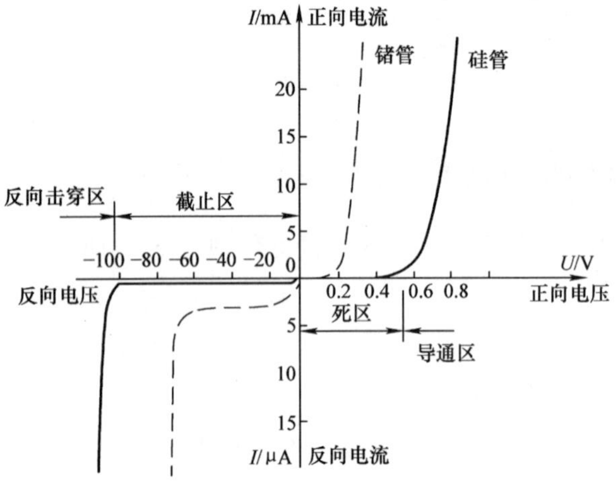

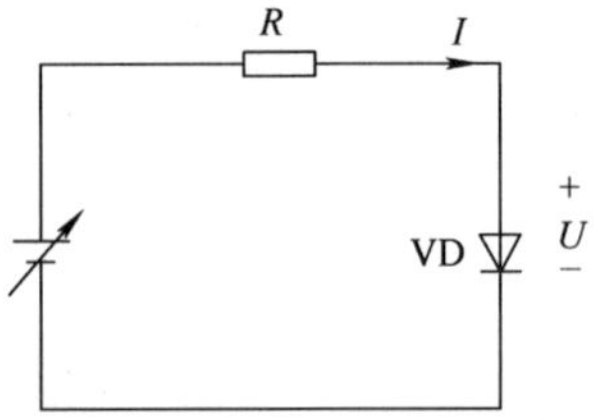

二极管的伏安特性方程：

$$i_D = I_s(e^{\frac{U_D}{U_T}} - 1)$$

式中　I_s——反向饱和电流；
U_D——二极管两端的电压；
U_T——温度的电压当量，当 $T = 300K$ 时，$U_T = 26mV$。

正向特性：

$$i_D \approx I_s e^{\frac{U_D}{U_T}}$$

二极管加正向电压，即 $U > 0$，且 $U >> U_T$，则 $e^{U/U_T} >> 1$，可得 $I \approx I_s e^{U/U_T}$，说明电流 I 与电压 U 基本上成指数关系。

反向特性：

$$i_D \approx -I_s$$

二极管加反向电压，即 $U < 0$，且 $|U| >> U_T$，则 $I = -I_s$。

</td><td>

1）二极管两端的电压与通过二极管电流之间的关系称为二极管的伏安特性

2）普通二极管的工作电压应远离反向击穿电压，确保二极管的安全工作

3）正向电压超过死区电压后，随着电压的升高，正向电流迅速增大

4）外加正向电压大于 U_T 时，二极管导通，开关闭合

5）外加电压小于 U_T 时，二极管截止，开关断开

6）二极管加反向电压，反向电流很小

7）二极管导通后二极管两端的电压几乎不随电流的大小而变化，称为导通管压降，用 U_T 表示。硅管为 0.7V，锗管为 0.3V

8）正向起始部分存在一个死区或门槛，称为门限电压。硅管 $U_r = 0.5 \sim 0.6V$，锗管 $U_r = 0.1 \sim 0.2V$

9）加反向电压时，反向电流很小。即 $I_{s硅}$（nA）< $I_{s锗}$（μA），硅管比锗管稳定

10）当反压增大 U_B 时再增加，反向激增，发生反向击穿，U_B 称为反向击穿电压

11）一般来说，对硅材料的 PN 结，$U_{(BR)} > 6V$ 时为雪崩击穿；$U_{(BR)} < 6V$ 时为齐纳击穿；$U_{(BR)}$ 在 6V 左右时，两种击穿都有

12）硅二极管的反向击穿特性比较硬、比较陡，反向饱和电流也很小

13）锗二极管的反向击穿特性比较软，过渡比较圆滑，反向饱和电流较大

14）当反向电压小于某值（此电压称为反向击穿电压 U_{BR}）时反向电流很小，并且几乎不随反向电压而变化，该反向电流叫“反向饱和电流”，简称“反向电流”，用 I_R 表示

15）通常硅管的反向电流在几十微安以下，锗管的反向电流可达几百微安

16）在应用时反向电流越小，二极管的质量越好

17）使用二极管时，电路中应该串联适当的限流电阻，以免因电流过大而损坏二极管

18）二极管加反向电压时不能导通，但反向电压达到反向击穿电压时，二极管会反向击穿

19）温度升高时，由于少数载流子增加，反向电流急剧增加

</td></tr>
</table>

表 4-4 稳压二极管伏安特性

稳压二极管伏安特性图示	说明
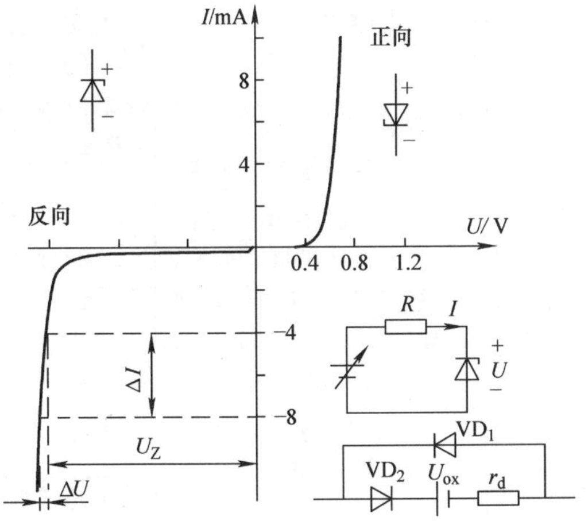	1）稳压二极管稳压时必须工作在反向电击穿状态 2）稳压二极管工作在击穿区，是利用其反向电流随反压增加而激增原理进行稳压作用的 3）稳压二极管的伏安特性曲线与普通二极管类似，其反向曲线比普通二极管更陡一些 4）稳压二极管又称齐纳二极管，是一种特殊工艺制造的半导体二极管 5）稳压二极管工作于反向击穿区，在电路中稳压二极管是反向连接的 6）同一型号稳压二极管 U_Z也不一定相等 7）稳压二极管反向击穿后，电流变化很大，但其两端电压变化很小 8）稳压二极管的稳定电压低的为 3V，高的可达 300V，其正向电压约为 0.6V 9）每种型号稳压二极管都规定有一个最大稳定电流 I_{ZM}，超过它，易发生热击穿（不可逆），稳压二极管损毁，$I_Z < I_{ZM}$ 10）U_Z小于 4V 的管子具有负温度系数，U_Z大于 7V 的管子具有正温度系数。4～7V 的管子温度系数非常小 11）稳定电压 U_Z：稳压二极管工作在反向击穿区时的稳定工作电压 12）稳定电流 I_Z：正常工作的参考电流。$I < I_Z$ 时，管子的稳压性能差；$I > I_Z$，只要不超过额定功耗即可 13）动态电阻 r_Z： $r_Z = \frac{\Delta U_Z}{\Delta I_Z}$ r_Z越小越好。对于同一个稳压二极管，工作电流越大，r_Z值越小 14）电压温度系数 α_U：稳压二极管电流不变时，环境温度每变化 1℃ 引起稳定电压变化的百分比。稳压二极管的电压温度系数有正负之别 15）额定功耗 P_Z：额定功率决定于稳压二极管允许的温升，$P_Z = U_Z I_Z$

3. 二极管的种类

二极管按材料分，有锗二极管、硅二极管。锗二极管正向压降为 0.2～0.4V，硅二极管正向压降为 0.6～0.8V。硅二极管的反向饱和漏电电流比锗二极管小，锗二极管的反向饱和漏电电流为数十至数百微安，硅二极管的反向饱和漏电电流为 1μA 或更小。锗二极管耐高温性能比硅二极管差，锗二极管的最高工作温度不超过100℃，硅二极管工作温度可达200℃。常用二极管的简介，见表4-5。

表4-5　常用二极管的简介

序号	外形图或符号	名称	描述	功能	常用型号	使用场合或特点
1		检波二极管	检波的作用是把调制在高频电磁波上的低频信号检取出来	高频检波等	1）国产有2AP系列锗玻璃封装二极管 2）进口有1N34/A、1N60等	1）在收音机中起检波作用 2）结电容小，反向电流也小
2		整流二极管	将交流电转换成直流电场合	整流	1）1N系列、2CZ系列、RLR系列等 2）RU系列、EU系列、V系列、1SR系列等	1）有金属封装和塑料封装 2）结电容较大，不宜在高频电路中应用 3）PN结面较大，能承受较大的正向电流和高反向电压 4）正向压降低，恢复时间长，适合低频整流
3		开关二极管	在电路中对电流进行控制，可起到“接通”或“关断”的开关作用	开关电路	1）国产高速开关二极管有2CK系列 2）进口高速开关二极管有1N系列、1S系列、1SS系列、RLS系列 3）常用有2AK、2DK等系列	1）各种逻辑电路 2）以玻璃及陶瓷外形封装 3）开关速度快，结电容小，适合信号处理
4		稳压二极管	利用二极管反向击穿时，两端电压固定在某一数值，不随流过二极管的电流大小变化	稳压电路	进口有1N47系列、1N52系列	1）电视机中的过电压保护 2）在电路中应用时一定要串联限流电阻
5		变容二极管	利用PN结的空间电荷具有电容特性的原理制成	自动调整电路	国产有2CC系列和2CB系列	1）用于电视机的高频头中 2）在电视机、录像机、收录机中多用于调谐电路和自动频率微调电路中
6		发光二极管	用PN结把电能转换成光能的一种器件	显示器件		1）显示屏、广告灯箱、景观照明等 2）室内与室外照明
7		红外发光二极管	发出的光波是不可见的，其峰值波长为940nm左右	光控器件		1）光控开关 2）用作光电传感器、测试装置、遥测遥控设备等

（续）

序号	外形图或符号	名称	描述	功能	常用型号	使用场合或特点
8	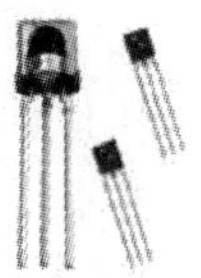	红外接收头	红外接收电路通常被厂家集成在一个器件中，成为一体化红外接收头。内部电路包括红外监测二极管、放大器、限幅器、带通滤波器、积分电路、比较器等	光控器件		应用于空调、风扇、暖风机、加湿器、电视、DVD、机顶盒、硬盘播放器、多媒体组合音响等家电产品，感应洁具，工业自动化，遥控玩具，灯饰照明等领域
9	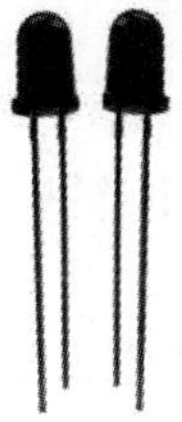	红外光敏二极管	红外接收二极管又叫红外光敏二极管。可以接收红外发光二极管发射的波长为940nm的红外光信号，而对于其他波长的光线则不能接收	光控器件		广泛应用于音响、彩色电视机、空调器、VCD视盘机、DVD视盘机以及录像机等
10	VA+ —◁— -VB SOT-89-3L  TO-252-2L TO-251-3L	恒流二极管	可用于稳定和限制电流，是一种能为电路提供持续电流的二极管，即使出现电源电压供应不稳定或是负载电阻变化很大的情况都能确保电路电流稳定	恒流	1）有S系列、E系列、L系列产品规格 2）贴片式：SOD-123 SOT-89-3L TO-252-2L 3）直插式：TO-92-2L TO-251-3L	1）电话线路电路模块、手持设备和单IC芯片或PC板的某些部分 2）恒流源、稳压源、放大器以及电子仪器、传感器、LED照明的保护电路中
11		整流桥	整流桥一般用在全波整流电路中，分为全桥与半桥 全桥是由4只整流二极管按桥式全波整流电路的形式连接并封装为一体	整流		1）在容性或感性负载中使用时，额定整流电流应降低20%使用，工作电压应折半使用 2）全桥的正向电流有0.5A、1A、1.5A、2A、2.5A、3A、5A、10A、20A、35A、50A等多种规格 3）全桥的耐压值（最高反向电压）有25V、50V、100V、200V、300V、400V、500V、600V、800V、1000V等多种规格 4）在电子设备、仪器、仪表及其他电器设备中作电源整流用

4. 发光二极管及 LED 数码管

发光二极管（LED）的核心部分是为 PN 结。在某些半导体材料的 PN 结中，注入的少数载流子与多数载流子复合时会把多余的能量以光的形式释放出来，从而把电能直接转换为光能。PN 结加反向电压，少数载流子难以注入，故不发光。这种利用注入式电致发光原理制作的二极管叫发光二极管（LED）。当它处于正向工作状态时（即两端加上正向电压），电流从 LED 阳极（A）流向阴极（K）时，半导体晶体就发出从紫外到红外不同颜色的光线，光的强弱与电流有关。

注： LED 是由Ⅲ～Ⅴ族化合物 GaAs（砷化镓）、GaP（磷化镓）、GaAsP（磷砷化镓）等半导体材料制造的。

LED 也是由一个 PN 结构成，具有单向导电性。但其正向工作电压（开启电压）比普通二极管高，约为 1～2.5V，反向击穿电压比普通二极管低，约为 5V。当正向电流达到 1mA 左右时开始发光，发光强度近似与工作电流成正比；但工作电流达到一定数值时，发光强度逐渐趋于饱和，与工作电流成非线性关系。一般小功率 LED 正向工作电流为 10～20mA，最大正向工作电流为 20mA。中功率 LED 正向工作电流为 100～120mA，最大正向工作电流为 150mA。大功率 LED 正向工作电流为 270～300mA，最大正向工作电流为 350mA。

注： 红、橙、黄、绿、青、蓝、紫为可见光，是人眼所能观察到的光，波长介于 380～780nm 之间。LED 的颜色、亮度是由芯片所决定的。

LED 数码管也称半导体数码管，是目前数字电路中最常用的显示器件。数码管是一种半导体发光器件，其基本单元是 LED。它是以 LED 作笔段并按共阴极方式或共阳极方式连接后封装而成的。数码管按段数分为七段数码管和八段数码管，八段数码管比七段数码管多一个 LED 单元（多一个小数点显示）；按能显示多少个“8”可分为 1 位、2 位、4 位等数码管。共阳数码管是指将所有 LED 的阳极接到一起形成公共阳极（COM）的数码管。共阳数码管在应用时应将公共极 COM 接到 +5V，当某一字段 LED 的阴极为低电平时，相应字段就点亮。当某一字段的阴极为高电平时，相应字段就不亮。共阴数码管是指将所有 LED 的阴极接到一起形成公共阴极（COM）的数码管。共阴数码管在应用时应将公共极 COM 接到地线 GND 上，当某一字段 LED 的阳极为高电平时，相应字段就点亮。当某一字段的阳极为低电平时，相应字段就不亮。

LED 数码管在电子仪器中常用来显示数字、符号，显示清晰，亮度高，价格便宜，广泛应用在各种控制系统中。LED 数码管实际上是由七个 LED 组成 8 字形构成的，加上小数点就是 8 个。这些段分别由字母 A、B、C、D、E、F、G、DP 来表示。当数码管特定的段加上电压后，这些特定的段就会发光，以形成我们看到的文字。常用 LED 数码管显示的数字和字符是 0、1、2、3、4、5、6、7、8、9、A、B、C、D、E、F。发光二极管及 LED 数码管外形，如图 4-2 所示。

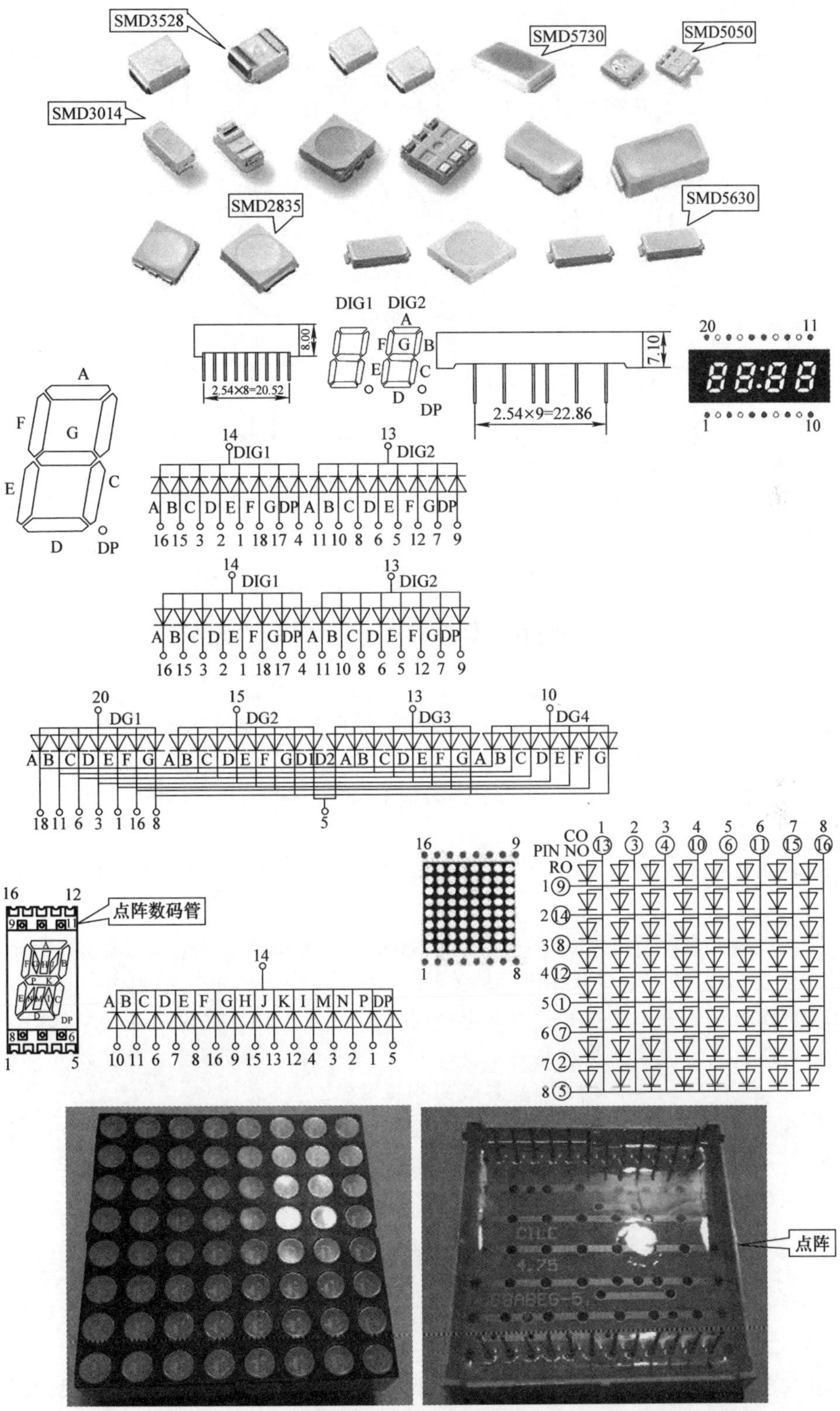

图 4-2　发光二极管及 LED 数码管外形

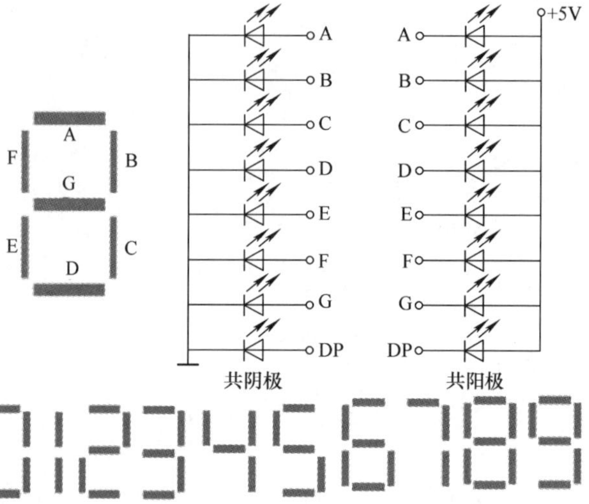

字形	0	1	2	3	4	5	6	7	8	9	灭
共阳	0×0C0	0×0F9	0×0A4	0×0B0	0×99	0×92	0×82	0×0F8	0×80	0×90	0×0FF
共阴	0×3F	0×06	0×5B	0×4F	0×66	0×6D	0×7D	0×07	0×7F	0×6F	0×00

图 4-2　发光二极管及 LED 数码管外形（续）

注： ① 数码管做好防潮工作，同时也是静电敏感器件，要采取防静电措施。

② 正向压降一般为 1.5 ~2V，额定电流为 10mA，最大电流为 40mA。静态显示时取 10mA 为宜，动态扫描显示，可加大脉冲电流，但一般不超过 40mA。A ~ G 是 7 个笔段电极，DP 为小数点。

③ 共阳极就是把所有 LED 的阳极连接到共同接点 COM，而每个 LED 的阴极分别为 A、B、C、D、E、F、G 及 DP（小数点）。

④ 共阴极则是把所有 LED 的阴极连接到共同接点 COM，而每个 LED 的阳极分别为 A、B、C、D、E、F、G 及 DP（小数点）。

⑤ 共阳数码管每个段笔画是用低电平（“0”）点亮的，要求驱动功率很小。

⑥ 共阴数码管段笔画是用高电平（“1”）点亮的，要求驱动功率较大。

⑦ 通常每个段笔画要串一个数百欧的降压电阻。

⑧ 数码管表面有保护膜的产品，可以在使用前撕下来，使用后不要用手触摸数码管表面。

☆☆☆ 4.2　二极管的检测 ☆☆☆

1. 二极管的主要参数

1）最大整流电流（I_{OM}）：二极管长时间使用所允许通过的最大正向平均电流。

2）反向工作峰值电压（U_{RWM}）：保证二极管不被击穿而给出的反向峰值电压，为反向击穿电压的 1/2 ~2/3。

3）反向峰值电流（I_{RM}）：二极管加反向峰值电压时的反向电流值。该值越大说明二极管的性能越差，硅管的此参数值为微安级以下。

4）最高工作频率（f_M）：二极管能承受的外施电压的最高频率。若超过则失去单向导电性。PN结两侧的空间电荷与电容极板充电时所存储的电荷类似，称为结电容。

5）反向电流（I_R）：二极管未击穿之前的反向电流，其值越小，则二极管的单向导电性越好。

6）正向压降（U_F）：在规定的正向电流下，二极管的正向电压降。小电流硅二极管的正向压降在中等电流水平下，约为0.6~0.8V；锗二极管约为0.1~0.3V。

2. 常用二极管的参数简介

常用二极管的参数简介，见表4-6和表4-7。

表4-6 开关二极管、肖特基二极管、整流二极管的参数简介

（a）开关二极管

参数 / 型号	U_{BR}/V	U_{RWM}/V	I_F/mA	I_R/μA	U_F/V	T_{rr}/ns	C_0/pF
	$I_R=20\mu A$	$I=I_R$	$U=U_F$	$U=U_R$	$I=I_F$		$U_R=0V$，$f=1MHz$
1N914	≥100	≥75	≥10	≤5.0	≤1.0	≤4	≤4
1N915	≥75	≥50	≥50	≤0.025	≤1.0	≤10	≤4
1N916	≥100	≥75	≥10	≤5.0	≤1.0	≤4	≤2
1N917	≥40	≥30	≥10	≤0.05	≤1.0	≤3	≤2.5
1N4148	≥100	≥75	≥10	≤5.0	≤1.0	≤5	≤4
1N4149	≥100	≥75	≥10	≤5.0	≤1.0	≤4	≤2
1N4150	≥50	≥40	≥200	≤0.1	≤1.0	≤6	≤2.5
1N4151	≥75	≥50	≥50	≤0.05	≤1.0	≤4	≤2
BAV17	≥25	≥20	≥100	≤0.1	≤1	≤50	≤1.5
BAV18	≥60	≥50	≥100	≤0.1	≤1	≤50	≤1.5
BAV19	≥120	≥100	≥100	≤0.1	≤1	≤50	≤1.5
BAV20	≥200	≥150	≥100	≤0.1	≤1	≤50	≤1.5
BAV21	≥250	≥200	≥100	≤0.1	≤1	≤50	≤1.5

（b）肖特基二极管

序号	型号	I_{FM}/A	U_F/V@I_{FM}	I_{FSM}/A	U_R/V	I_R/mA@U_R	备注
1	1N5817	1.0	0.45	25	20	1.0	
2	1N5818	1.0	0.55	25	30	1.0	
3	1N5819	1.0	0.60	25	40	1.0	
4	1N5820	3.0	0.475	80	20	1.0	
5	1N5821	3.0	0.50	80	30	1.0	
6	1N5822	3.0	0.525	80	40	1.0	
7	SS22	2.0	0.55	50.0	20	0.5	
8	SS23	2.0	0.55	50.0	30	0.5	
9	SS24	2.0	0.55	50.0	40	0.5	
10	SS25	2.0	0.85	50.0	50	0.5	
11	SS26	2.0	0.85	50.0	60	0.5	

(c) 整流二极管

参数 \ 型号	U_{BR}/V	U_{RWM}/V	I_F/mA	I_R/μA	U_F/V	T_{rr}/ns	C_O/pF
	$I_R=20\mu A$	$I=I_R$	$U=U_F$	$U=U_R$	$I=I_F$		$U_R=0V$, $f=1MHz$
序号	型号	I_{FM}/A	U_F/V@I_{FM}	I_{FSM}/A	U_R/V	I_R/μA@U_R	T_{rr}/ns
1	1N4001	1.0	1.1	30	50	5.0	
2	1N4002	1.0	1.1	30	100	5.0	
3	1N4003	1.0	1.1	30	200	5.0	
4	1N4004	1.0	1.1	30	400	5.0	
5	1N4005	1.0	1.1	30	600	5.0	
6	1N4006	1.0	1.1	30	800	5.0	
7	1N4007	1.0	1.1	30	1000	5.0	
8	1N5400	3.0	1.2	125	50	5.0	
9	1N5401	3.0	1.2	125	100	5.0	
10	1N5402	3.0	1.2	125	200	5.0	
11	1N5404	3.0	1.2	125	400	5.0	
12	1N5406	3.0	1.2	125	600	5.0	
13	1N5407	3.0	1.2	125	800	5.0	
14	1N5408	3.0	1.2	125	1000	5.0	
15	ES1A	1.0	1.0	30	50	5.0	35
16	ES2A	2.0	1.1	50	50	5.0	35
17	ES3A	3.0	1.1	100	50	10.0	35
18	ES5A	5.0	1.2	150	50	10.0	35

表 4-7 稳压二极管的参数简介

参数 \ 型号	U_Z(±5%)	I_Z	I_{Zmax}	r_{Zmax}	U_R	I_R	U_F	α_{VZ}	替代型号
	V	mA	mA	Ω	V	μA	V	10^{-4}/℃	
1N4728A	3.3	76	276	11	1.0	100	1.2	−0.6	2CW4728A
1N4733A	5.1	49	178	7	1.0	10	1.2	±1	2CW4733A
1N4739A	9.1	28	100	5	7.0	10	1.2	+6	2CW4739A
1N4742A	12	21	76	9	9.1	5	1.2	+7	2CW4742A
1N4744A	15	17	61	14	11.4	5	1.2	+8	2CW4744A
1N4746A	18	14	50	20	13.7	5	1.2	+8	2CW4746A
1N4747A	20	12.5	45	22	15.2	5	1.2	+8	2CW4747A
1N4749A	24	10.5	38	25	18.2	5	1.2	+8	2CW4749A
1N4750A	27	9.5	34	35	20.6	5	1.2	+9	2CW4750A
1N4751A	30	8.5	30	40	22.0	5	1.2	+9	2CW4751A
1N4753A	36	7.0	25	50	27.4	5	1.2	+9	2CW4753A
1N4761A	75	3.3	12	175	56.0	5	1.2	+12	2CW4761A
1N4762A	82	3.0	11	200	62.2	5	1.2	+12	2CW4762A
1N4763A	91	2.8	10	250	69.2	5	1.2	+12	2CW4763A
1N4764A	100	2.5	9	350	76.0	5	1.2	+12	2CW4764A

3. 二极管常用封装外形图

二极管常用封装外形图，见表4-8。

表 4-8 二极管常用封装外形图

序号	名称	封装外形图（单位：mm）	序号	名称	封装外形图（单位：mm）
1	DO－35	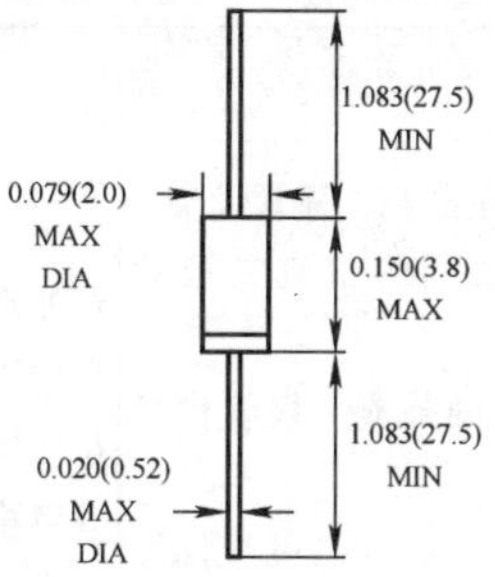	5	DO－41	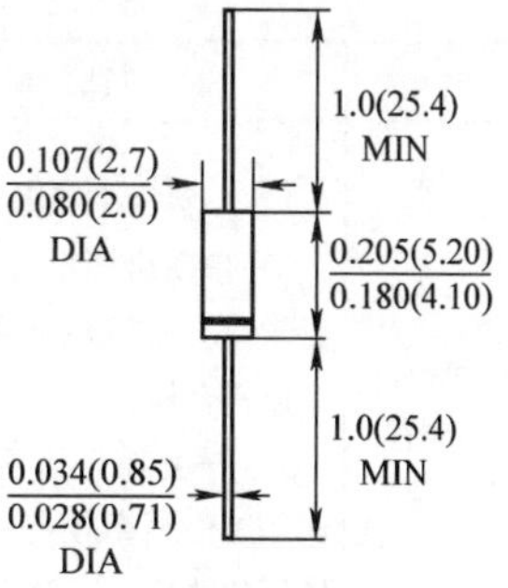
2	SOD－123	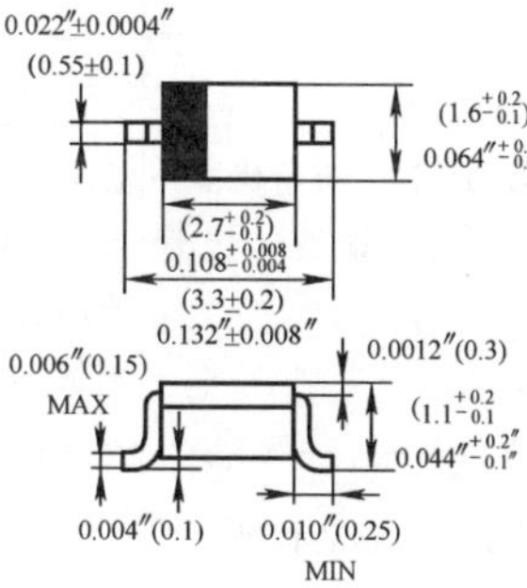	6	DO－15	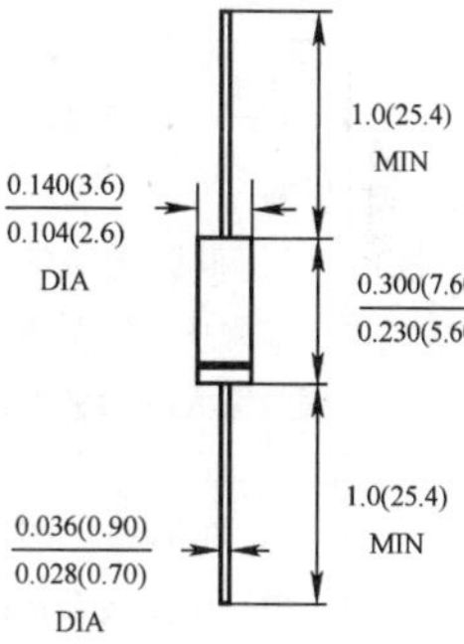
3	DO－201AD	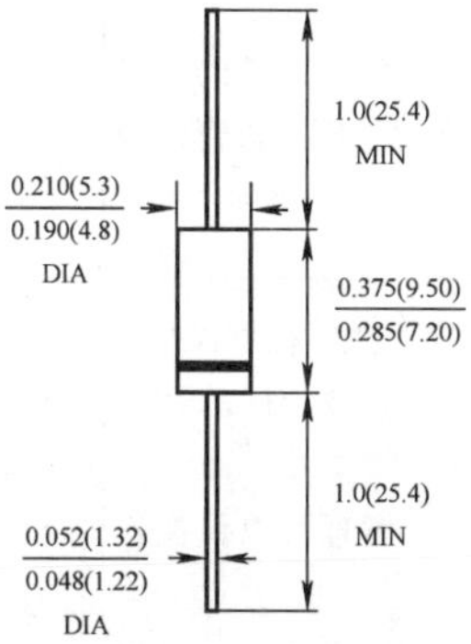	7	KBP	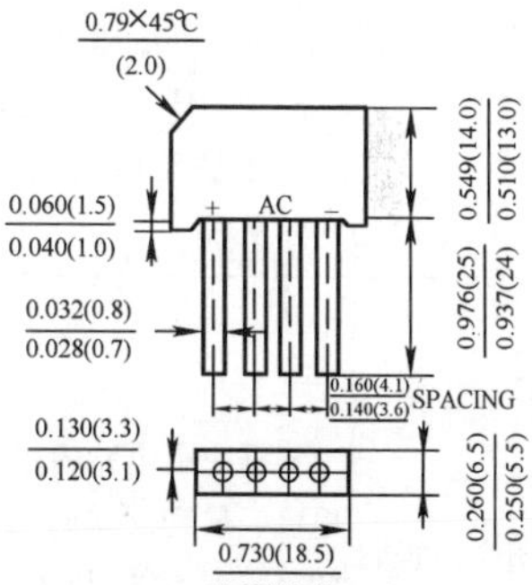
4	DO－214AC	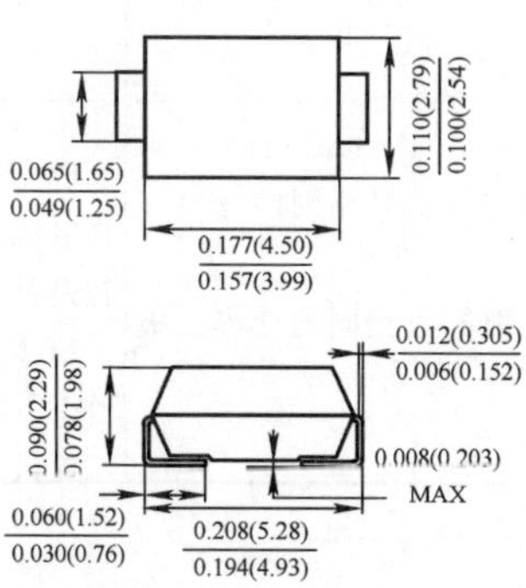	8	DO－214AA	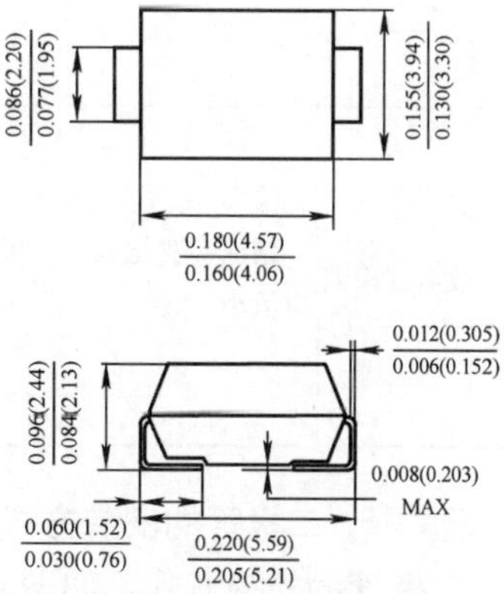

4. 二极管的选用及代换

二极管的选用及代换，见表4-9。

表4-9 二极管的选用及代换

序号	名称	选用要求	代换注意事项	备注
1	整流二极管	1）一般为平面型硅二极管 2）串联稳压电源电路中使用时，要求最大整流电流和最大反向工作电流符合即可 3）开关稳压电源中使用时，应选用工作频率较高、反向恢复时间较短的整流二极管或快恢复二极管	1）用同型号的整流二极管代换 2）用参数相同的整流二极管代换 3）高耐压值的整流二极管代换低耐压值 4）整流电流值高的二极管代换整流电流值低的	注意最大整流电流、最大反向工作电流、截止频率及反向恢复时间等参数是否适合电路的要求
2	检波二极管	1）一般可选用点接触型锗二极管 2）根据电路的具体要求来选择工作频率高、反向电流小、正向电流足够大的检波二极管	1）用同型号的检波二极管代换 2）用参数相同的检波二极管代换	1）二极管的结电容一定要小 2）高频检波的二极管大多能用于限幅、钳位、开关和调制电路
3	稳压二极管	1）选用稳压二极管，应满足稳压电路中主要参数的要求 2）稳压二极管电压值应与稳压电路的基准稳压值相同 3）稳压二极管的最大稳定电流应高于稳压电路最大负载电流的50%左右	1）用同型号稳压二极管代换 2）用电参数相同的稳压二极管来代换 3）用高耗散功率稳压二极管来代换耗散功率低的稳压二极管代换（稳压相同）	
4	开关二极管	根据应用电路的主要参数（正向电流、最高反向电压、反向恢复时间等）来选择开关二极管的具体型号	1）用同型号的开关二极管代换 2）用与其主要参数相同的开关二极管来代换 3）高速开关二极管可以代换普通开关二极管 4）反向击穿电压高的开关二极管可以代换反向击穿电压低的开关二极管	
5	变容二极管	结电容变化大、高 Q 值、反向漏电流小	1）更换与原型号相同的变容二极管 2）用主要参数相同的变容二极管来代换	1）工作频率、最高反向工作电压、最大正向电流等参数是否符合应用电路的要求 2）零偏压结电容参数是否符合应用电路的要求

5. 二极管的安装方式

二极管的安装方式，如图4-3所示。

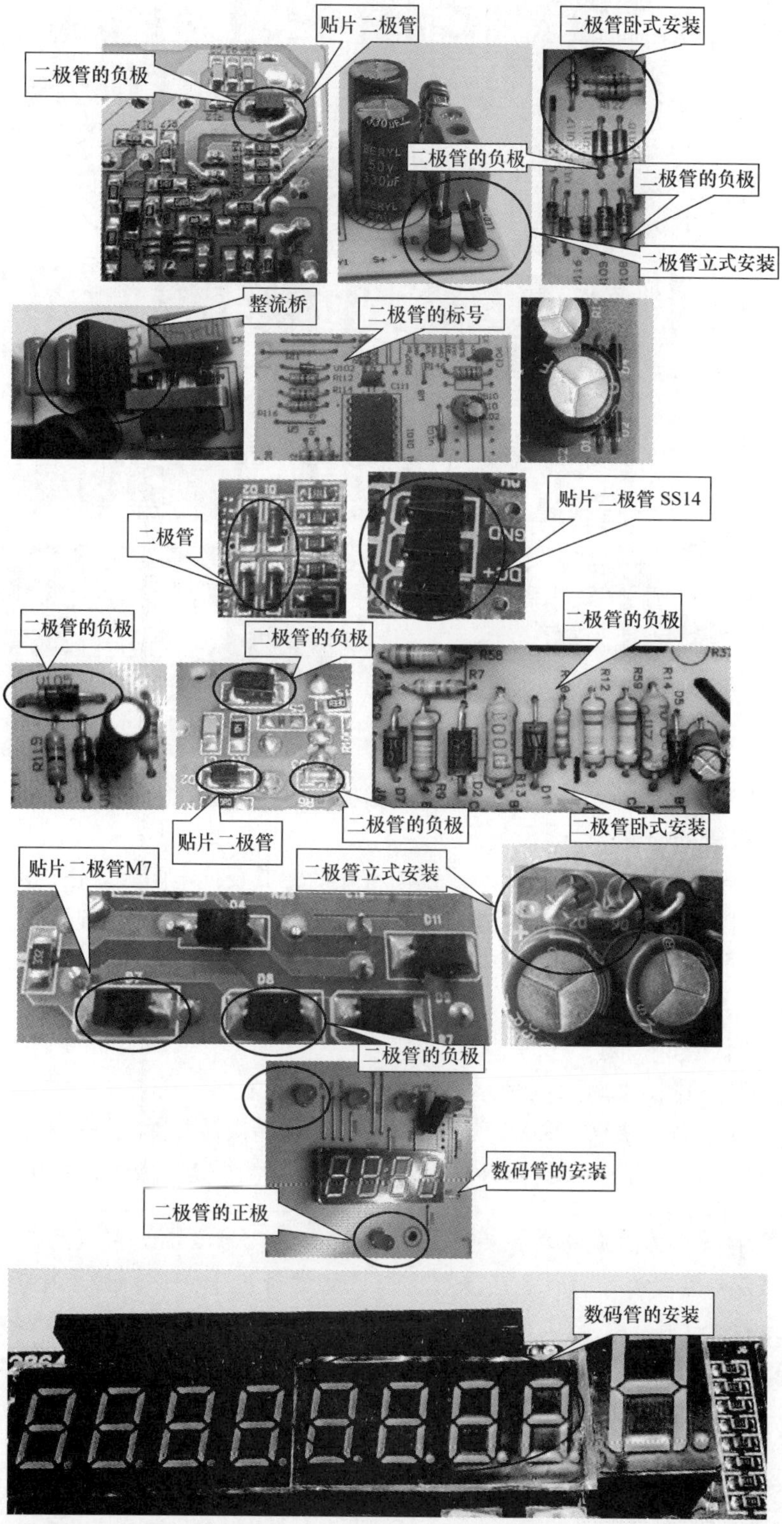

图4-3　二极管的安装方式

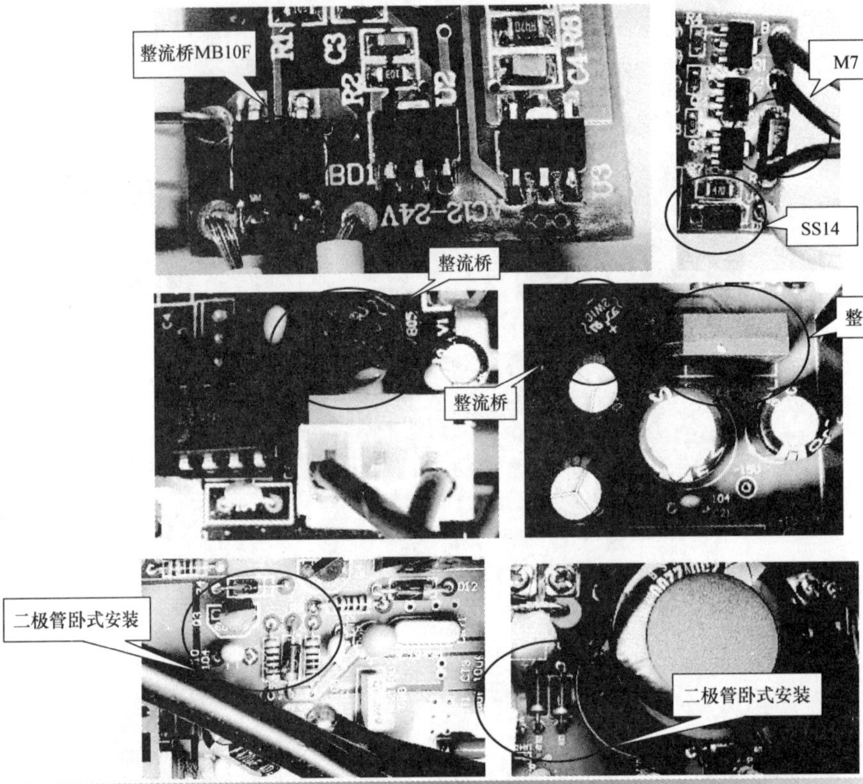

图 4-3　二极管的安装方式（续）

6. 二极管的检测

二极管正向导通时，其正向电阻小。反向截止时，其反向电阻大。正、反向电阻数值相差越大，表明二极管的质量越好。若测得二极管的正、反向电阻值均接近 0 或阻值较小，说明二极管内部已击穿短路或漏电损坏。若测得二极管的正、反向电阻值均为无穷大，说明二极管已开路损坏。

（1）整流二极管的检测

整流二极管的检测，如图 4-4 所示。

用数字万用表去测二极管 1N4007 时，将数字万用表转换开关置“▷|”档。红表笔接二极管 1N4007 的正极，黑表笔接二极管 1N4007 的负极，此时测得是二极管 1N4007 的正向压降。

> **注：** ① 将数字万用表转换开关置“▷|”档时，此时数字万用表显示的数值不是电阻值，而是所测二极管的正向压降（mV）。正常情况下，正向测量时压降为 300 ~ 700mV，反向测量时，数字万用表溢出显示“1”。
>
> ② 若正向测量二极管时，其正向压降范围为 500 ~ 800mV，则所测量二极管为硅二极管。
>
> ③ 若正向测量二极管时，其正向压降范围为 150 ~ 300mV，则所测量二极管为锗二极管。
>
> ④ 若二极管正向测量时，其正向压降为 0，说明二极管管芯短路损坏。若正向压降

为1，说明二极管管芯断路。

⑤ 若二极管反向测量时，其反向压降为0，说明二极管管芯短路损坏。若反向压降不为1，说明二极管管芯损坏。

用数字万用表去测二极管1N4007时，将数字万用表转换开关置“▷|”档。红表笔接二极管1N4007的负极，黑表笔接二极管1N4007的正极，此时测得的是二极管1N4007的反向压降。

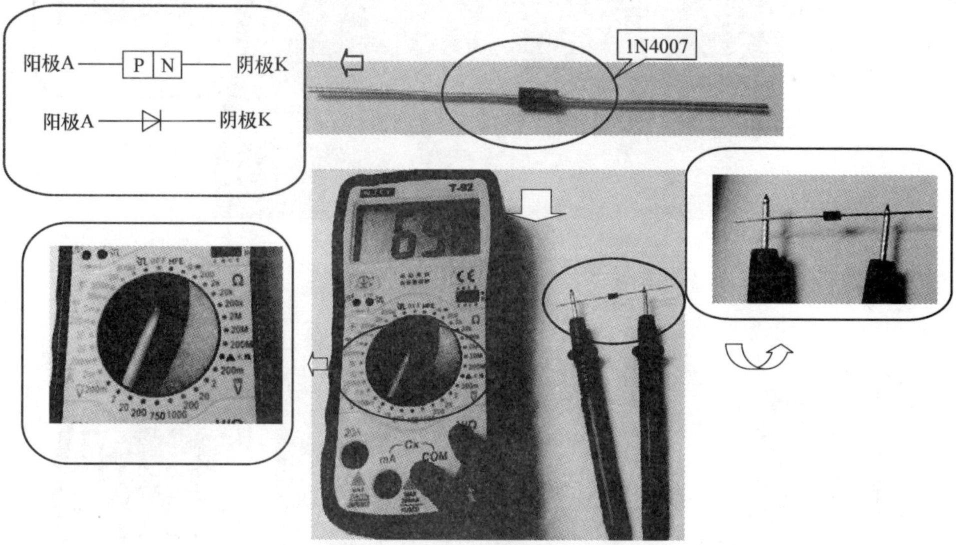

a) 1N4007正向压降的测量

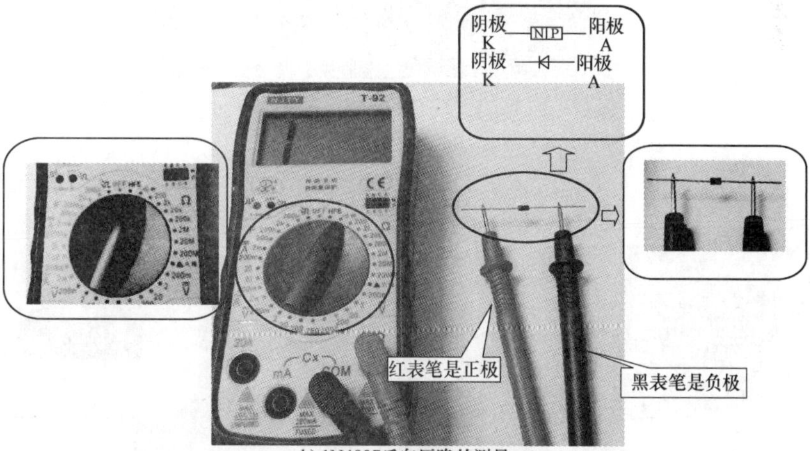

b) 1N4007反向压降的测量

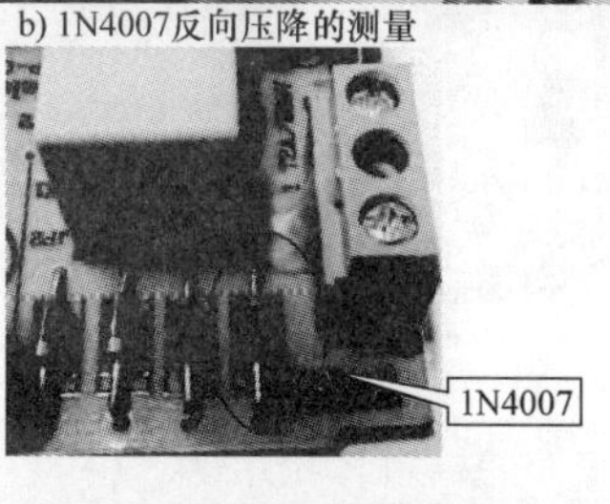

图4-4　整流二极管的检测

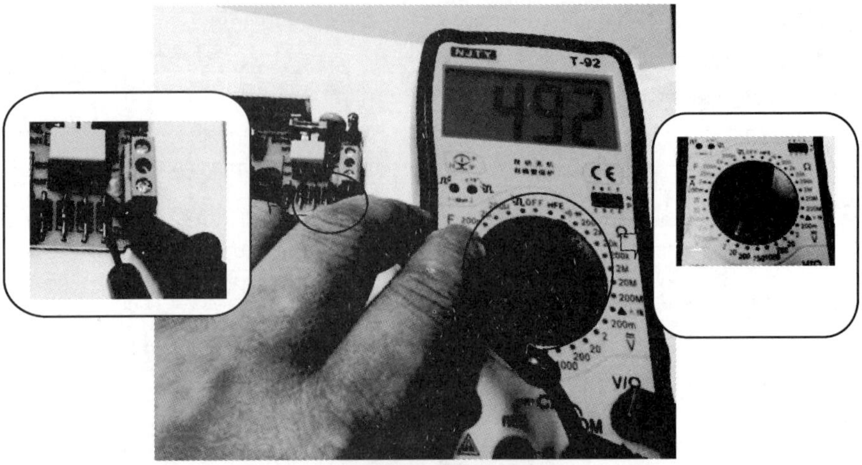

c)1N4007在线正向压降的测量

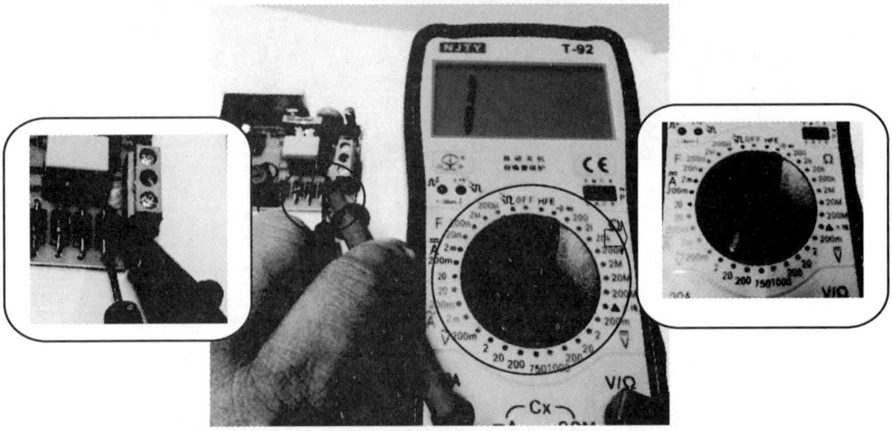

d)1N4007在线反向压降的测量

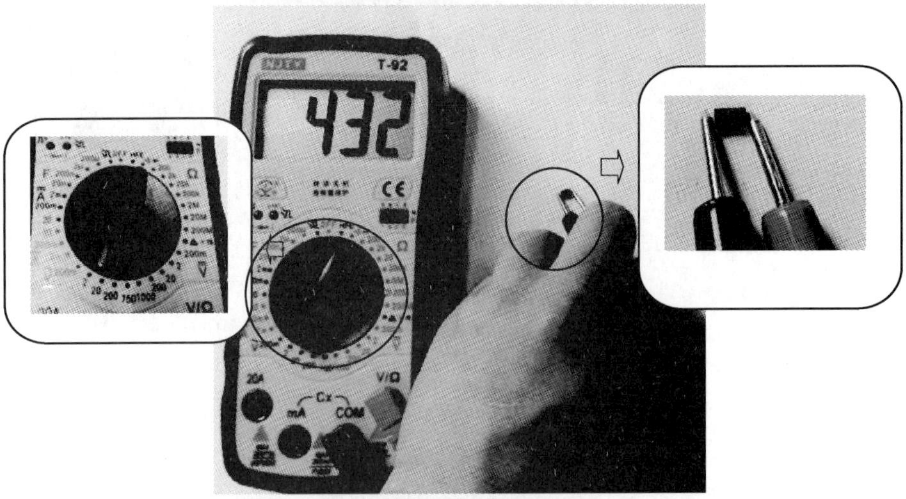

e)整流二极管ES2D正向压降的测量

图 4-4　整流二极管的检测（续）

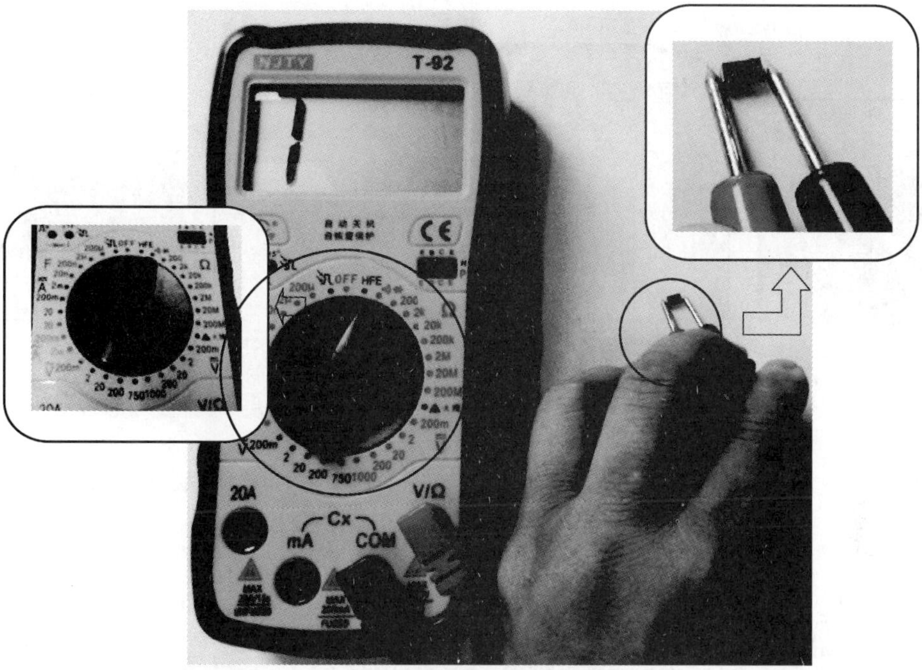

f)整流二极管ES2D反向压降的测量

图 4-4　整流二极管的检测（续）

（2）稳压二极管的检测

塑封稳压二极管管体上印有黑色标记的一端为负极，另一端为正极。稳压二极管的检测，如图 4-5 所示。

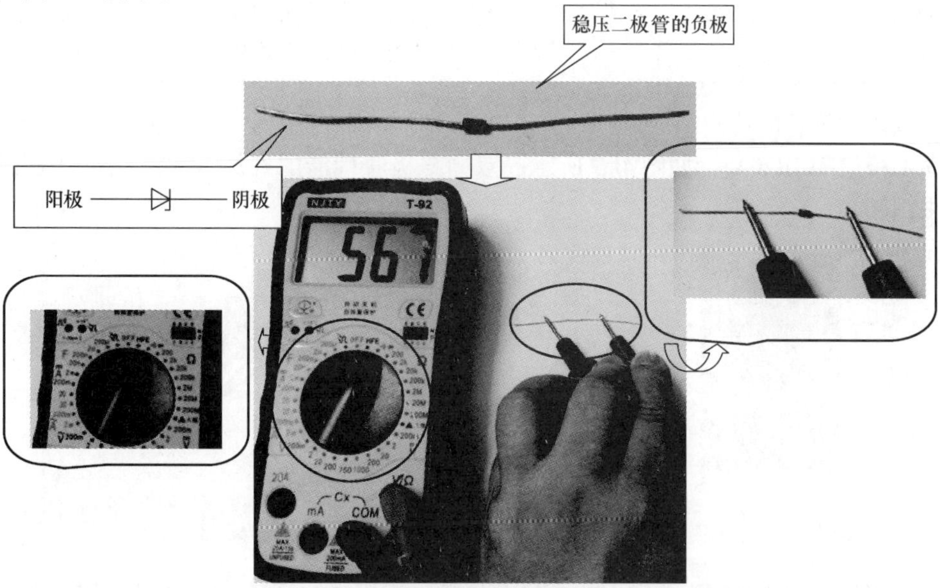

a) 稳压二极管正向压降测量

图 4-5　稳压二极管的检测

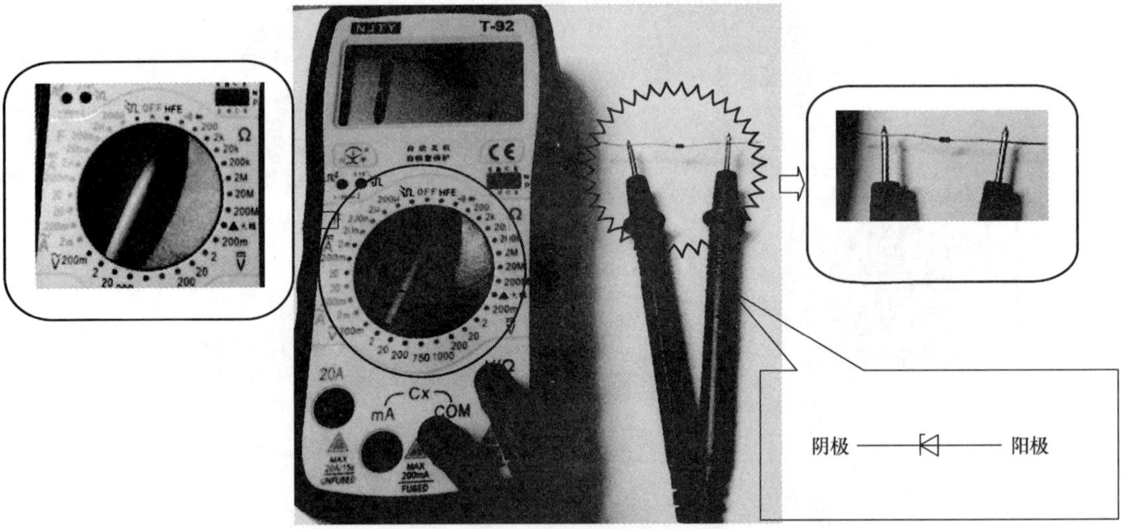

b) 稳压二极管反向压降的测量

图 4-5　稳压二极管的检测（续）

用数字万用表去测稳压二极管时，将数字万用表转换开关置“⊳|”档。红表笔接稳压二极管的正极，黑表笔接稳压二极管的负极，此时测得的阻值是稳压二极管的正向压降。

用数字万用表去测稳压二极管时，将数字式万用表转换开关置“⊳|”档。红表笔接稳压二极管的负极，黑表笔接稳压二极管的正极，此时测得的阻值是稳压二极管的反向压降。

注：塑封稳压二极管外表的管体上印有颜色标记，有标记的一端为稳压二极管负极，另一端为稳压二极管正极。小功率二极管的负极，在二极管外表的管体上大多用一种色圈标出来。发光二极管的正负极可从引脚长短来识别，长脚为正极，短脚为负极。

（3）双向二极管的检测

双向二极管 MBR2045，如图 4-6 所示。双向二极管性能的好坏，通过测量其各极间的电阻值来判断。

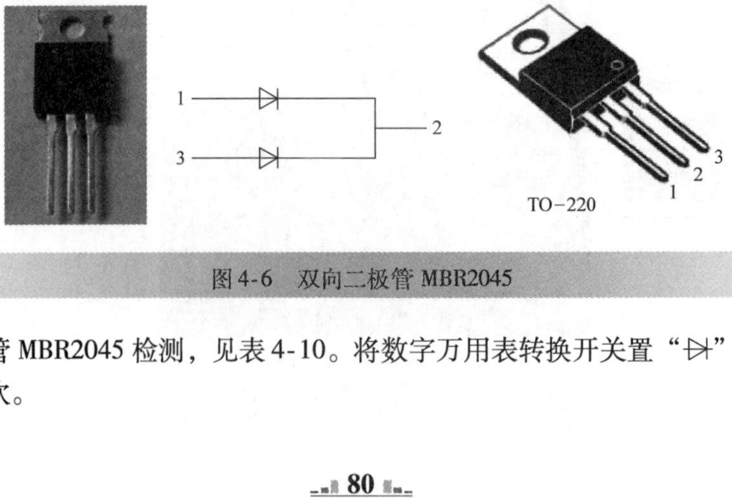

图 4-6　双向二极管 MBR2045

双向二极管 MBR2045 检测，见表 4-10。将数字万用表转换开关置“⊳|”档，正、反向压降各测量一次。

表 4-10　双向二极管 MBR2045 检测

序号	项目	压降的大小	测试示意图
1	MBR2045 的 1、2 脚正向压降	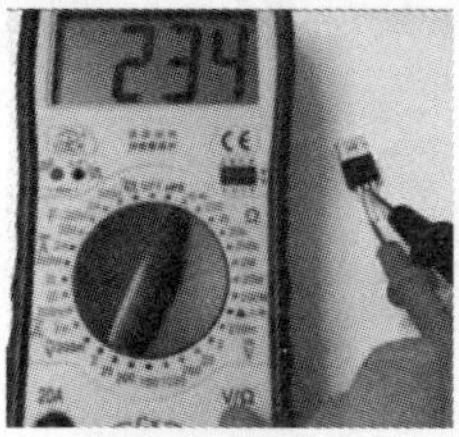	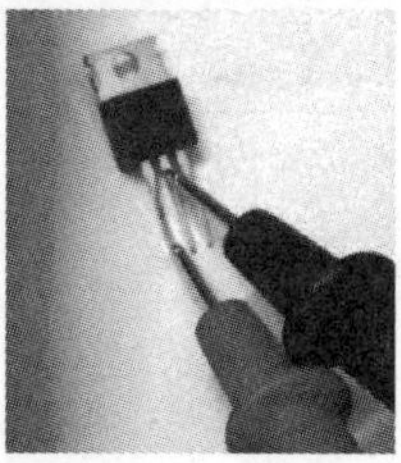
2	MBR2045 的 1、2 脚反向压降	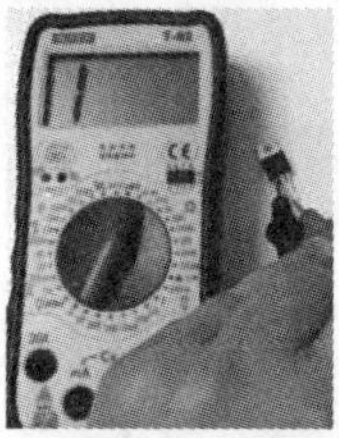	
3	MBR2045 的 3、2 脚正向压降	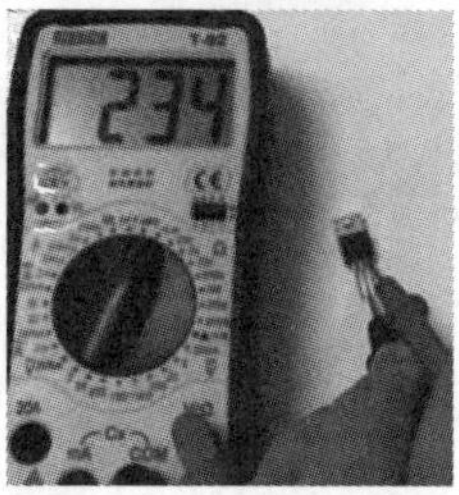	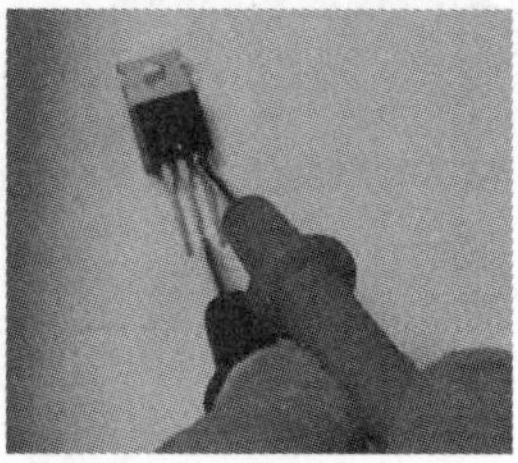
4	MBR2045 的 3、2 脚反向压降	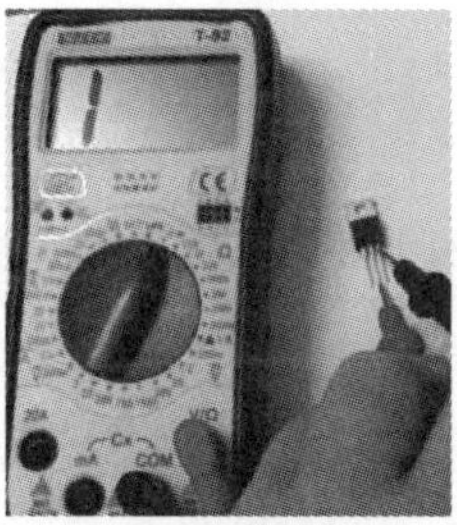	

（4）发光二极管的检测

判别发光二极管的正、负极。发光二极管有两个引脚，通常长引脚为正极，短引脚为负极。发光二极管的检测，如图 4-7 所示。将数字万用表转换开关置“⊳|”档，红表笔接的是发光二极管的正极，黑表笔接的是发光二极管的负极，此时发光二极管发光。在测量时，黑表笔接的是发光二极管正极，红表笔接的是发光二极管负极，此时发光二极管不发光。

（5）整流桥的检测

整流桥的检测，见表 4-11。将数字万用表转换开关置“⊳|”档，正、反向压降各测量一次。

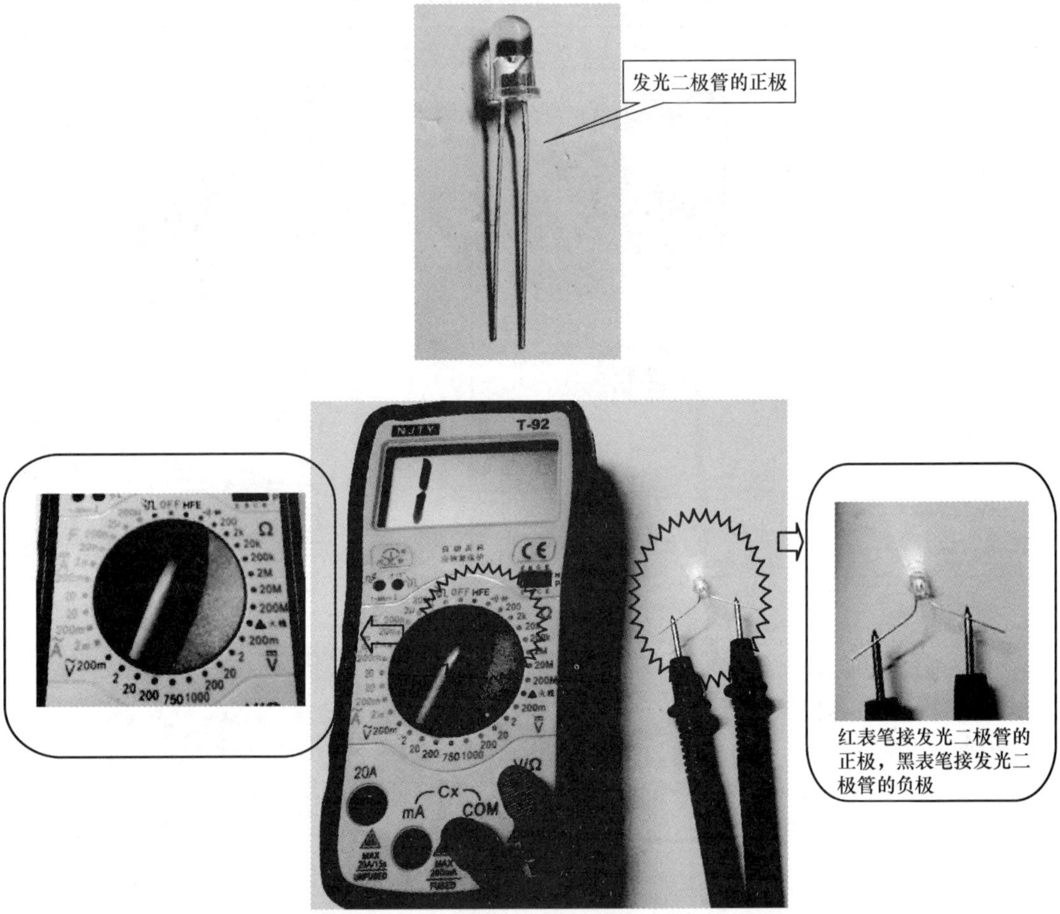

图 4-7　发光二极管的检测

表 4-11　整流桥的检测

序号	项目	压降的大小	测试示意图	引脚示意图
1	1、2 脚正向压降	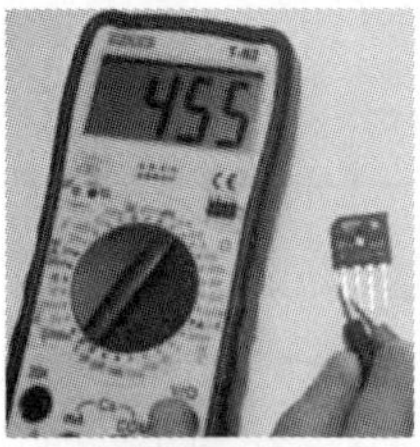		 ①②③④
2	1、2 脚反向压降	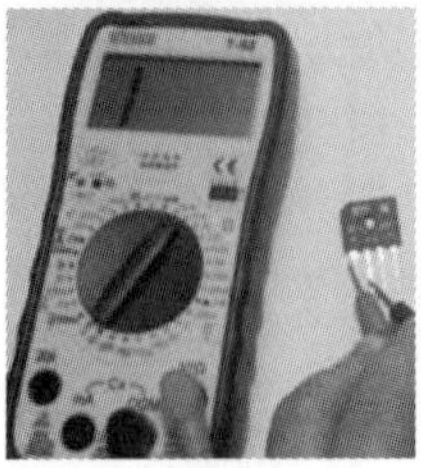		

（续）

序号	项目	压降的大小	测试示意图	引脚示意图
3	1、3 脚正向压降	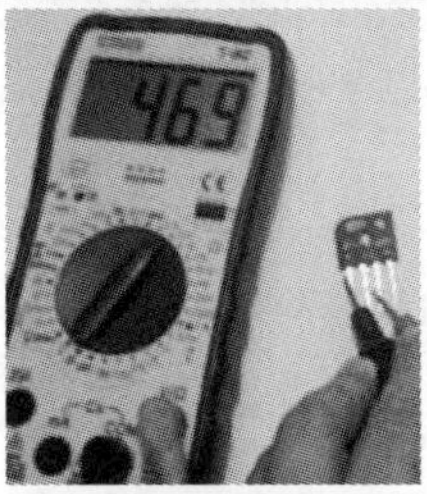	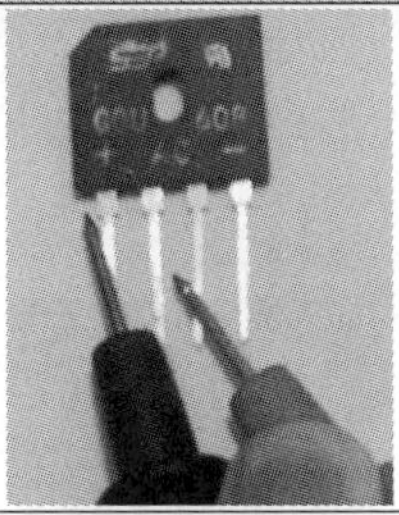	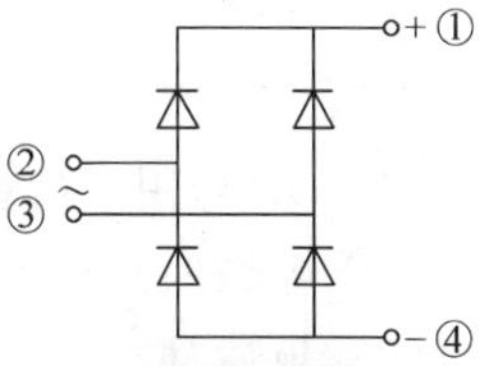  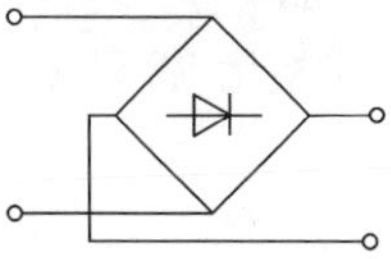
4	1、3 脚反向压降	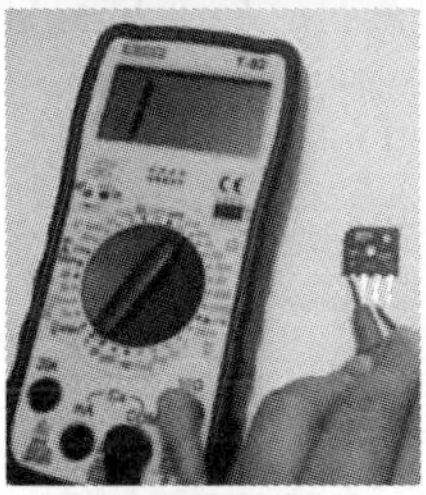		
5	2、4 脚正向压降	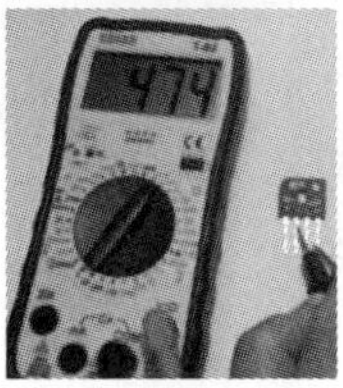	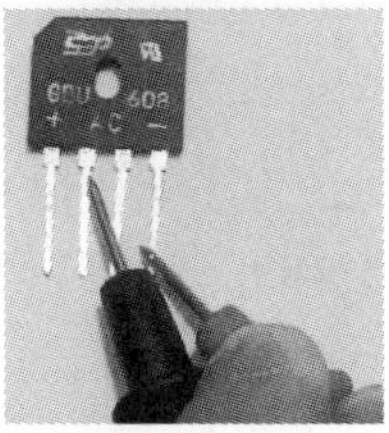	
6	2、4 脚反向压降	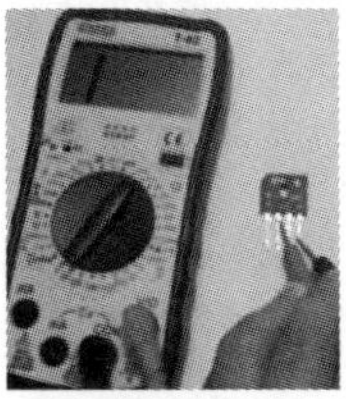	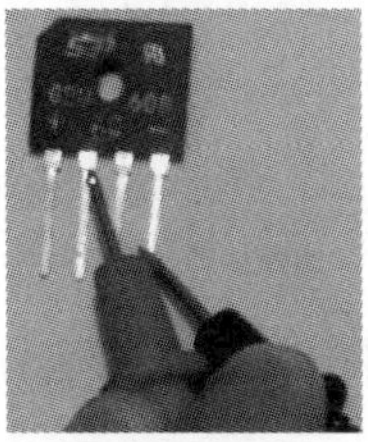	
7	3、4 脚正向压降	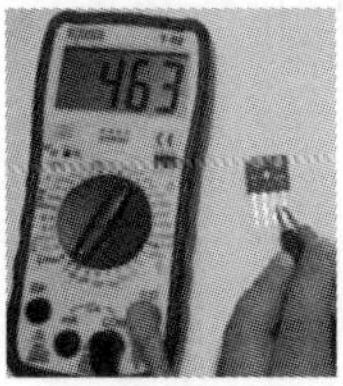	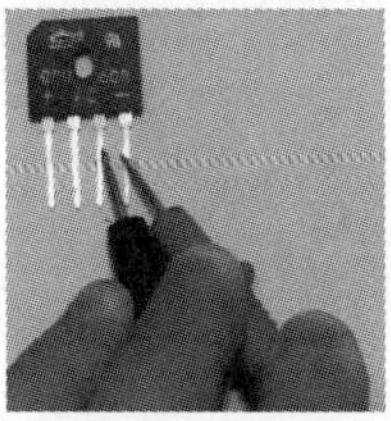	
8	3、4 脚反向压降	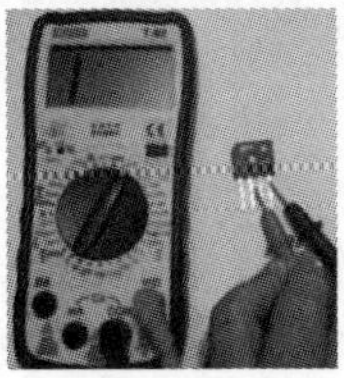	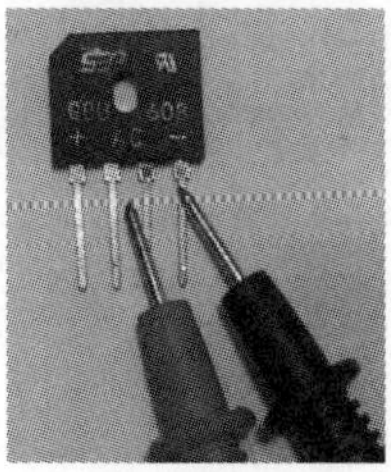	

☆☆☆ 4.3　二极管的应用 ☆☆☆

二极管的用途有整流、检波、限幅、钳位、开关、元件保护、温度补偿等。二极管整流电路简介，见表4-12。

表4-12　二极管整流电路简介

项目名称	半波整流	全波整流	桥式整流	备注
电路	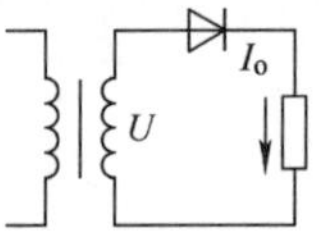	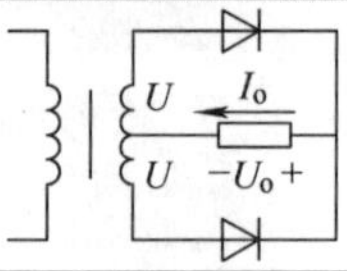	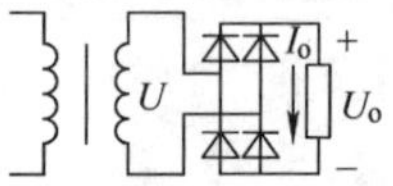	
整流电压平均值	$U_o=0.45U$	$U_o=0.9U$	$U_o=0.9U$	电容滤波的半波整流电路：$U_{DRM}=2\sqrt{2}U$
整流电流平均值	$I_o=I_m/\pi$	$I_o=2I_m/\pi$	$I_o=2I_m/\pi$	电容滤波的桥式整流电路：$U_{DRM}=\sqrt{2}U$

1. 巧用二极管

白炽灯是人们常用的灯具，为了实现对白炽灯两档操作，只需加一个二极管1N4007就可以实现，如图4-8所示。

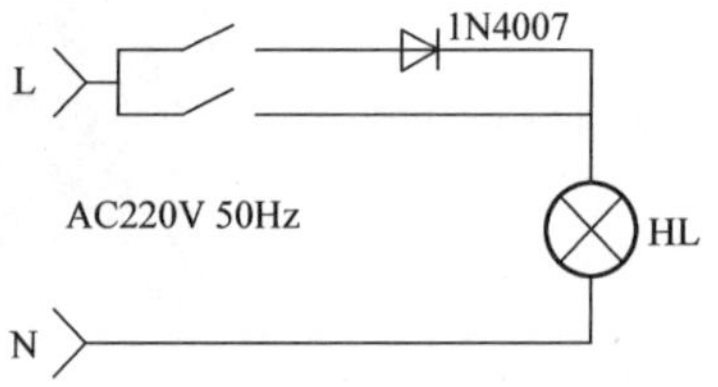

图4-8　二极管1N4007应用（一）

这种方法还可以在电热毯上，用调节功率方式，来调节电热毯的温度。或者还可以用4个1N4007组成。

在7805的工作电路，有时为了提高输出电压，也可以加1个二极管1N4007，输出电压变为5.7V，如图4-9所示。在实际工作中，可以将7805代换为78××系列的不同型号，相应电解电容的耐压及输入电压也要进行提高。

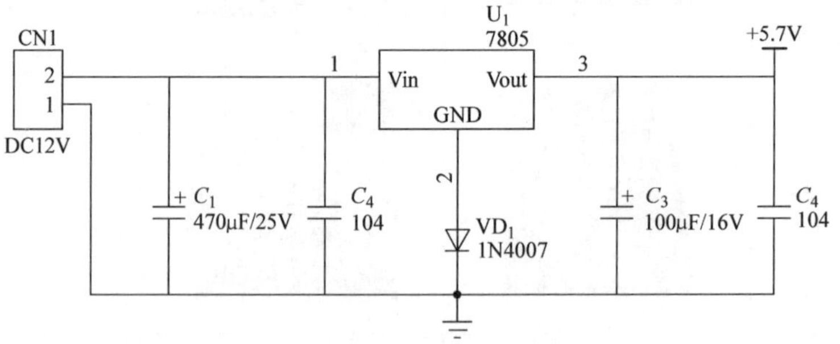

图4-9　二极管1N4007应用（二）

2. 巧用发光二极管（LED）

LED问世以来，在多数应用中，都是当指示灯作用。虽然现在LED可以用于照明，但对于LED在某些场合下的特殊用途，没有过多的介绍，现在针对这个问题，介绍几个典型用法。

1）三端稳压器7805应用电路中，加1个LED可以提高输出电压，并兼作电源指示灯，如图4-10所示。

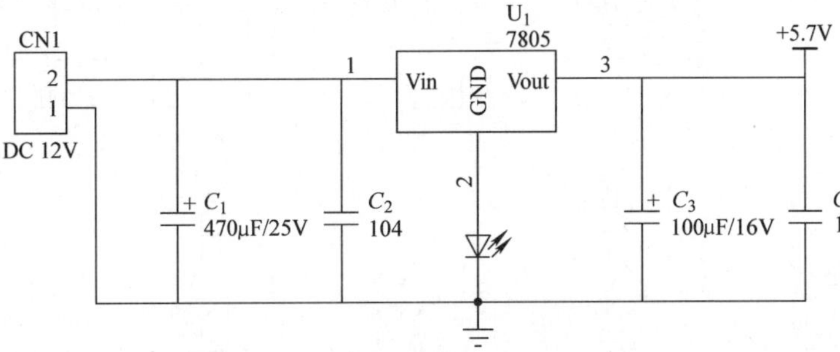

图4-10 发光二极管（LED）应用（一）

2）LED用在220V、50Hz市电中，作为电器工作指示或熔丝熔断指示，如图4-11所示。

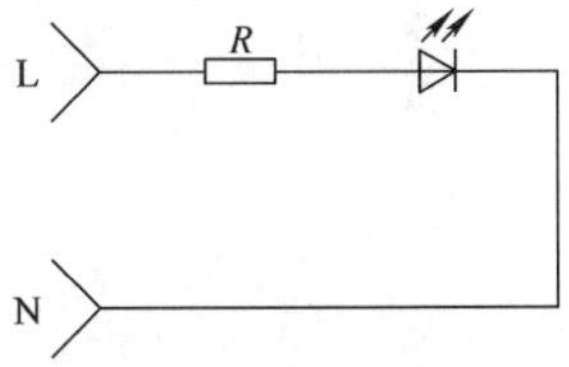

图4-11 发光二极管(LED)应用(二)

在交流工作电路中，限流电阻R可用下式计算：

$$R=(U_E-U_F)/2I_F$$

式中，U_E为交流电源电压有效值（AC 220V），U_F为LED的正向压降，I_F为LED的一般工作电流。

3）在继电器电路中作为继电器工作指示灯，如图4-12所示。

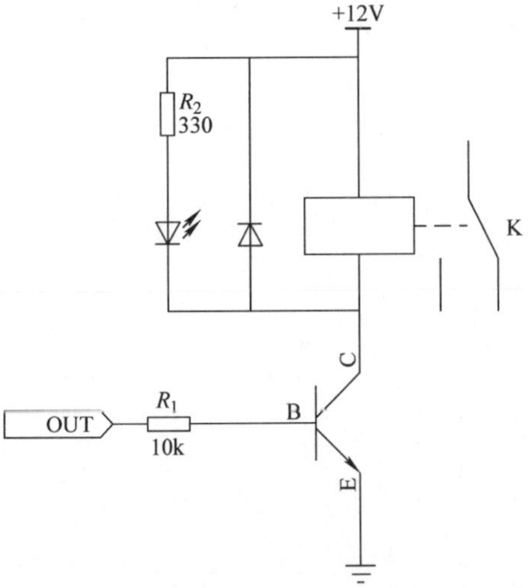

图4-12 发光二极管（LED）应用（三）

3. 巧用LED数码管

在电路设计中，有时用LED作为指示用，但是不明显，比如说四路输出，用LED作为指示是可以的，但想知道具体是哪一路工作，这可以用数码管固定输出方法，如图4-13所示。

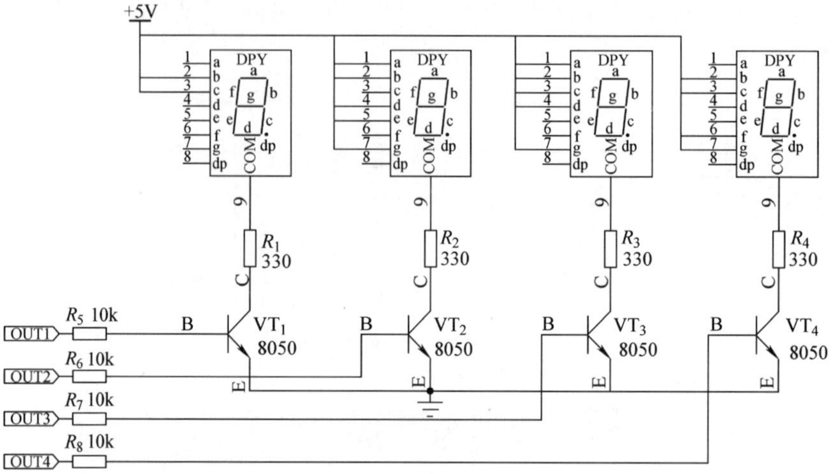

图 4-13　LED 数码管的应用

第5章

晶体管应用与检测

——☆☆☆ 5.1 晶体管的识别 ☆☆☆——

晶体管是电子电路中的核心器件，广泛应用于各种电子电路中。通过一定的制造工艺，在一块半导体基片上制作两个相距很近的 PN 结，两个 PN 结把整块半导体分成三部分，称为双极型晶体管（Bipolar Junction Transistor，BJT，简称晶体管）。晶体管具有电流放大和开关作用，按其结构不同分为 NPN 型和 PNP 型两种。NPN 型与 PNP 型晶体管的功能差别在于，其工作时的电流方向不同。晶体管的三个引脚，依序称为发射极（Emitter，E）、基极（Base，B）和集电极（Collector，C）。晶体管的外形，如图 5-1 所示。

晶体管的封装形式是指晶体管的外形，即晶体管用的外壳。晶体管的封装材料主要有金属、陶瓷、塑料，装配方式有通孔插装（通孔式）、表面安装（贴片式）、直接安装。常用晶体管的封装形式有 TO－92、TO－126、TO－252、TO－220 等。常用美国、日本、韩国和欧盟生产的晶体管型号，应查阅有关手册。

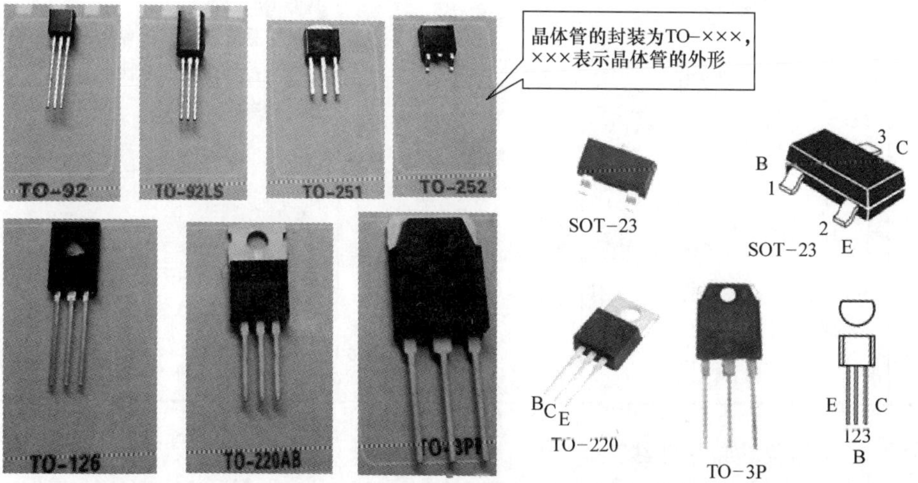

图 5-1　晶体管的外形

晶体管的基本结构，见表5-1。

表5-1　晶体管的基本结构

序号	型号	示意图	电路符号	说　明
1	NPN	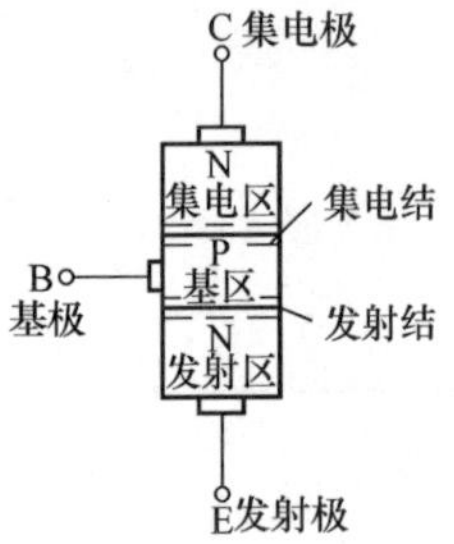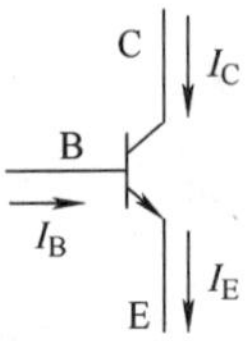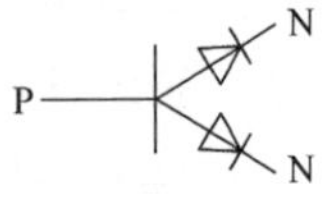	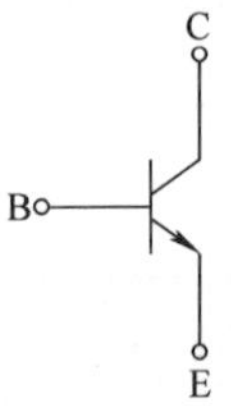	1）发射区的掺杂浓度最高 2）集电区掺杂浓度低于发射区，且面积大 3）基区很薄，一般在几微米至几十微米，且掺杂浓度最低 4）发射极的箭头代表发射极电流的实际方向 5）晶体管在工作时一定要加上适当的直流偏置电压 6）锗管比硅管具有较低的饱和压降 7）晶体管导通时，发射极和集电极之间的电压锗管比硅管更低 8）锗管的基极和发射极之间有0.2～0.3V的工作电压才能工作 9）硅管的基极和发射极之间有0.6～0.7V的工作电压才能工作 10）硅管比锗管具有较小的漏电流和更平直的输出特性 11）锗管或硅管，有PNP型与NPN型 12）晶体管有高频管和低频管、大功率管和小功率管
2	PNP	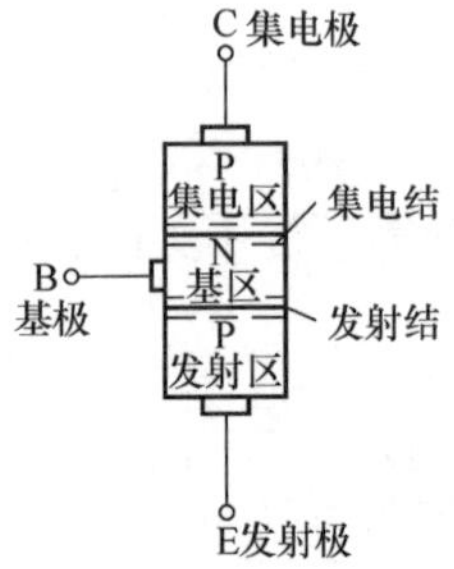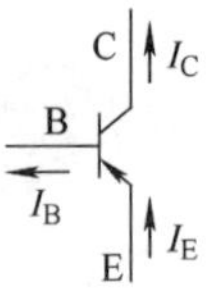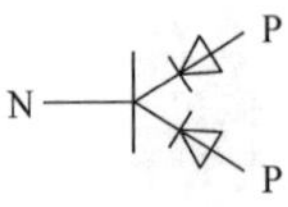	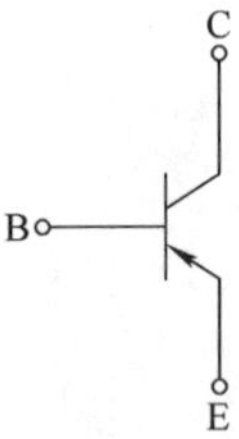	

1. 晶体管的特性曲线

晶体管的特性曲线是指各电极间电压和电流之间的关系曲线。晶体管的特性曲线，见表5-2。

表 5-2 晶体管的特性曲线

晶体管的特性曲线图示	说 明
输入特性曲线： 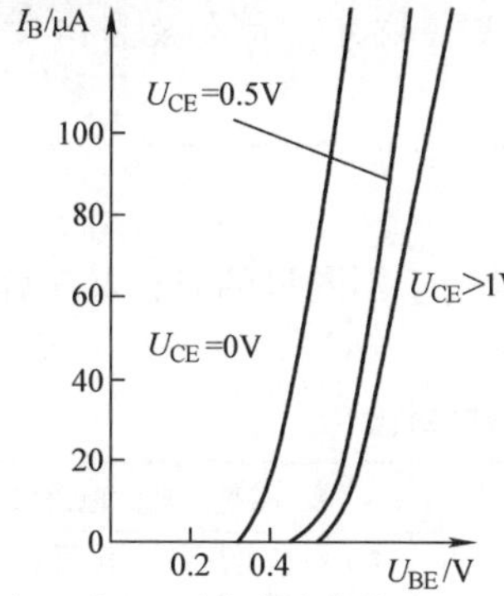 U_{CE}一定时，I_B与U_{BE}之间的变化关系： $I_B = f(U_{BE})\|_{U_{CE}=常数}$	1）U_{CE}=0V时，B、E间加正向电压，集电结和发射结都正偏，集电结没有吸引电子的能力，相当于两个PN结并联 2）U_{CE}介于0~1V之间时，集电结反偏不够，吸引电子的能力不够强。随着U_{CE}的增加，吸引电子的能力逐渐增强，I_B逐渐减小，曲线向右移动 3）当U_{CE}=1V时，B、E间加正向电压，发射结正偏，集电结反偏。发射区注入到基区的载流子绝大部分被集电结收集，只有小部分与基区多子形成电流I_B。在同一U_{BE}电压下，I_B减小，特性曲线将向右稍微移动一些 4）U_{CE}≥1V再增加时，曲线右移很不明显
输出特性曲线： 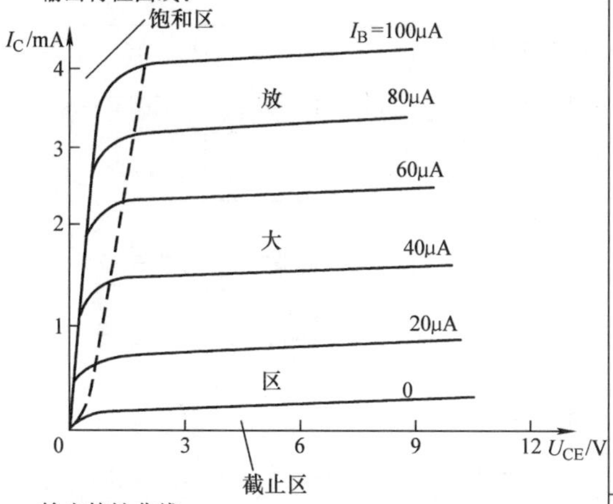 	放大区： 1）I_C平行于U_{CE}轴的区域，曲线基本平行等距 2）发射结正偏，集电结反偏 3）I_C基本不随U_{CE}增大，$I_C=\beta I_B$ 4）晶体管相当于一个电流控制电流源，也称为线性区，具有恒流特性 5）晶体管相当于通路 6）NPN型晶体管工作放大状态的条件$U_C>U_B>U_E$ 7）PNP型晶体管工作放大状态的条件$U_C<U_B<U_E$ 8）NPN型硅管U_{BE}=0.6~0.7V 9）PNP型锗管U_{BE}=−0.2~−0.3V 10）调整R_B使基极电流为某一数值 11）基极电流不变，调整供电电压测量集电极电流和U_{CE}电压
输出特性曲线： $I_C = f(U_{CE})\|_{I_B=常数}$ 放大区：$U_{CE}\geq U_{BE}$，$I_C=\beta I_B$，且$\Delta I_C=\beta\Delta I_B$ 饱和区：$U_{CE}<U_{BE}$，$I_C<\beta I_B$，$U_{CE}\approx0.3V$ 截止区：$I_B=0$，$I_C\leq I_{CEO}\approx0$，$U_{CE}\geq U_{BE}$ 晶体管处于放大状态时，三个极上的电流关系如下： $I_C=\beta I_B$ $I_E=(1+\beta)I_B$ $I_E=I_C+I_B$	饱和区： 1）I_C明显受U_{CE}控制的区域，一般U_{CE}<0.7V（硅管） 2）发射结正偏，集电结正偏 3）当$U_{CE}\leq U_{BE}$时，晶体管工作于饱和状态 4）集电极电流I_C与基极电流I_B之间不再成比例关系，I_B的变化对I_C的影响很小 5）硅管的U_{CE}约为0.3V，锗管约为0.1V 6）U_{CES}约等于0.3V，$I_C<\beta I_B$ 7）饱和时的晶体管C、E间相当于一个压控电阻 8）晶体管相当于短路
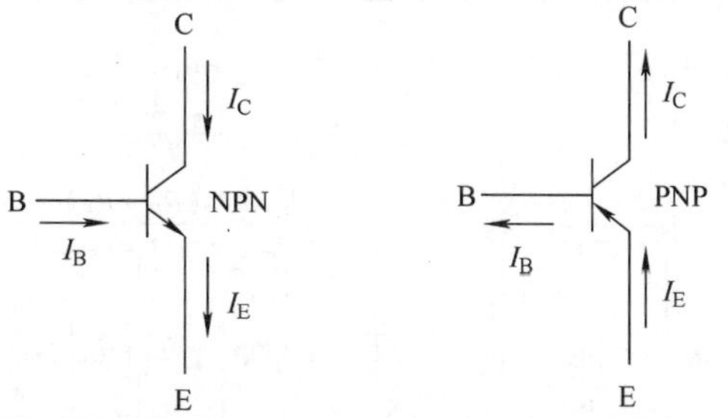 	截止区： 1）I_C接近零的区域，相当I_B=0的曲线的下方，U_{BE}小于死区电 2）发射结反偏，集电结反偏 3）U_{BE}<死区电压，便进入截止区 4）常使U_{BE}小于或等于零 5）$I_B=I_C=0$ 6）晶体管相当于开路

注： ① β 值称为晶体管的电流放大倍数。只与管子的结构尺寸和掺杂浓度有关，与外加电压无关。一般 $\beta>>1$。

② 不同型号、不同类型和用途的晶体管，β 值的差异较大，大多数晶体管的 β 值通常在几十至几百的范围。

2. 晶体管在电路中的工作状态

晶体管有截止、放大、饱和三种工作状态。当晶体管用于不同目的时，其工作状态也是不同的。晶体管在电路中的工作状态对比，见表 5-3。

表 5-3　晶体管在电路中的工作状态对比

名称	共射极放大电路（CE）	共集电极放大电路（CC）	共基极放大电路（CB）
说明	1）对输入电压和电流都有放大作用 2）输出电压与输入电压反相位 3）输入电阻在三种组态中居中，输出电阻较大	1）有电流放大和功率放大作用 2）在三种组态中，输入电阻最大，输出电阻最小	1）有电压放大作用和电流跟随作用 2）输入电阻小，输出电阻与共射极电路相当
示意图	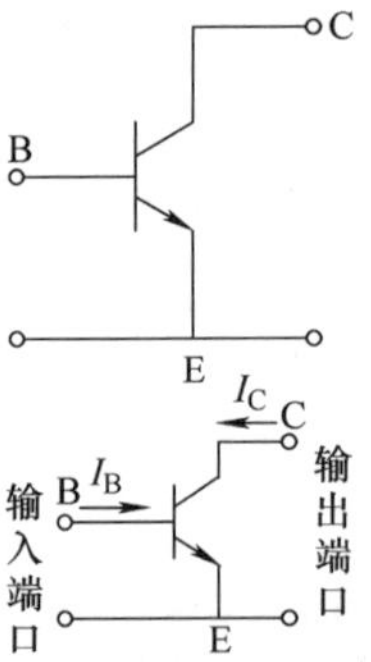 CE $I_C=\beta I_B$	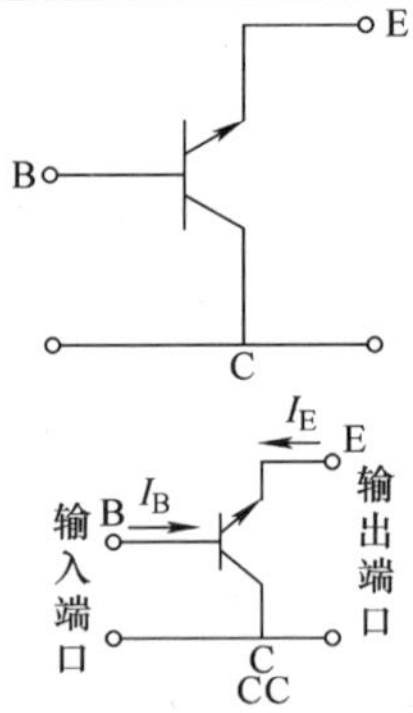 CC $I_E=(1+\beta)I_B$	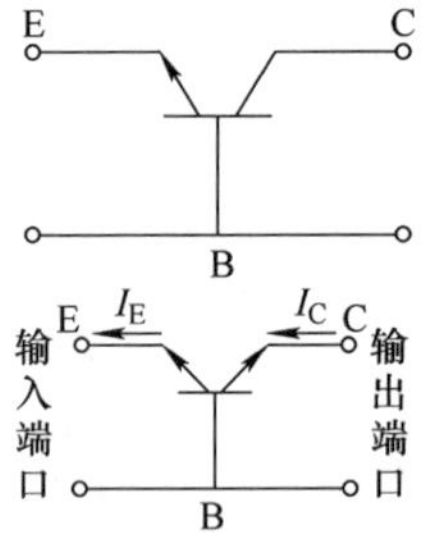 CB $I_C=\alpha I_E$
说明	共发射极接法，发射极作为公共电极，用 CE 表示	共集电极接法，集电极作为公共电极，用 CC 表示	共基极接法，基极作为公共电极，用 CB 表示
放大电路种类	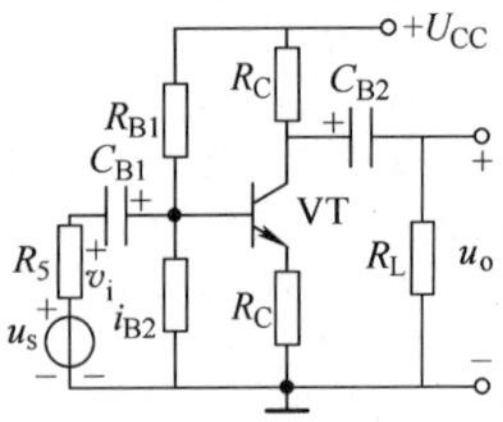	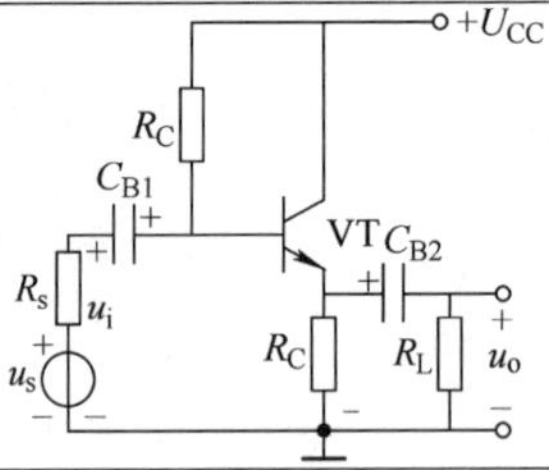	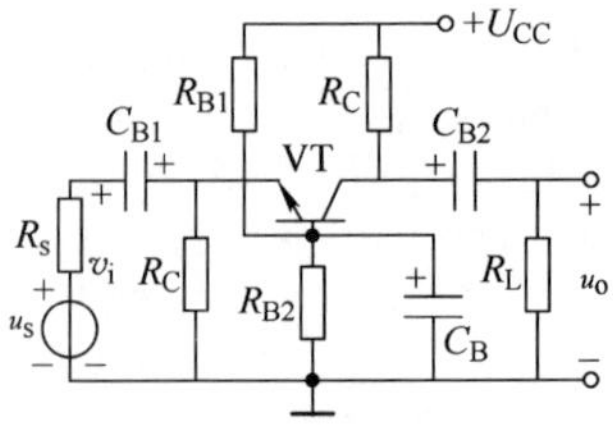
静态工作点	$I_B \doteq \frac{U_{CC}}{R_B}$ $I_C=\beta I_B$ $U_{CE}=U_{CC}-I_E R_E$	$I_B=\frac{U_{CC}}{R_B+(1+\beta)R_E}$ $I_C=\beta I_B$ $U_{CE}=U_{CC}-I_C R_E$	$U_B \doteq \frac{R_{B2}}{R_{B1}+R_{B2}}U_{CC}$ $I_C=I_E=\frac{U_B-0.7}{R_E}$ $U_{CE}=U_{CC}-I_C(R_C+R_E)$
交流通路	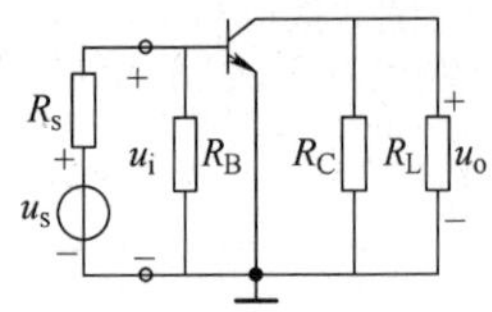	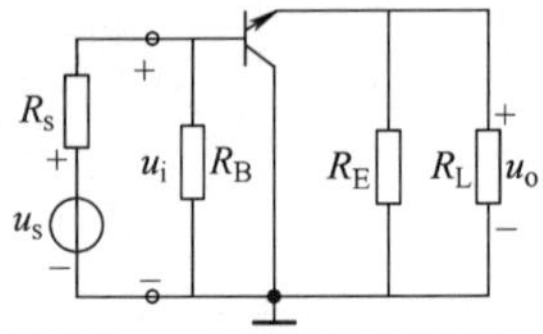	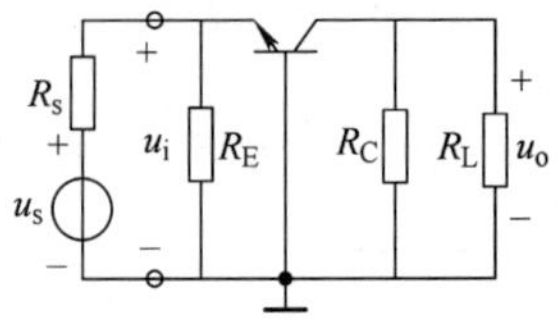

（续）

名称	共射极放大电路（CE）	共集电极放大电路（CC）	共基极放大电路（CB）
微变等效电路	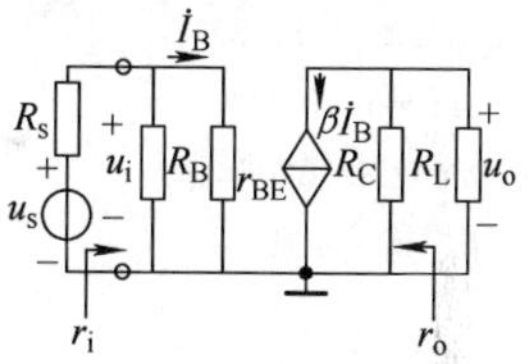	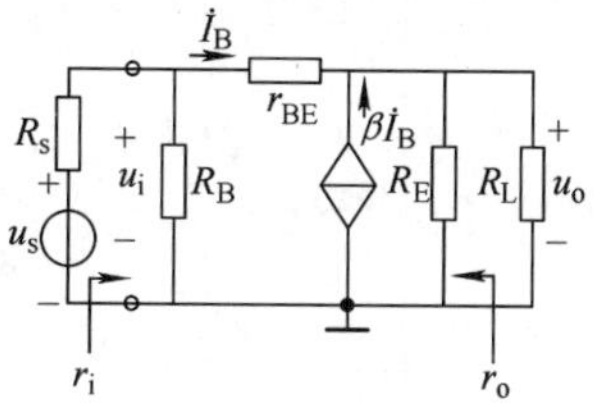	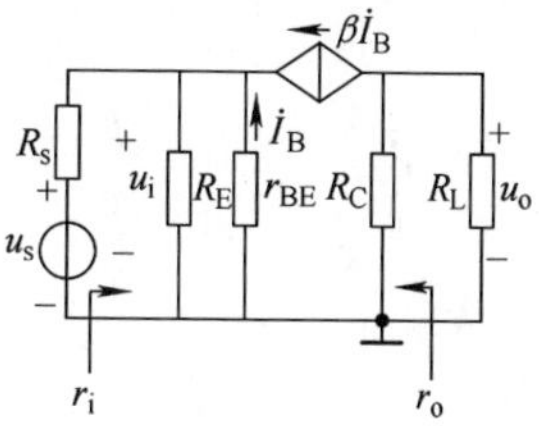
电压放大倍数	$A_V=-\dfrac{-\beta R_C /\!/ R_L}{r_{BE}+(1+\beta)R_E}$	$A_V=\dfrac{(1+\beta)R_E /\!/ R_L}{r_{BE}+(1+\beta)R_E /\!/ R_L}$	$A_V=\dfrac{\beta R_C /\!/ R_L}{r_{BE}}$
输入电阻	$R_i=R_{B1} /\!/ R_{B2} /\!/ [r_{BE}+(1+\beta)R_E]$	$R_i=R_B /\!/ [r_{BE}+(1+\beta)R'_L]$	$R_i=R_E /\!/ \dfrac{R_{BE}}{1+\beta}$
输出电阻	$R_o\approx R_C$	$R_o=\dfrac{r_{BE}+R_S /\!/ R_B}{1+\beta} /\!/ R_E$	$R_o\approx R_C$
相位关系	u_o与u_i反相	u_o与u_i同相	u_o与u_i同相
电流放大倍数	$\overline{A}_i\approx\beta$	$\overline{A}_i\approx 1+\beta$	$\overline{A}_i\approx\alpha$
用途	多级放大电路的中间级	输入级、中间级、输出级	高频或宽频带电路

3. 晶体管的分类

1）晶体管按工作频率分为低频晶体管和高频晶体管。

2）晶体管按工作功率分为小功率、中功率和大功率晶体管。

3）晶体管按封装形式分为金属封装、玻璃封装、塑料封装。

4）晶体管按导电特性分为 PNP 型、NPN 型。

晶体管的简介，如表 5-4。

表 5-4　晶体管的简介

序号	外形图或符号	名称	描述	功能或型号	使用场合或特点
1	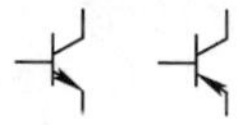	小功率晶体管	功率小于 1W	9014、9015、9018、3DG6、A1015、3DG12、3DG9011、3DG9013、2N3904	一般作为小信号放大用
2	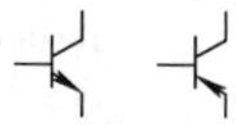	中功率晶体管	功率大于 1W，小于 10W	8050、8055、3DK104C、3DK104D、DD13001	主要用在驱动和激励电路
3	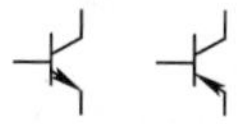	大功率晶体管	功率大于 10W	2N3055、C4288、B772、BV406、MJE13005	
4	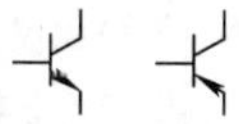	低频晶体管	特征频率在 3MHz 以下	3DG6、3DG12	
5	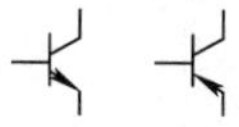	中频晶体管	特征频率在 3MHz 以上，30MHz 以下	2N3440、2N6678、B1375、A940	

（续）

序号	外形图或符号	名称	描述	功能或型号	使用场合或特点
6	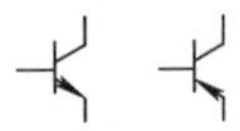	高频晶体管	特征频率大于30MHz	有 2SC3356、2SC3357、BFQ591、BFG591、PBR951、2SC4226、2SC4228、BFR540、BFR520 等系列	一般应用在 VHF、UHF、CATV、无线遥控、射频模块等高频宽带低噪声放大器
7	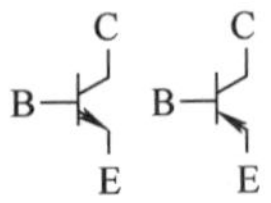	开关晶体管	工作于截止区和饱和区，相当于电路的切断和导通	1）小功率开关管有 3AK1－5、3AK11－15、3AK19－3AK20、3AK20－3AK22、3CK1－4、3CK7、3CK8、3DK2－4、3DK7－9 等 2）中功率开关管有 8550、8050 等 3）大功率开关管有 2JD1556、2SD1887、2SD1455、2SD1553、2SD1497、2SD1433、2SD1431、2SD1403、2SD850 等	开关电源电路、驱动电路、高频振荡电路、模－数转换电路、脉冲电路及输出电路等
8	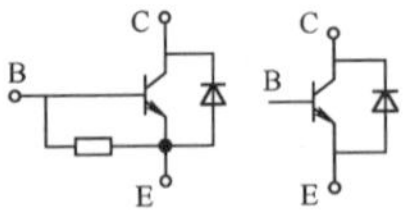	带阻尼晶体管	将晶体管与阻尼二极管、保护电阻封装为一体构成的特殊晶体管	C2027、C3466 等	常用于彩色电视机和计算机显示器的行扫描电路中
9	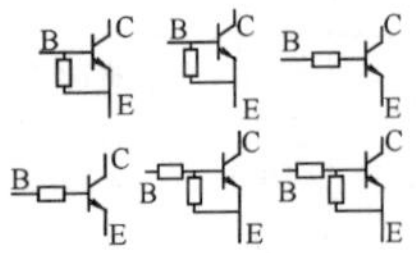	带阻晶体管	将一只或两只电阻器与晶体管连接后封装在一起构成的，称为数字晶体管或数码晶体管	DTA123、DTB143、DTA123Y、2SA2018、2SC2412K 等	1）电阻比率 R_1/R_2 有 10k/10k、22k/22k、47k/47k、1k/10k、4.7k/10k、10k/47k、22k/47k、47k/22k 等 2）主要应用电视机、影碟机、录像机、DVD 及显示器等家电产品
10	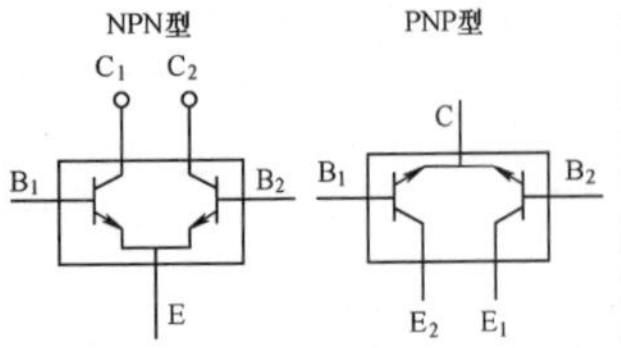	差分对管	两只性能一致的晶体管封装在一起的半导体器件	常用有 2SA798、2SC1583、2SA979 等	一般用在音频放大器或仪表、仪表中作差分输入放大管

（续）

序号	外形图或符号	名称	描述	功能或型号	使用场合或特点
11	 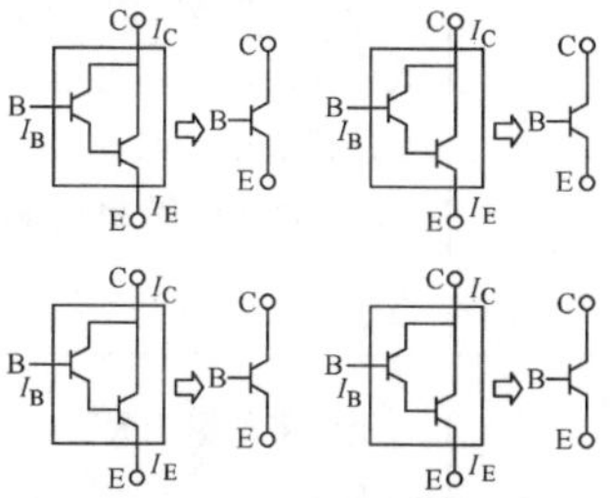	达林顿管	是复合管的一种连接形式。将两只晶体管或更多只晶体管集电极连在一起，而将第一只晶体管的发射极直接耦合到第二只晶体管的基极，依次级联而成	TIP127、TIP137、TIP147等	1）达林顿电路有 NPN + NPN、PNP + PNP、NPN + PNP、PNP + NPN四种接法 2）常用于功率放大器、稳压电源、大功率开关电路、电机调速、逆变电路中

☆☆☆ 5.2　晶体管的检测 ☆☆☆

1. 晶体管的主要参数

晶体管的主要参数，如表5-5。

表5-5　晶体管的主要参数

序号	名称	标号	描述	公式	备　注
1	电流放大系数	β	当晶体管接成发射极电路时的电流放大系数	交流电流放大系数：$\beta=\dfrac{\Delta I_C}{\Delta I_B}$ 直流电流放大系数：$\bar{\beta}=\dfrac{I_C}{I_B}$	1）β和$\bar{\beta}$的含义不同，但在特性曲线近于平行等距并且I_{CEO}较小的情况下，两者数值接近 2）晶体管的β值在20～200之间 3）β值越大的管子，往往工作稳定性越差
2	共基电流放大系数	α	$\alpha<1$	共基交流电流放大系数：$\alpha=\dfrac{\Delta I_C}{\Delta I_E}$ 共基直流电流放大系数：$\bar{\alpha}=\dfrac{I_C}{I_E}$	一般在0.98以上
3	集电极允许最大电流	I_{CM}	集电极最大允许电流，超过时β值明显降低		晶体管工作时，其集电极电流不能超过集电极最大允许电流

（续）

序号	名称	标号	描述	公式	备注
4	集－射极反向击穿电压	$U_{(BR)CEO}$	基极开路时 C、E 间反向击穿电压		
5	集－基极反向击穿电压	$U_{(BR)CBO}$	发射极开路时 C、B 间反向击穿电压		
6	射－基极反向击穿电压	$U_{(BR)EBO}$	集电极开路时 E、B 间反向击穿电压	$U_{(BR)CBO} > U_{(BR)CEO} > U_{(BR)EBO}$	
7	耗散功耗	P_{CM}	1）集电极最大允许功率损耗 2）P_{CM} 取决于晶体管允许的温升，消耗功率过大、温升过高会烧坏晶体管	$P_C \leqslant P_{CM} = I_C U_{CE}$	1）硅管允许结温约为 150℃，锗管约为 70～90℃ 2）小功率管的集电极最大允许耗散功率在几十毫瓦至几百毫瓦之间 3）大功率管却在 1W 以上
8	集－基极反向截止电流	I_{CBO}	少数载流子的漂移运动所形成的电流		受温度的影响大
9	穿透电流	I_{CEO}	集－射极间反向饱和电流		受温度的影响大

2. 常用晶体管的介绍

常用晶体管的介绍，见表 5-6、表 5-7 和表 5-8。

表 5-6　高频中、小功率晶体管的介绍

型号	材料	极性	耗散功率 P_{CM}/W	集电极最大电流 I_{CM}/A	特征频率 f_T/MHz	最高反向电压 V_{CBO}/V	电流放大系数 h_{FE}
2SA1015	硅	PNP	0.4	0.15	80	50	70～200
2SC1815	硅	NPN	0.4	0.15	80	50	70～200
2SC1213	硅	NPN	0.5	0.5	180	50	>40
9011	硅	NPN	0.4	0.03	370	25	40～200
9012	硅	PNP	0.4	0.1	120	25	64～202
9013	硅	NPN	0.4	0.1	120	25	64～202
9014	硅	NPN	0.31	0.05	80	18	60～1000
9015	硅	PNP	0.31	0.05	150	18	60～1000
S9011	硅	NPN	0.4	0.03	150	30	30～200
S9012	硅	PNP	0.625	0.1	150	20	60～300
S9013	硅	NPN	0.625	0.1	140	20	60～300
S9014	硅	NPN	0.625	0.1	8	45	60～300
S9015	硅	PNP	0.45	0.1	80	45	60～600
S8050	硅	NPN	1	1.5	25	100	85～300
S8550	硅	PNP	1	1.5	25	100	85～300

表 5-7　中、小功率差分对管晶体管的介绍

NPN 型管型号	PNP 型管型号	耗散功率 P_{CM}/W	最大集电极电流 I_{CM}/A	最高反向电压 V_{CBO}/V	特征频率 f_T/MHz
2SC945	2SA733	0.25	0.1	60	250
2SC1815	2SA1015	0.4	0.15	60	80
2N5401	2N5551	0.31	0.6	>160	100
2N3019	2N4033	0.8	1	80	150
S8050	S8550	1	1.5	25	100

表 5-8　大功率晶体管的介绍

型号	材料	极性	耗散功率 P_{CM}/W	最大集电极电流 I_{CM}/A	最高反向电压 V_{CBO}/V	特征频率 f_T/MHz	电流放大系数 h_{FE}
2SA670	硅	PNP	25	3	50	15	35～220
2SA1304A	硅	PNP	25	1.5	150	4	40～200
2SD880	硅	NPN	30	3	60	3	20～150
2SD1133	硅	NPN	40	4	70	7	100
2SD1266	硅	NPN	30	3	50	3	20～150
2SD1585	硅	NPN	15	3	60	16	20～150
2SC1827	硅	NPN	50	3	80	10	60～200
3DD14	硅	NPN	40	4	500～1500	≥1	≥10
3DD15	硅	NPN	50	5	60～500	≥1	≥20
3AD6	锗	PNP	10	2	50～70	≥0.004	20～100
3AD58	硅	NPN	50	3	300～1400	≥1	7～50

3. 晶体管常用封装外形图

晶体管常用封装外形图，见表 5-9。

表 5-9　晶体管常用封装外形图

序号	名称	封装外形图（单位：mm）	序号	名称	封装外形图（单位：mm）
1	SOT－23	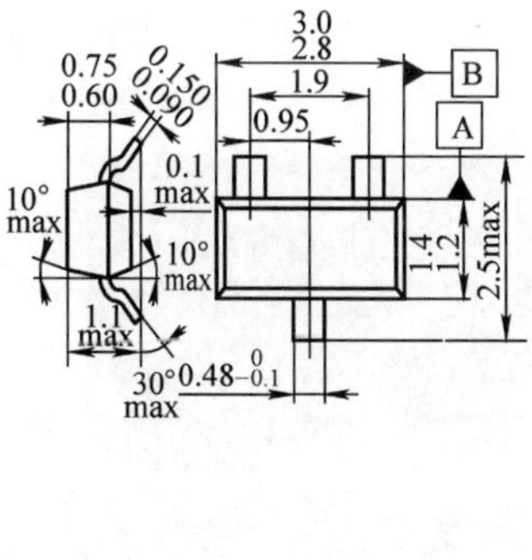	2	TO－39	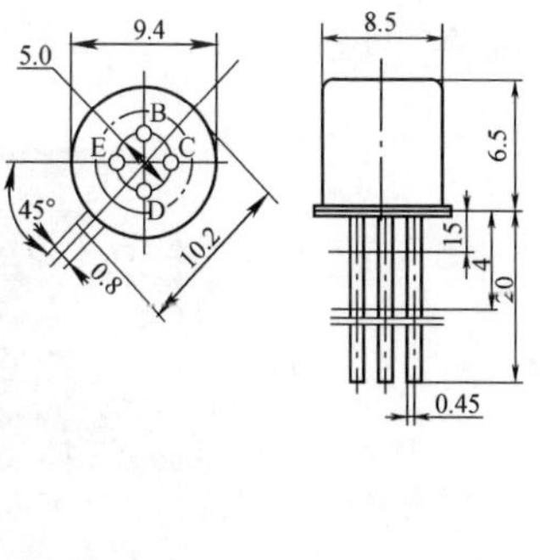

（续）

序号	名称	封装外形图（单位：mm）	序号	名称	封装外形图（单位：mm）
3	TO－220AB	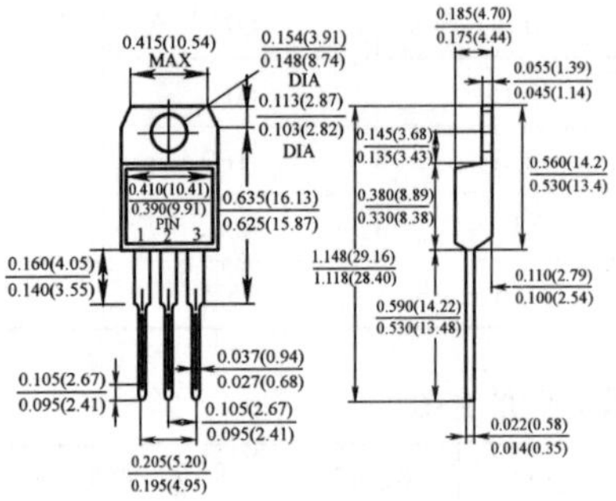	6	TO－220	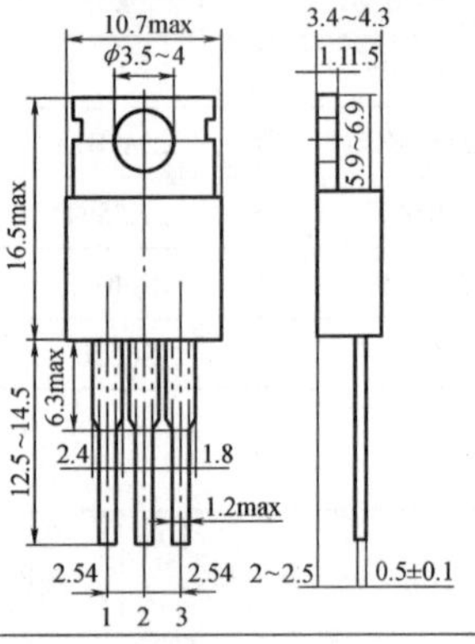
4	TO－3P	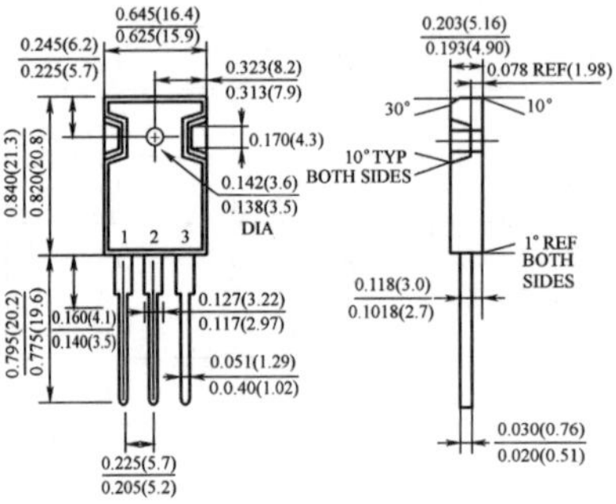	7	TO－92	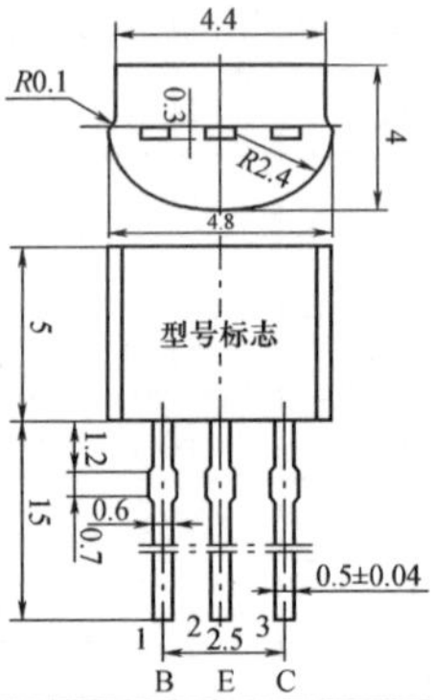
5	TO－3	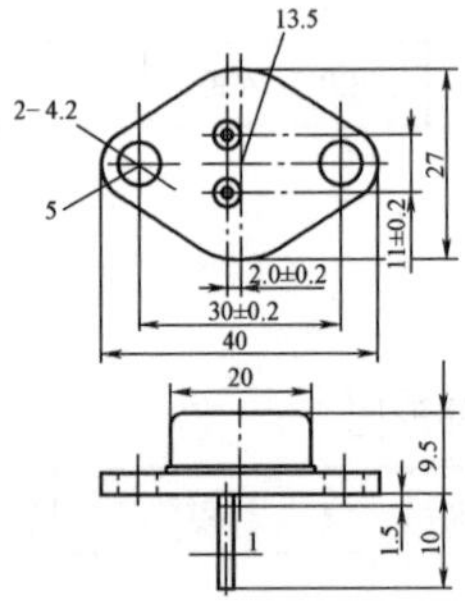	8	TO－252	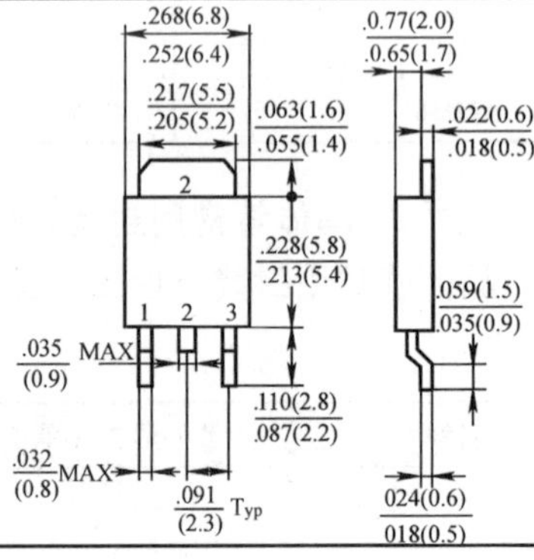

4. 晶体管的安装方式

晶体管的安装方式，如图5-2所示。

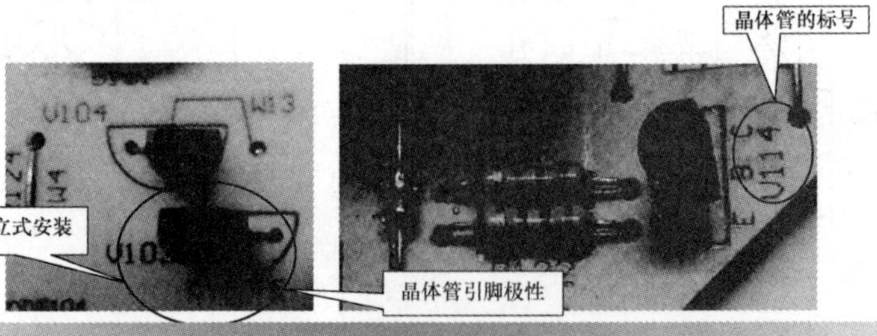

图5-2　晶体管的安装方式

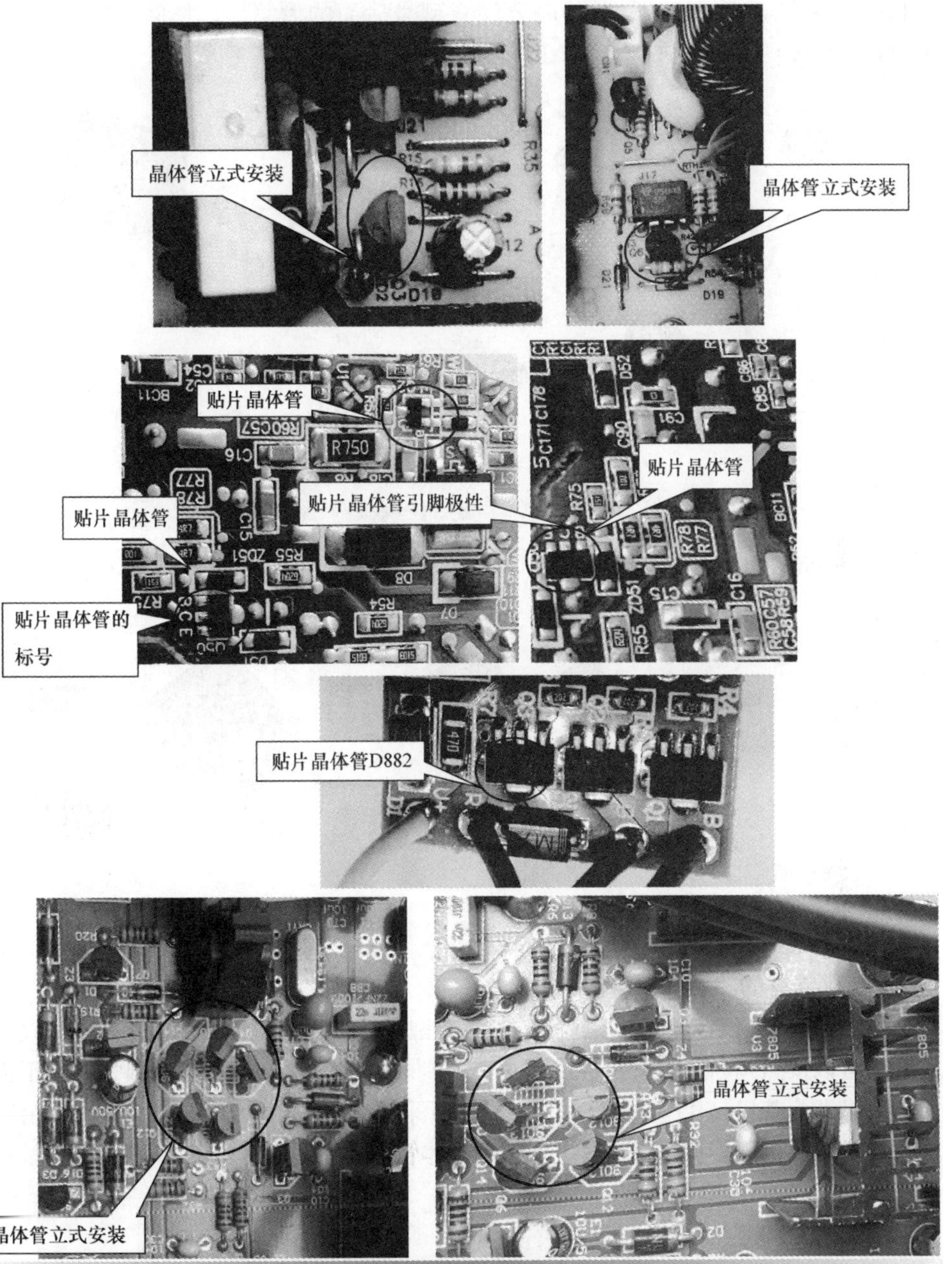

图5-2　晶体管的安装方式（续）

> **注：** 晶体管检验主要指标为 h_{FE}、U_{CEO}、U_{CBO}、U_{EBO} 及外形尺寸，外形尺寸应符合产品规格书。晶体管的引脚无氧化、生锈、变形等现象。

5. 90××系列晶体管识别

90××系列晶体管，是电子制作中常用的晶体管之一。90××系列晶体管多以90两个数字开头，市面上的90系列晶体管也有以ST90、C或A90、S90、SS90、UTC90开头的，其特性及引脚排列相同的，可以相互代换。90××系列晶体管外形图，如图5-3所示。90××

系列晶体管放大倍数不一样的，替换时要注意型号后面的后缀。晶体管 9011 ~ 9018 系列为高频小功率管，除 9012 和 9015 为 PNP 型管外，其余均为 NPN 型管。

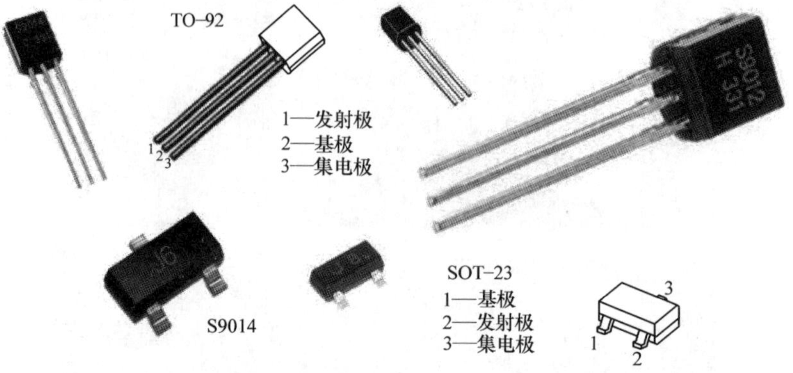

图 5-3　90 × × 系列晶体管外形图

6. 8050、8550 晶体管识别

8050、8550 晶体管外形图，如图 5-4 所示。

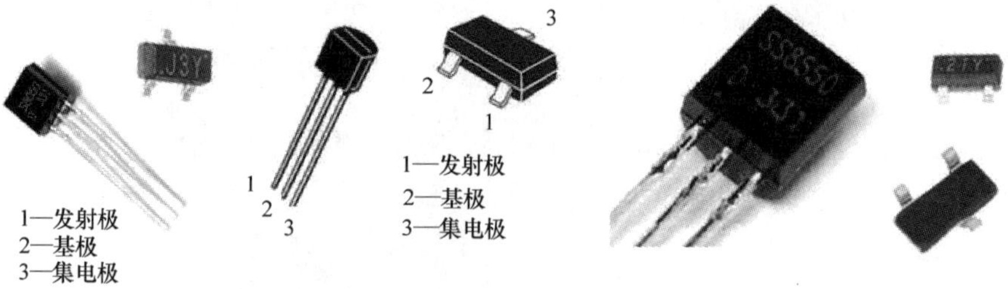

图 5-4　8050、8550 晶体管外形图

7. 晶体管的检测

用数字万用表二极管档测量判断晶体管的类型与基极（B），可以将晶体管看成是背靠背的二极管。可以按照判断二极管极性的方法，先判断出晶体管其中一个引脚为公共正极或公共负极，此引脚即为基极（B）。对于 NPN 型晶体管来说，基极为公共正极。PNP 型晶体管来说，基极为公共负极。可以根据基极（B）来判断晶体管的类型，分为 NPN 型或 PNP 型。

（1）晶体管 2SC3320 的检测

晶体管 2SC3320 的检测（高压开关晶体管、NPN 型），见表 5-10。

表 5-10　晶体管 2SC3320 的检测

序号	项目	压降的大小	测试示意图	引脚示意图
1	B、C 引脚正向压降	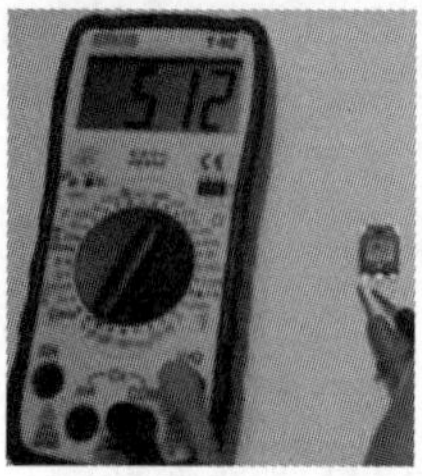		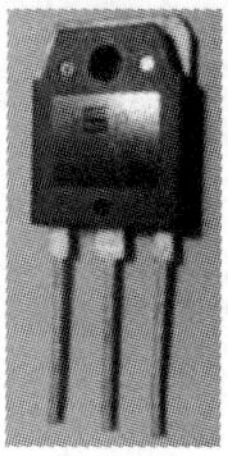

（续）

序号	项目	压降的大小	测试示意图	引脚示意图
2	B、C引脚反向压降	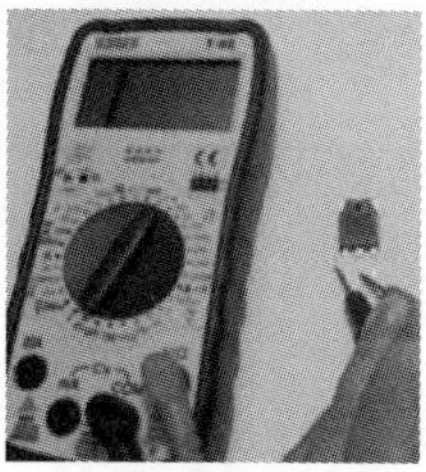		
3	B、E引脚正向压降	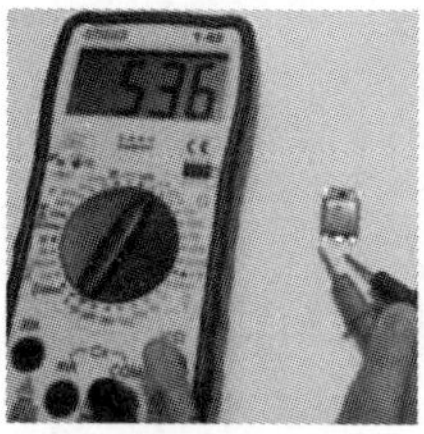	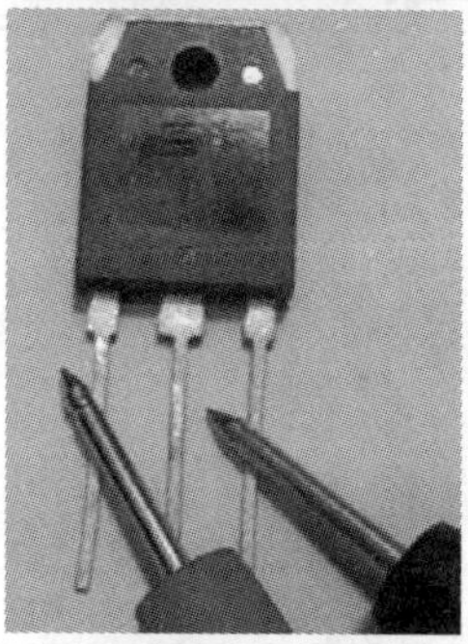	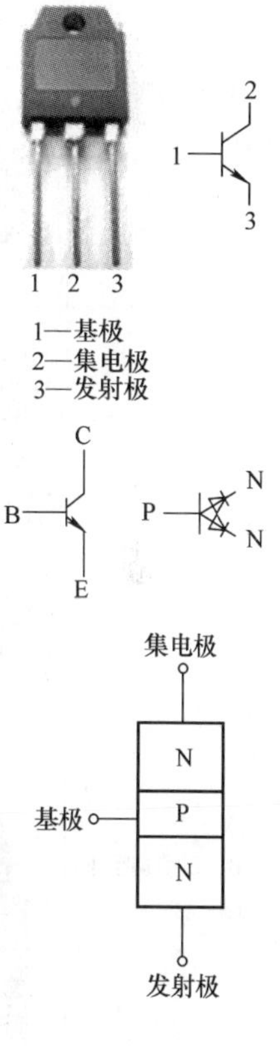
4	B、E引脚反向压降	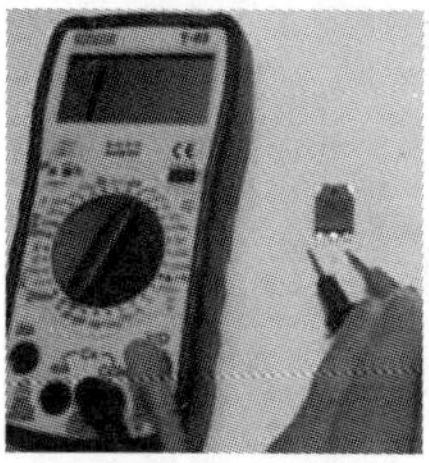	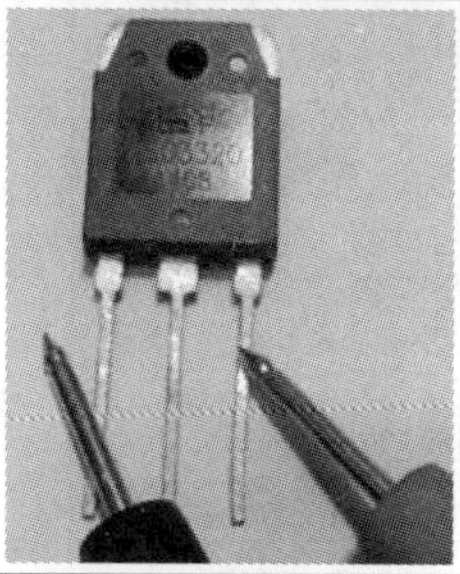	
5	C、E引脚正向压降	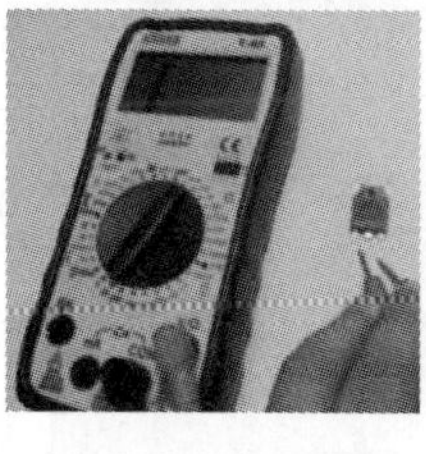	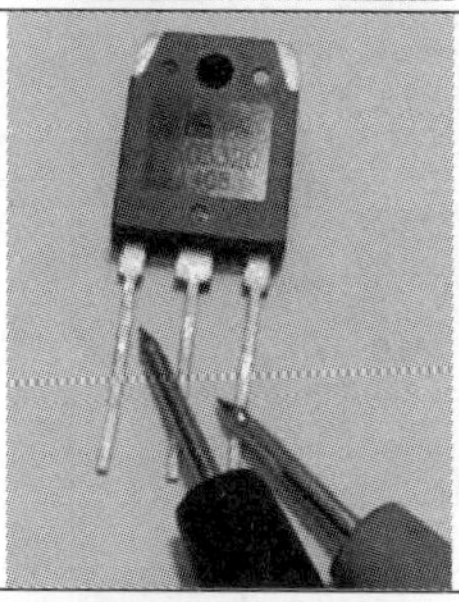	
6	C、E引脚反向压降	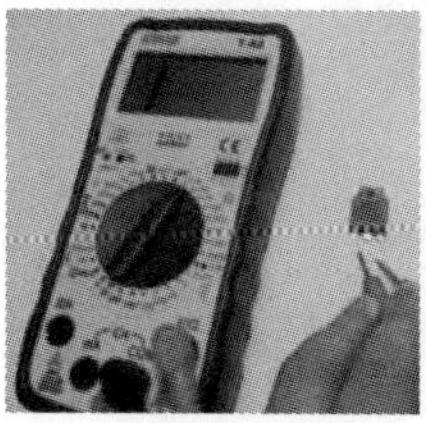	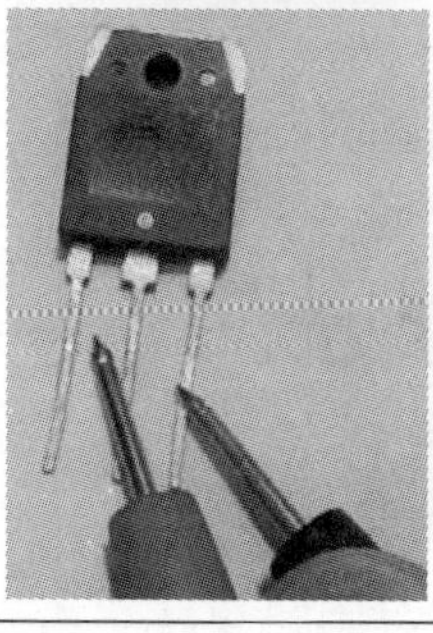	

（续）

说明	1）红表笔接 B，黑表笔接 C 和 E，正向压降为零或无穷大，说明晶体管管芯损坏 2）黑表笔接 B，红表笔接 C 和 E，正向压降为零或有数字，说明晶体管管芯损坏 3）测量 E 和 C 之间的压降，若测得压降近似为0，说明晶体管已被击穿；若压降为无穷大，说明晶体管性能良好

（2）晶体管 8550 的检测

晶体管 8550（PNP 型晶体管）的检测，见表 5-11。

表 5-11　晶体管 8550 的检测

序号	项目	压降的大小	测试示意图	引脚示意图
1	B、C 引脚正向压降	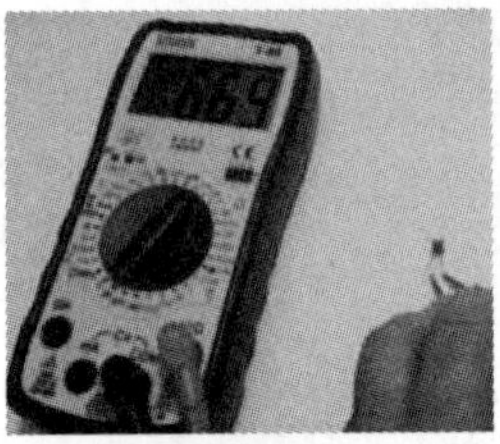	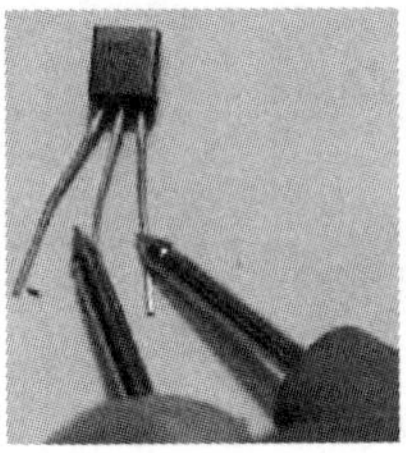	 TO−92 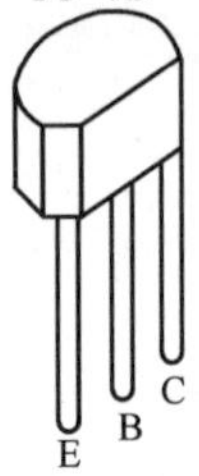 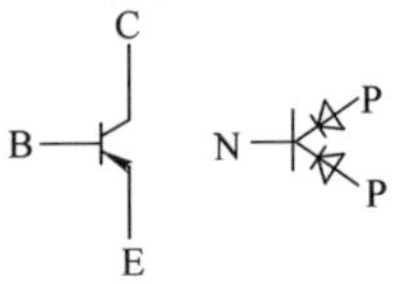
2	B、C 引脚反向压降	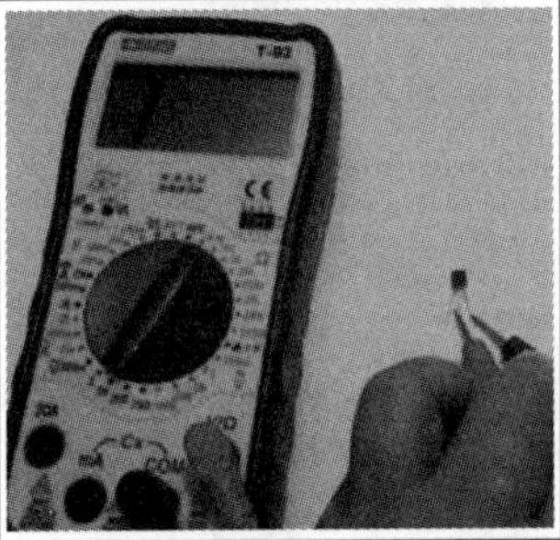	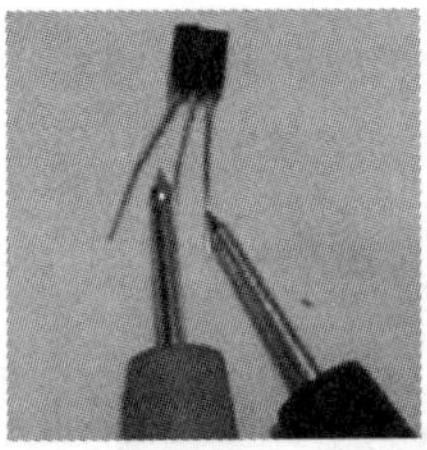	
3	B、E 引脚正向压降	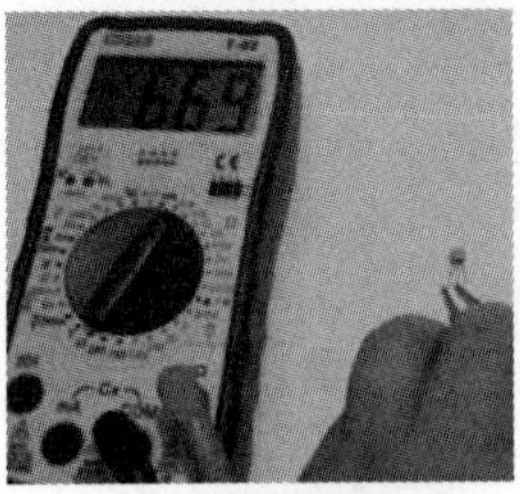	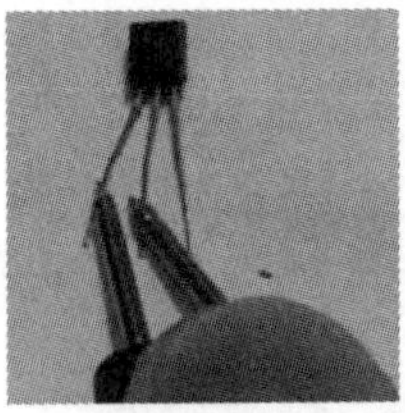	
4	B、E 引脚反向压降	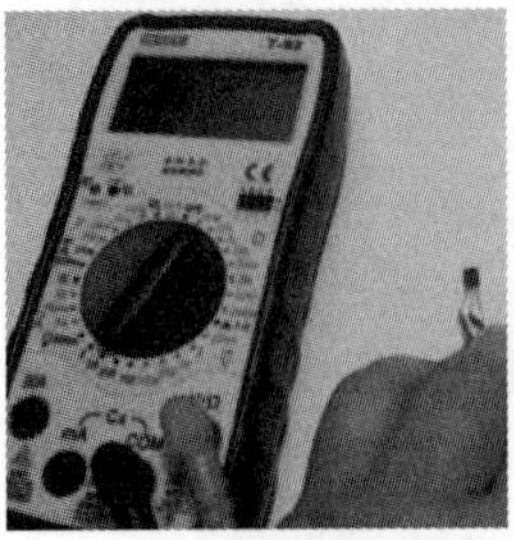	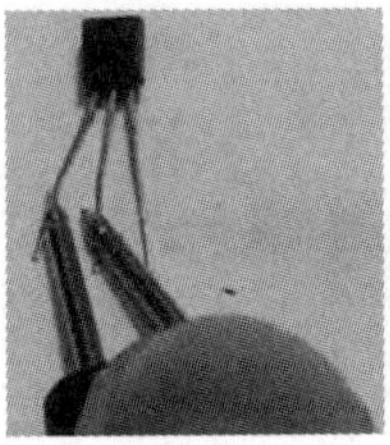	

（续）

序号	项目	压降的大小	测试示意图	引脚示意图
5	C、E 引脚正向压降	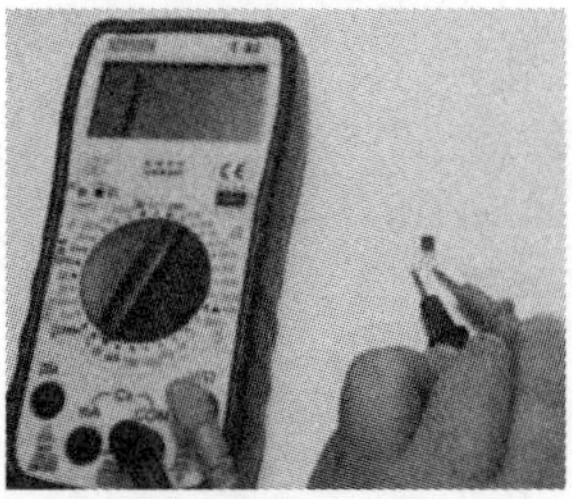	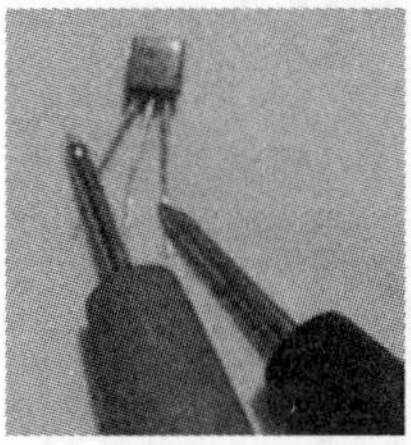	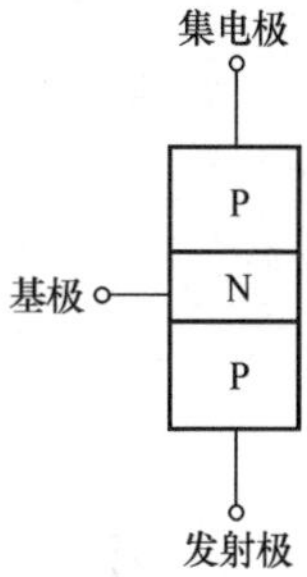
6	C、E 引脚反向压降	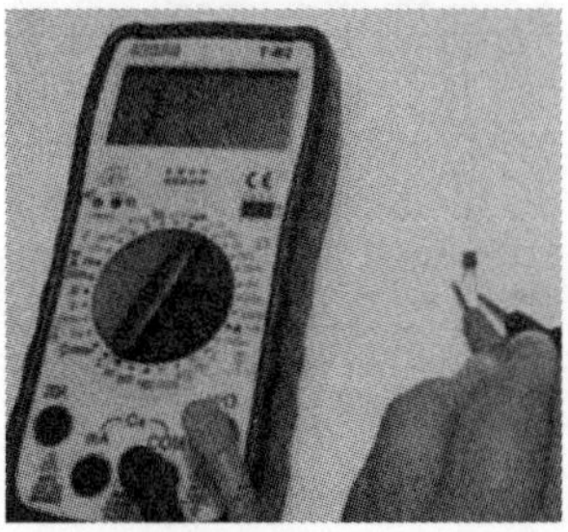	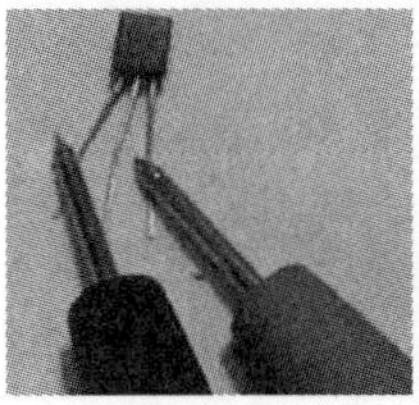	

（3）晶体管 D882 的检测

晶体管 D882（NPN 型晶体管）的检测，见表 5-12。

表 5-12　晶体管 D882 的检测

序号	项目	压降的大小	测试示意图	引脚示意图
1	B、C 引脚正向压降	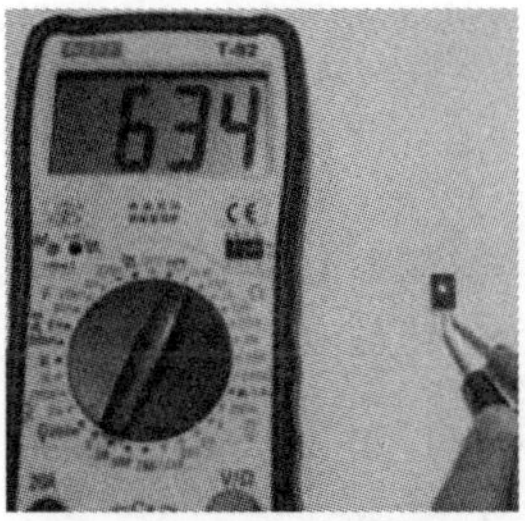	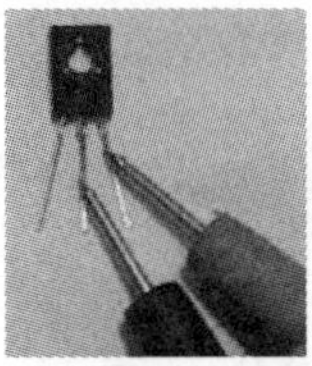	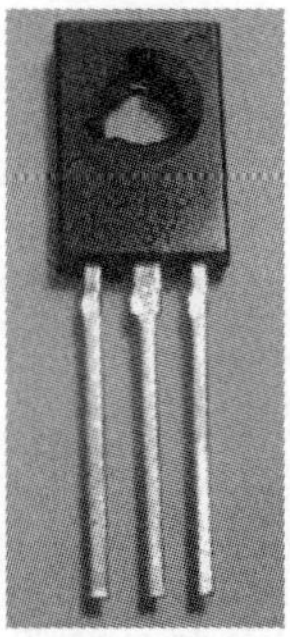
2	B、C 引脚反向压降	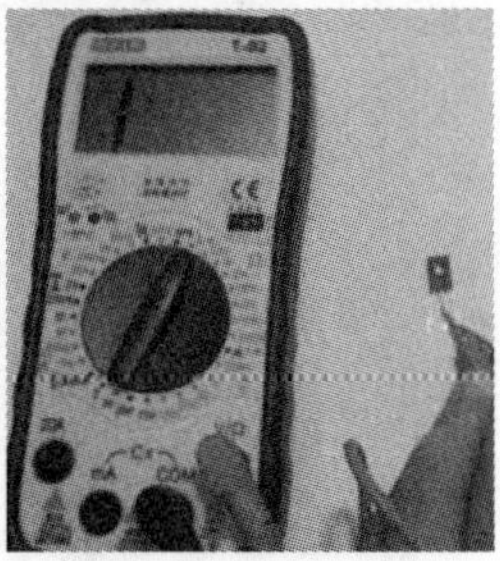	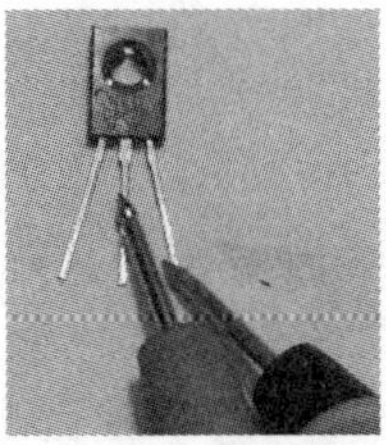	

（续）

序号	项目	压降的大小	测试示意图	引脚示意图
3	B、E 引脚正向压降	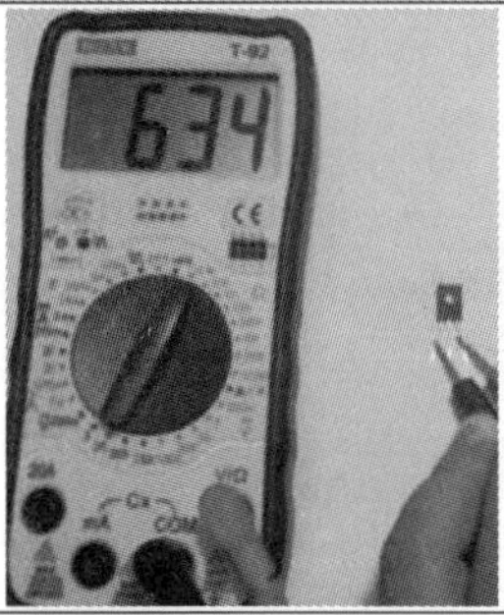	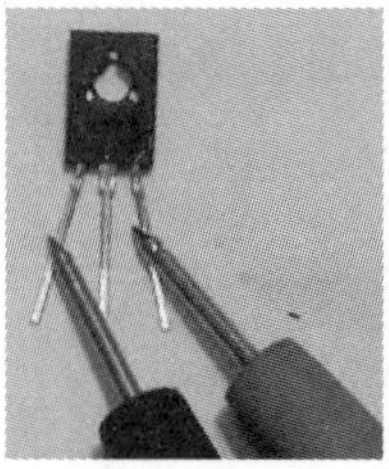	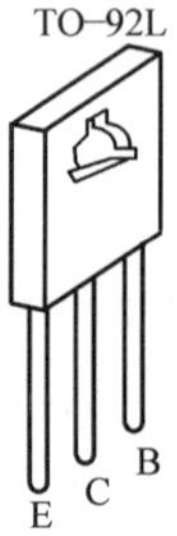
4	B、E 引脚反向压降	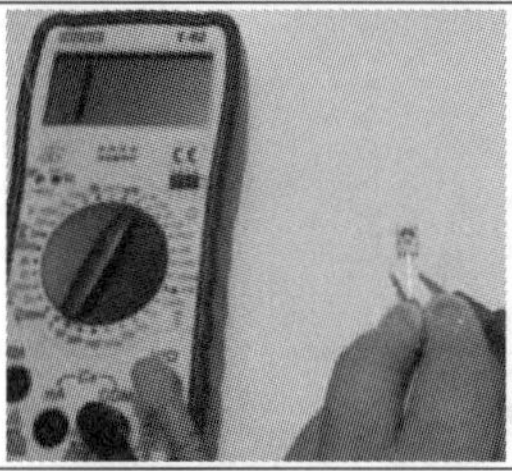	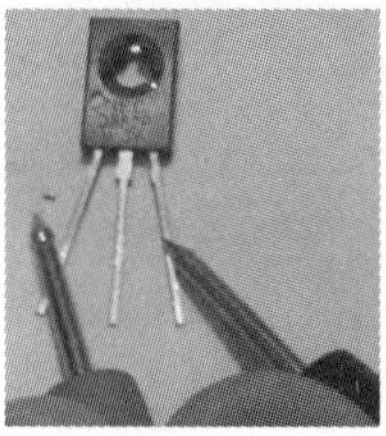	
5	C、E 引脚正向压降	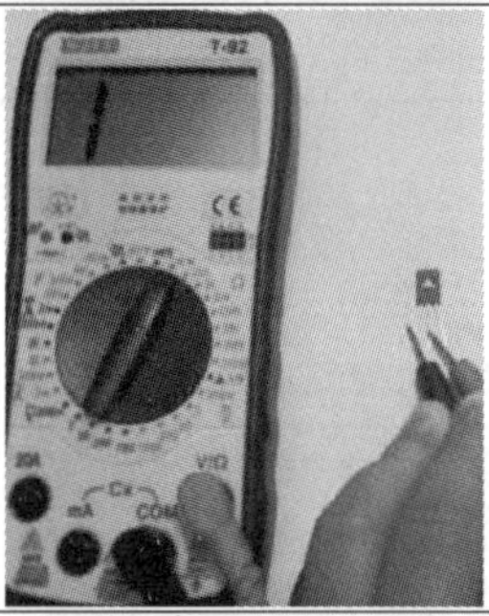	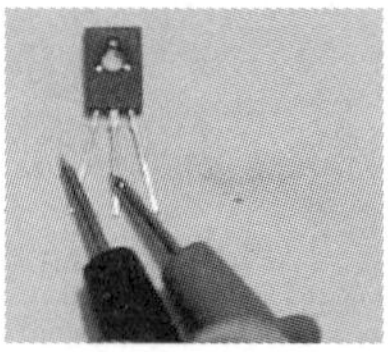	
6	C、E 引脚反向压降	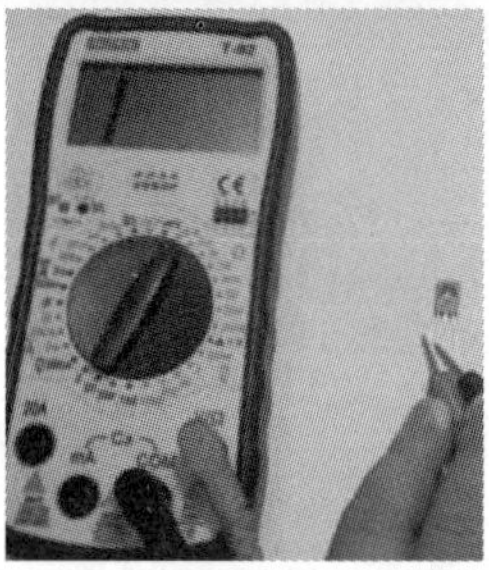	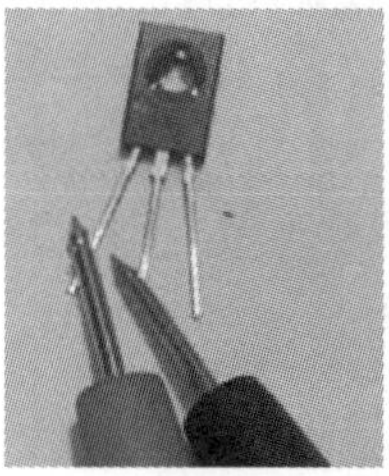	

（4）晶体管放大系数的检测

测量晶体管的电流放大系数时，将数字万用表置于“HFE”档，如图 5-5 所示。将 NPN 型和 PNP 型晶体管 C、B、E 引脚分别插入数字万用表 NPN 型管和 PNP 型管面板相应的插孔中，利用数字万用表显示读数，记下 β 读数，如图 5-6 所示。

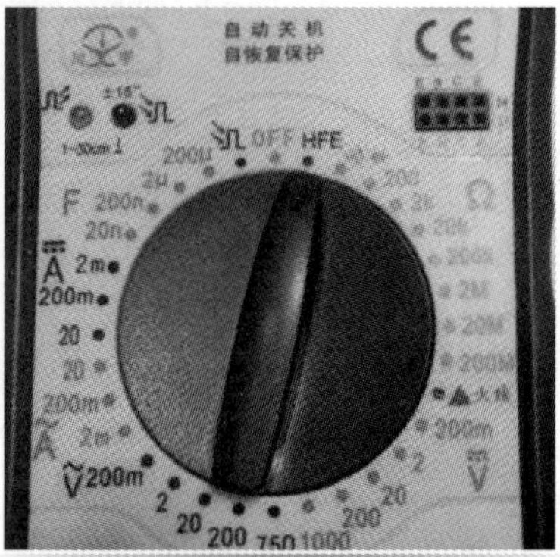

图 5-5　测量晶体管的电流放大系数

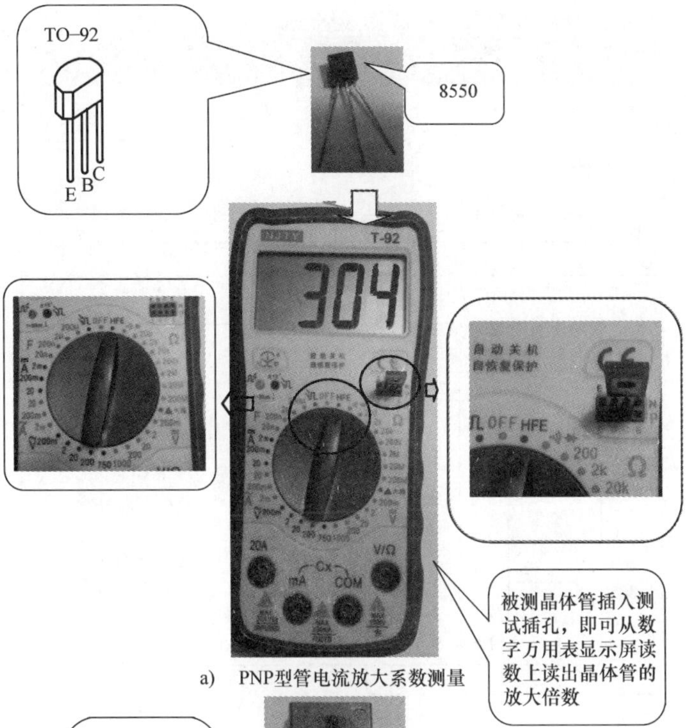

a)　PNP型管电流放大系数测量

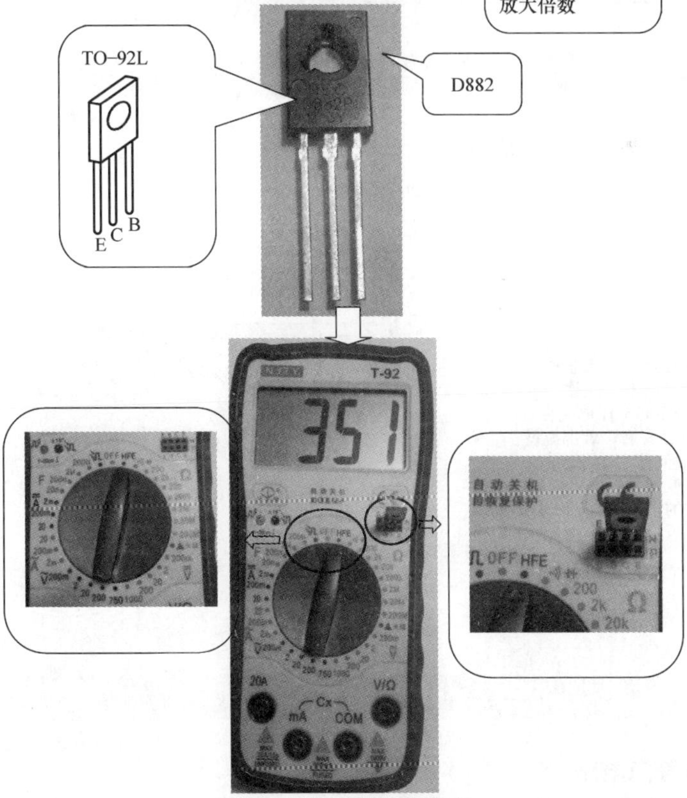

b) NPN型管电流放大系数测量

图5-6　晶体管放大系数的检测

☆☆☆ 5.3 晶体管的应用 ☆☆☆

1. 恒流源

恒流源，如图 5-7 所示。

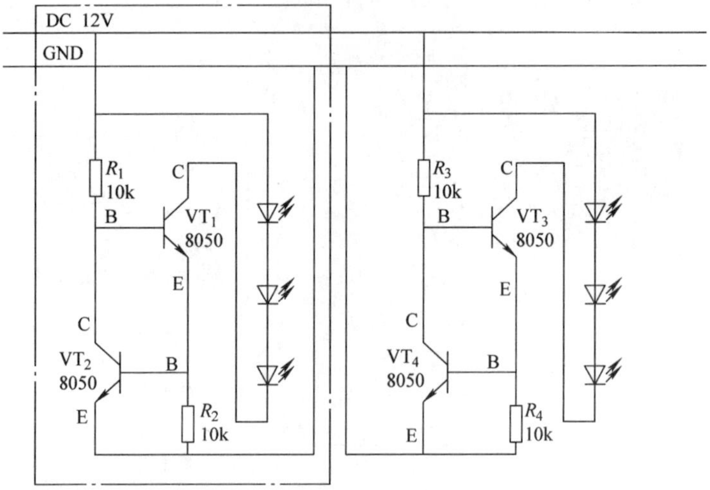

图 5-7 恒流源

2. 晶体管的开关作用电路

晶体管的开关作用电路，如图 5-8 所示。

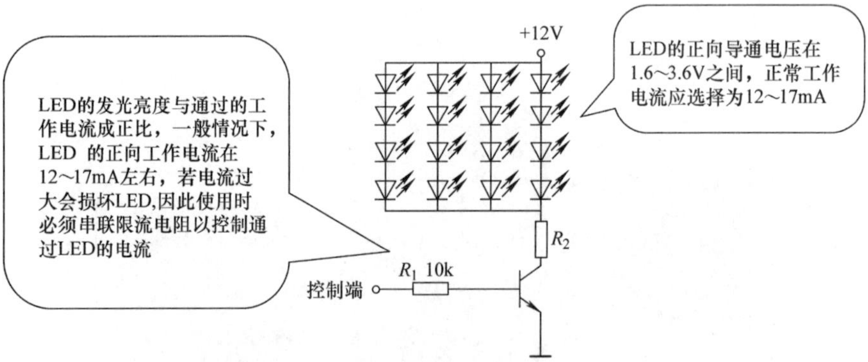

图 5-8 晶体管的开关作用电路

3. 晶体管门电路

晶体管与非门电路，如图 5-9 所示。

工作原理：

1）当 A、B 全接高电平 5V 时，二极管 VD_1、VD_2 都截止，而晶体管导通，且为饱和导通，$U_F=0.3V$，即输出低电平。

2）当A、B中只要有一个为低电平0.3V时，则$U_{RB}\approx 1V$，从而使晶体管截止，$U_F=U_{CC}=5V$，即输出高电平。

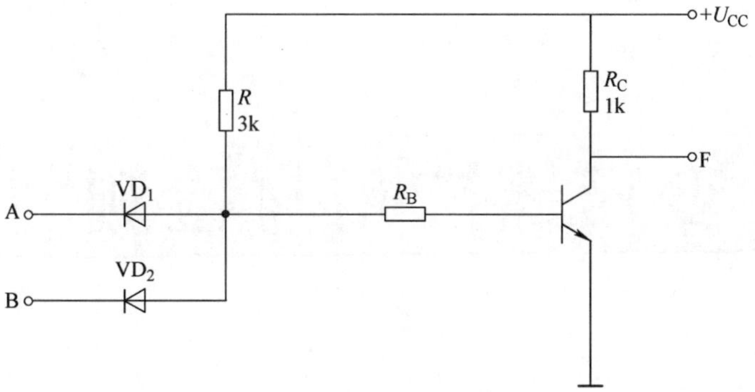

图5-9　晶体管与非门电路

第6章

电感、变压器应用与检测

☆☆☆ 6.1　电感、变压器的识别 ☆☆☆

电感是常用的电子元件之一，其特性与电容正好相反，具有阻止交流电通过而让直流电顺利通过的特性。电感是由导线绕制而成的线圈，导线彼此互相绝缘，而绝缘管可以是空心（包含铁心或磁心），将这个线圈称为电感线圈或电感器，简称为电感。电感用符号“L”表示，单位有亨（H）、毫亨（mH）、微亨（μH），$1\text{H}=10^3\text{mH}=10^6\mu\text{H}$。电感的外形与符号，如图6-1所示。电感在电路中的基本用途有扼流、交流负载、振荡、陷波、调谐、补偿、偏转等。

电感（电感线圈）存在自感与互感现象，这是一种常见现象。自感是指当线圈中电流发生变化时，其周围的磁场也产生相应的变化，使线圈自身产生感应电动势。互感是指两个电感线圈相互靠近时，其中一个电感线圈的磁场变化将影响另一个电感线圈，其大小取决于电感线圈的自感与两个电感线圈耦合的程度。

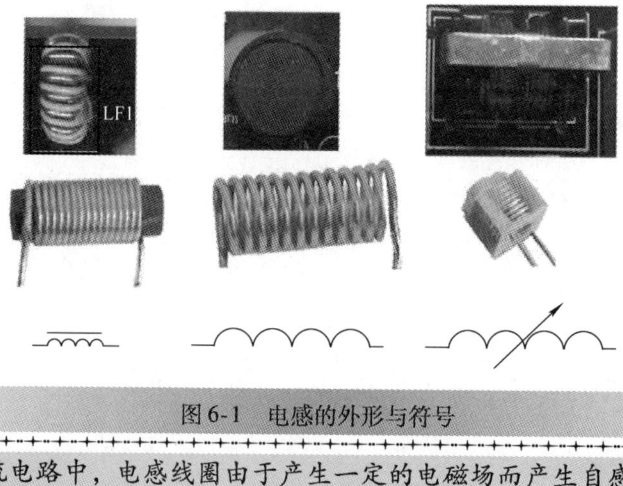

图6-1　电感的外形与符号

注： ① 交流电路中，电感线圈由于产生一定的电磁场而产生自感现象，自感中的感抗对交变电流有阻碍作用。

② 交变电流大小和方向都在发生周期性的变化，电感线圈自感电动势总是阻碍交流电的变化，线圈的感抗与自感系数（L）及交变电流的频率有关。

1. 电感的分类

1）按电感外形分类，有空心电感与实心电感。

2）按电感工作性质分类，有高频电感和低频电感。

3）按电感封装形式分类，有普通电感、色环电感、环氧树脂电感、贴片电感等。

4）按电感的电感量分类，有固定电感和可调电感。

电感由骨架、绕组、屏蔽罩、封装材料、磁心或铁心等组成，其各部分的功能简介，见表6-1。

表6-1　电感各部分的功能简介

序号	名称	描述	备　注
1	骨架	绕制线圈的支架	1）体积较大的固定式电感或可调式电感大多数是将漆包线（或纱包线）环绕在骨架上 2）将磁心或铜心、铁心等装入骨架的内腔，提高电感量 3）采用塑料、胶木、陶瓷制成
2	绕组	具有规定功能的一组线圈	1）有单层和多层之分 2）单层绕组有密绕和间绕之分 3）多层绕组有分层平绕、乱绕、蜂房式绕法等
3	磁心与磁棒	一般采用镍锌铁氧体（NX系列）或锰锌铁氧体（MX系列）等材料	形状有“工”字形、柱形、帽形、“E”形、罐形等
4	铁心	一般采用材料主要有硅钢片、坡莫合金等	外形多为“E”形
5	屏蔽罩	其作用是避免电感在工作时产生的磁场影响其他电路及元器件正常工作	电感加屏蔽罩后，会增加线圈的损耗，使Q值降低
6	封装材料		采用塑料或环氧树脂等

注： ① 色环电感不使用骨架，而是直接将漆包线绕在磁心上。

② 空心电感不用磁心、骨架和屏蔽罩等，先在模具上绕好后再脱去模具，并将线圈各圈之间拉开一定距离。

2. 常用电感的简介

常用电感的简介，见表6-2。

表6-2　常用电感的简介

序号	外形图	名称	描述	功能	使用场合
1		片状电感（片式电感）	与其他片式元器件一样，是适用于表面贴装技术（SMT）的电子元件。即导线绕于磁心上构成电感线圈	有4种类型，即绕线型、叠层型、编织型和薄膜片式电感	用在滤波、振荡、陷波、延迟等电路
2		功率电感	功率电感是分带磁罩和不带磁罩两种，主要由磁心和铜线组成	在电路中主要起滤波和振荡作用	

（续）

序号	外形图	名称	描述	功能	使用场合
3		片状磁珠	磁珠专用于抑制信号线、电源线上的高频噪声和尖峰干扰，还具有吸收静电脉冲的能力	1）有密封式和非密封式两种封装形式 2）有立式和卧式两种外形结构	射频电路，锁相环，振荡电路，含超高频存储器电路
4		插件磁珠	磁珠属于阻抗器的一种，由铁氧磁体和线圈组成	1）磁珠对高频信号有较大阻碍作用 2）磁珠把交流信号转化为热能，电感把交流存储起来，缓慢地释放出去	应用于收音机、电视机、计算机驱动器、通信设备
5	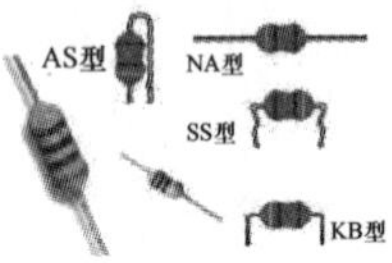	色环电感	在电感表面涂上不同的色环来代表电感量（与电阻类似）的电感		
6		立式电感			应用于手机、数码相机、MP3、MP4、笔记本电脑、掌上DVD、液晶背光源、车载音响、电视机、对讲机、遥控器、安防产品、运动器材及医疗仪器等
7		轴向滤波电感	由两端带引线的磁心所构成		电源及射频产品的应用
8		磁环电感			
9		空气心电感	为了取得较大的电感值，往往要用较多的漆包线绕成，而为了减少电感本身的线路电阻对直流电流的影响，要采用线径较粗的漆包线	空气心电感中插入磁心、铁心，提高电感的自感能力，借此提高电感值	有滤波作用

（续）

序号	外形图	名称	描述	功能	使用场合
10		环形共模电感	环形共模电感也叫共模扼流圈，是在一个闭合磁环上对称绕制方向相反、匝数相同的线圈	1）既要滤除信号线上共模电磁干扰，又要抑制本身不向外发出电磁干扰 2）避免影响同一电磁环境下其他电子设备的正常工作 3）低电感量及低漏感	用于电视机、通信设备、开关电源、视频设备等电子设备
11		单层线圈	用绝缘导线一圈紧靠一圈地绕在纸筒或胶木骨架上		收音机中波天线线圈
12		蜂房式线圈	所绕制的线圈，其平面不与旋转面平行，而是相交成一定的角度	1）体积小，分布电容小，而且电感量大 2）折点越多，分布电容越小	
13		铁氧体磁心和铁粉心线圈		线圈的电感量大小与有无磁心有关	
14		铜心线圈	通过调整铜心与线圈的距离达到调整电感值的作用	超短波范围应用较多	用于收录机、电视机等
15		扼流圈	限制交流电通过的线圈	具有储能高、体积小、易插件等特点	应用于各种电子设备仪器及民用电子产品上
16		偏转线圈	电视机扫描电路输出级的负载	1）偏转灵敏度高、磁场均匀、Q值高 2）体积小、价格低	

3. 电感的串并联及相关知识

电感的串并联及相关知识，见表6-3。

表 6-3　电感的串并联及相关知识

序号	名称	示意图	描述	公式
1	电感线圈	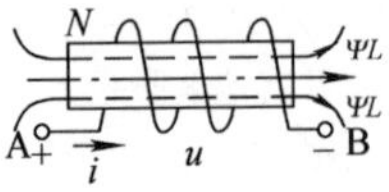 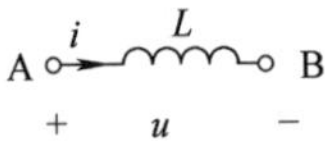	电感线圈有电流流过时，线圈内部形成磁通，并由磁场存储能量	$u=L\frac{\mathrm{d}i}{\mathrm{d}t}$ （u、i 为非关联方向时，在公式前面加“－”）
2	电感串联	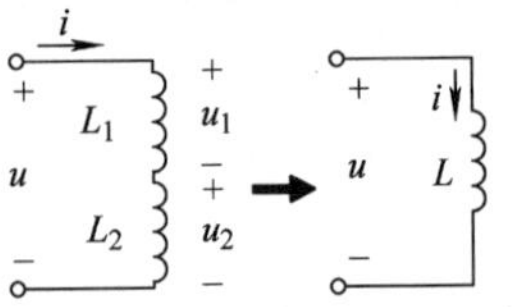 或 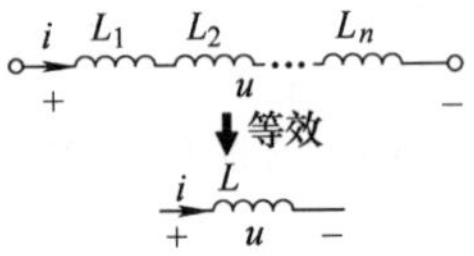	总电感为两个电感的电感量之和	两个电感串联： $L=L_1+L_2$ $u_1=L_1\frac{\mathrm{d}i}{\mathrm{d}t}=\frac{L_1}{L}u=\frac{L_1}{L_1+L_2}u$ $u_2=L_2\frac{\mathrm{d}i}{\mathrm{d}t}=\frac{L_2}{L}u=\frac{L_2}{L_1+L_2}u$ 两个以上电感串联： $L=L_1+L_2+\cdots+L_n$ $u_n=\frac{L_n}{L}u$
3	电感并联	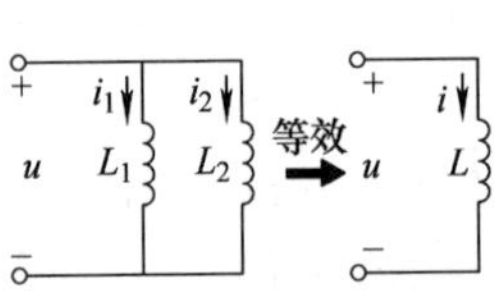 或 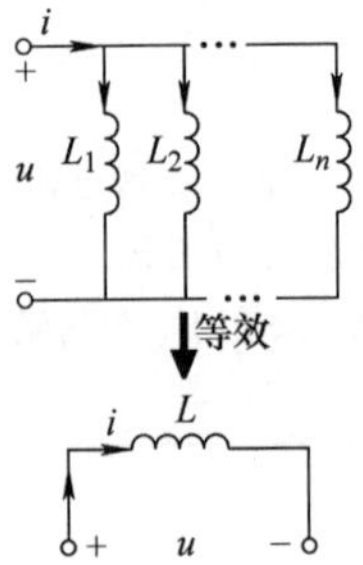	总电感为两个电感的电感量倒数之和的倒数	两个电感并联： $L=1\Big/\left(\frac{1}{L_1}+\frac{1}{L_1}\right)=\frac{L_1L_2}{L_1+L_2}$ $i=\frac{1}{L}\int_{-\infty}^{t}u(\xi)\mathrm{d}\xi$ $i_1=\frac{L_2i}{L_1+L_2}$ $i_2=\frac{L_1i}{L_1+L_2}$ 两个以上电感并联： $\frac{1}{L}=\frac{1}{L_1}+\frac{1}{L_2}+\cdots+\frac{1}{L_n}$ $i_n=\frac{1/L_n}{1/L}i$

4. 变压器

变压器是一种通过线圈间的电磁感应，将一种形式的电能转换成同频率的另一种形式的电能。变压器是利用电磁互感应，变换电压、电流和阻抗的器件，其作用是电压变换、阻抗变换、隔离、稳压。变压器的外形及电路符号，如图 6-2 所示。变压器的工作原理，见表 6-4。变压器的文字符号用字母 T 表示。

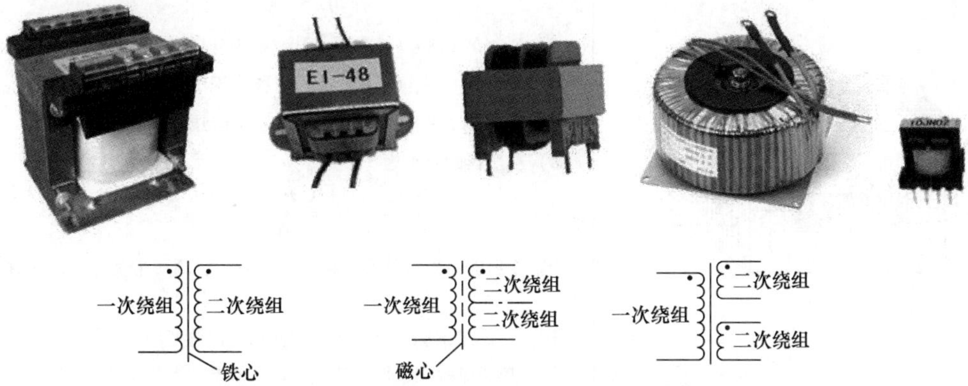

图 6-2　变压器的外形及电路符号

表 6-4　变压器的工作原理

示意图	说　明
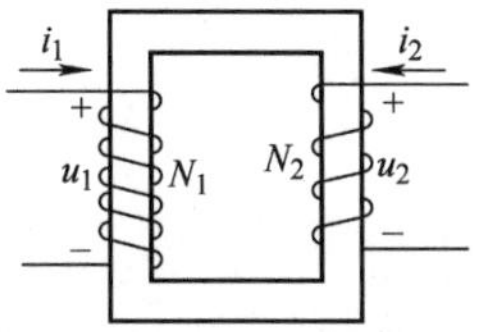	1）变压器是根据电磁感应原理工作的，一次绕组接在交流电源上，在铁心中产生交变磁通，从而在一、二次绕组产生感应电动势 2）一次绕组的匝数为 N_1，输入电压为 u_1，输入电流 i_1 3）二次绕组的匝数为 N_2，输出电压 u_2，输出电流为 i_2 4）一次绕组是指输入电能的绕组 5）二次绕组是指输出电能的绕组 6）一、二次绕组之间没有电的直接联系，由于两个绕组共用一个磁路，共同交链一个主磁通，借助于主磁通的变化，通过电磁感应作用，实现了一、二次绕组间的电压变换和功率传递 7）二次绕组电流增加或减少的同时，引起一次电流的增加或减少，吸收的功率也增大或减少 8）变压器只能工作在交流电路
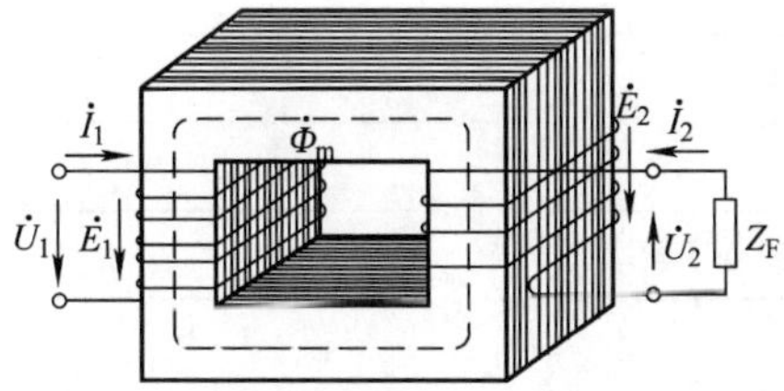	1）变压器空载时，二次绕组电流为零，二次侧输出功率为零，一次绕组电流为空载电流很小，变压器从电源吸收很小的功率提供空载损耗 2）变压器的一次绕组加上电源电压 $\dot{U}_1$，二次绕组接上负载阻抗 Z_F，称变压器的负载运行 3）变压器一、二次绕组的端电压之比等于匝数比，改变匝数比，就能改变输出电压 $$\frac{U_1}{U_2}=\frac{N_1}{N_2}=K$$ 式中，K 称为变压比

（续）

示意图	说　明
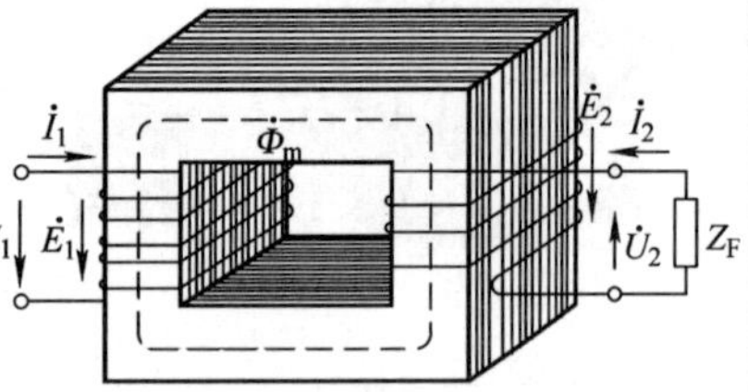	4）变压器一、二次电流之比等于匝数反比，一、二次电流与匝数成反比 $$\frac{I_1}{I_2}=\frac{N_2}{N_1}=\frac{1}{K}$$ 5）$N_1<N_2$，$K<1$，电压上升，称为升压变压器 6）$N_2=N_1$，$K=1$（$U_2=U_1$），称为等压变压器 7）$N_1>N_2$，$K>1$，电压下降，称为降压变压器 8）变压器的效率为 $$\eta=\frac{P_2}{P_1}\times 100\%$$ 9）变压器一次侧的等效阻抗模，为二次侧所带负载的阻抗模的 K^2 倍 10）一、二次侧千万不能对调使用，以防变压器损坏 11）电力系统中使用的变压器，其效率一般在95%～99%。在忽略变压器损耗的情况下 $P_1\approx P_2$ 12）高压绕组的匝数多，导线细。低压绕组的匝数少，导线粗

5. 变压器的分类

变压器一般由导电材料、磁性材料和绝缘材料三部分组成，主要部件是铁心和绕组。变压器的铁心既是磁路，也是套装绕组的骨架。由铁心柱（柱上套装绕组）、铁轭（连接铁心以形成闭合磁路）组成，为了减小涡流和磁滞损耗，提高磁路的导磁性，铁心采用0.35～0.5mm厚的硅钢片涂绝缘漆后交错叠成。绕组是变压器的电路部分，采用铜线或铝线绕制而成，变压器绕组可以分为同心式和交叠式两类。

变压器的分类，见表6-5。

表6-5　变压器的分类

序号	分类	种类说明
1	用途	电力变压器、电源变压器、整流变压器、电炉变压器、电焊变压器、矿用变压器、仪用变压器、船用变压器、电子变压器、电流互感器、电压互感器
2	相数	单相变压器、三相变压器
3	频率	高频变压器、中频变压器、工频变压器
4	铁心形式	E型变压器、C型变压器、R型变压器、O型变压器
5	导磁材料	硅钢片变压器、低频磁心变压器、高频磁心变压器
6	绕组	双绕组变压器、自耦变压器、三绕组变压器、多绕组变压器

常用变压器的简介，见表6-6。

表 6-6　常用变压器的简介

序号	外形图	名称	描述	应用说明
1	 	电源变压器	用来升压或降压	1）升压变压器的一次绕组较二次绕组的圈数（匝数）少 2）降压变压器的一次绕组较二次绕组的圈数多 3）降压变压器在稳压电源和各种家电产品中使用 4）类型有 E 型电源变压器、C 型电源变压器和环境污染型电源变压器三种
2		低频变压器	用来传递信号电压和信号功率及实现电路之间的阻抗匹配	1）类型有极间耦合变压器、输入变压器和输出变压器三种 2）极间耦合变压器应用在两级音频放大电路中 3）输入变压器主要应用于音频推动级和功率放大级 4）输出变压器应用在功率放大器电路中
3		高频变压器	在电路中起阻抗变换和选频等作用	1）黑白电视机中的天线阻抗变换器 2）半导体收音机中的天线线圈
4		中频变压器	在电路中起信号耦合和选频等作用	1）有图像部分中频变压器及伴音部分中频变压器 2）不同规格、不同型号的中频变压器不能直接互换使用
5		脉冲变压器	用于各种脉冲电路中，其工作电压、电流等均为非正弦脉冲波	
6		自耦变压器	其输入端和输出端之间有电的直接联系，不能隔离为两个独立部分	将高压绕组中的部分线圈兼作低压绕组用，构成了单绕组变压器
7		隔离变压器	其作用是隔离电源、切断干扰源的耦合通路和传输通道，其一、二次绕组的匝数比（即变压比）等于1	1）电源隔离变压器和干扰隔离变压器 2）电源隔离变压器一般作为彩色电视机的维修设备 3）干扰隔离变压器的作用是切断干扰信号的通路，使干扰信号无法从一个电路进入另一个电路

（续）

序号	外形图	名称	描述	应用说明
8		振荡变压器	其作用是电压器变换和阻抗变换，两者不能互换使用	
9		恒压变压器	根据铁磁谐振原理制成的一种交流稳压变压器，它具有稳压、抗干扰和自动短路保护等功能	
10		电流互感器	把数值较大的一次电流利用电磁感应原理转换为数值较小的二次电流	1）将高电量转换为能用普通标准仪表测量的电量 1A、5A、100V、500V 2）常用的电流互感器的电流比 K_I 有 10/5、20/5、30/5、40/5、50/5、75/5、100/5 3）将仪表与高压电路隔离，保证仪表及人身安全 4）二次绕组的一端和金属外壳都必须接地

☆☆☆ 6.2 电感、变压器的检测 ☆☆☆

1. 电感标注方法

（1）直标法

将电感量标在电感外壳上，并同时标注允许误差。电感直标法，如图 6-3 所示。

图 6-3 电感直标法

注： 电感量标称值按 E12 系列分别有 1、1.2、1.5、1.8、2.2、2.7、3.3、3.9、4.7、5.6、6.8、8.2。常用单位为 mH（毫亨）。

（2）文字符号法

用文字符号表示电感的标称容量及允许误差。电感文字符号法，如图 6-4 所示。

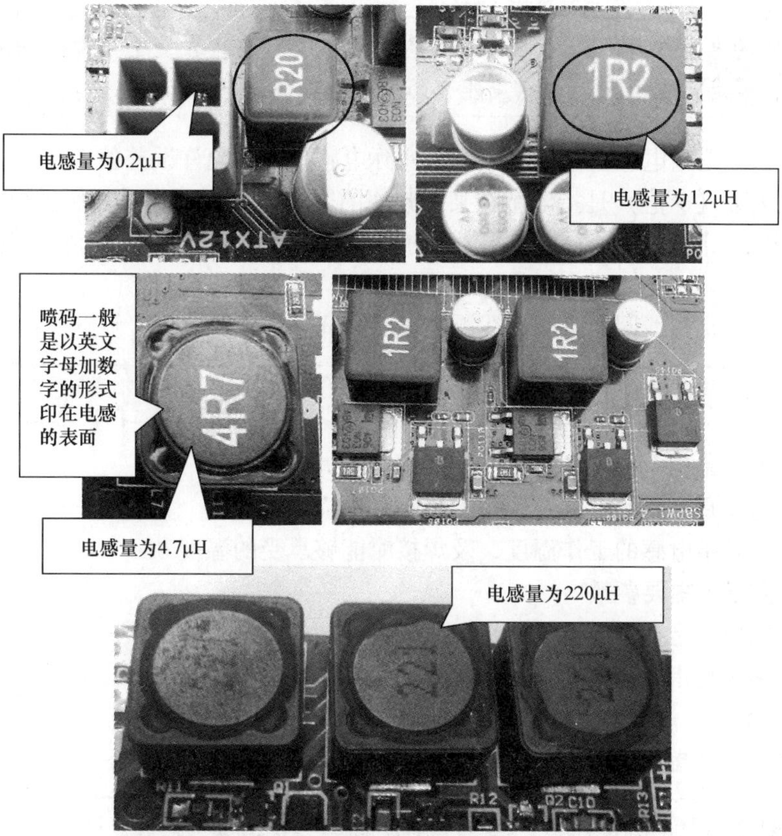

图 6-4 电感文字符号法

注：① 当电感单位为 μH 时，贴片电感用“R”作为小数点，其标注的方法与电阻的类似。为了区分电感量，对工字电感或贴片电感的顶部进行喷码。贴片电感封装尺寸有 0402（1005）、0603（1608）、0805（2012）、1206（3216）、1210（3225）、1812（4532）。

② 1R0 为 1μH、100 为 10μH、101 为 100μH。误差等级有 J：±5%、K：±10%、L：±15%、M：±20%、P：±25%、N：±30%。

③ 色环电感识别方法与色环电阻类似，常用的色环电感是四色环电感。识别时只需确认四色环电感的第四环，其不是金色，就是银色，就可以确定哪一环是第一环。在色环电感中，电感的电感量一律默认为“μH”。在实际电路中可以用工字电感直接替代色环电感。

2. 电感主要参数

电感主要参数有电感量、允许误差、品质因数、分布电容及电流等。

1）电感量是指电感的大小，取决于电感线圈的圈数（匝数）、绕制方式、有无磁心及磁心材料等。

注：通常情况下线圈越多，绕制的线圈越密集，电感量就越大。加装有磁心线圈比无

磁磁心线圈的电感量大。同时磁心磁导率越大的线圈，电感量也越大。电感量也称为自感系数，是表示电感产生自感应能力的一个物理量。

2）允许误差是指电感上标称电感量与实际电感量之间允许误差值。

3）品质因数（Q 值）是指电感在某一频率的交流电压下工作时，所呈现的感抗与其等效损耗电阻之比，同时也是衡量电感质量的主要参数。电感的 Q 值越高，其损耗越小，效率越高。

4）分布电容是指线圈的匝间、线圈与磁心之间存在的电容。

注：电感的分布电容越小，其稳定性越好。

5）额定电流是指电感正常工作所能通过的最大电流值。

6）封装是指是电感的形状及体积大小的一种描述。

7）耐温性是指电感的工作温度，及焊接时能够承受的温度。

3. 变压器主要参数

1）额定电压是指在变压器的绕组上所允许施加的电压。

2）额定功率是指在规定的工作频率和额定电压下，变压器能长期工作，而不超过规定温升的输出功率。

3）空载电流是指变压器二次绕组开路时，一次绕组通过的电流。

注：对于工频电源变压器，其空载电流基本上等于磁化电流。

4）效率是指二次绕组功率与一次绕组功率的比值。

注：通常情况下，变压器的额定功率越大，效率就越高。

4. 电感、变压器的检测方法

（1）电感的检测

电感的检测，如图 6-5 和图 6-6 所示。

（2）变压器的检测

通过观察变压器的外观，检查变压器是否有明显异常现象。如绕组引线有无断裂，脱焊的现象，绝缘材料有无烧焦痕迹，硅钢片有无锈蚀，绕组是否有外露现象等。

用数字万用表的二极管档分别测量铁心与一次绕组、各二次绕组，一次绕组与各二次绕组，各二次绕组间的电阻值，数字万用表显示阻值时大时小，说明绕组接触不良。若变压器某个绕组的电阻值为无穷大，说明此绕组有开路故障。

变压器的检测，如图 6-7 所示。

隔离变压器的检测，如图 6-8 所示。

将电源变压器的一次侧接 220V 市电，用数字万用表交流电压档测出二次绕组的空载电压，电源变压器空载电压的检测，如图 6-9 所示。

注：空载电压与电源变压器标牌中允许误差范围一般为高压绕组≤ ±10%，低压绕组≤ ±5%，带中心抽头的两组对称绕组的电压差应≤ ±2%。

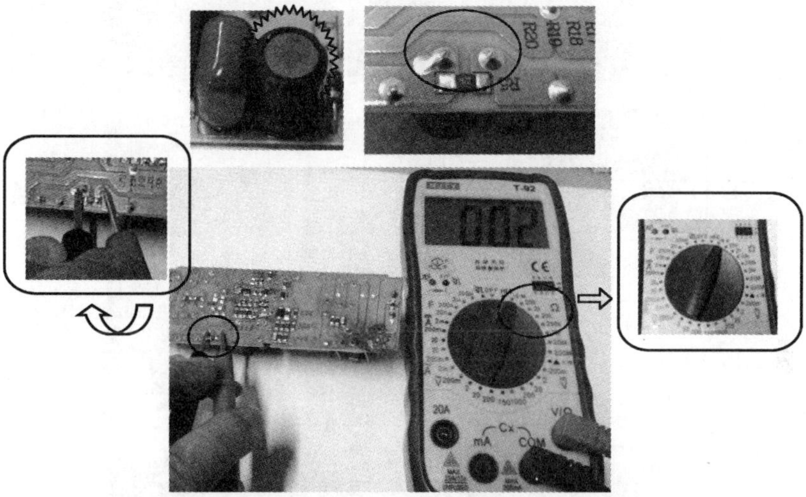

图 6-5　电感的检测（一）

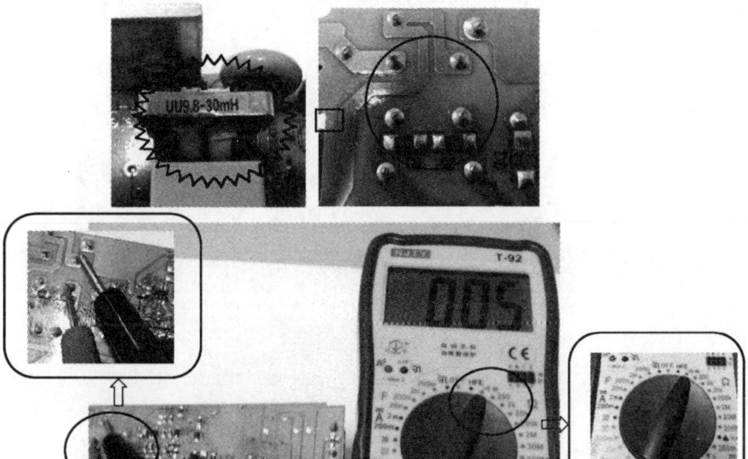

图 6-6　电感的检测（二）

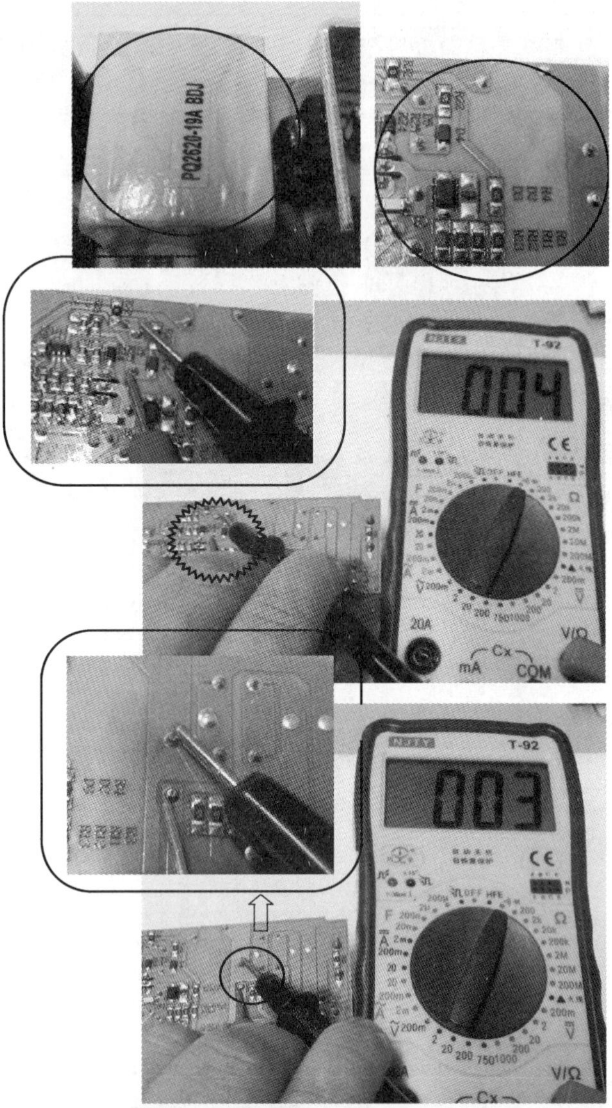

图 6-7　变压器的检测

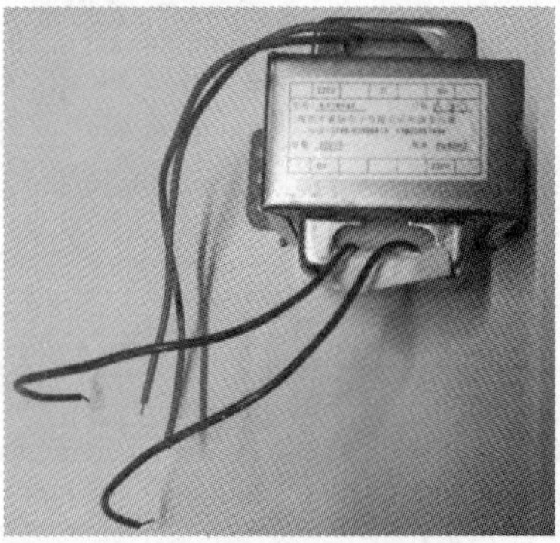

图 6-8　隔离变压器的检测

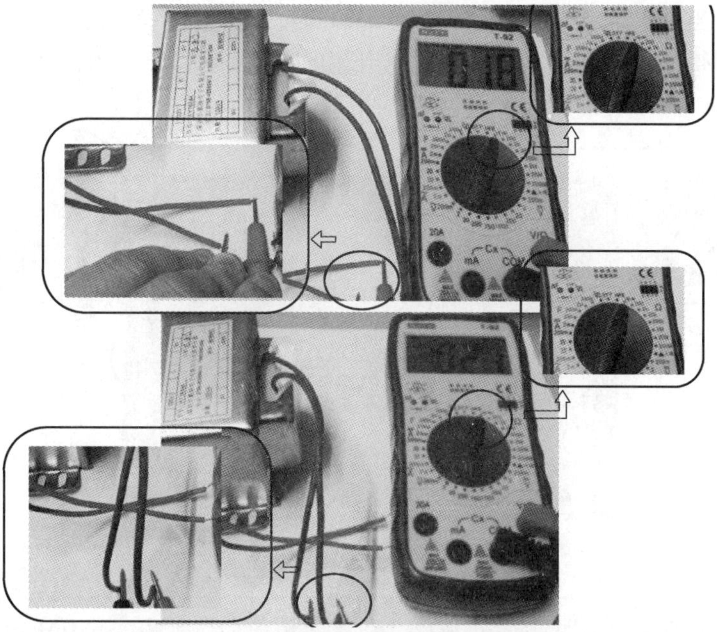

图6-8　隔离变压器的检测（续）

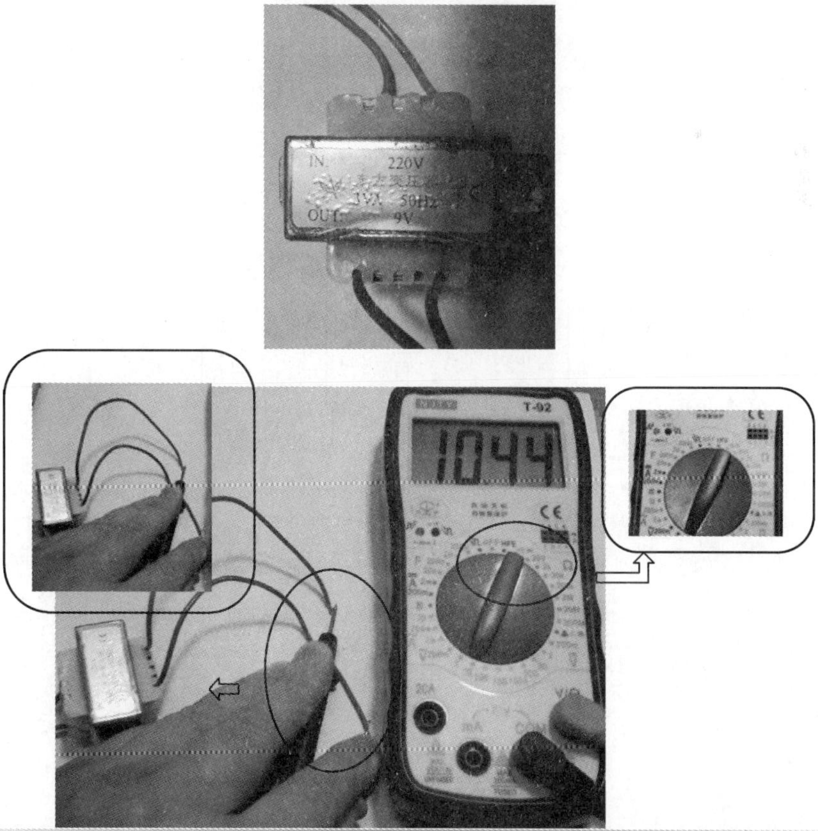

图6-9　电源变压器空载电压的检测

将电源变压器二次绕组全部开路，数字万用表置于交流电流200mA档，将数字万用表串入一次绕组。当一次绕组的插头插入市电 220V 时，此时数字万用表所指示的电流便是空载电流。此时测得空载电流应为变压器满载电流的 110% ~120%。电源变压器空载电流的检测，如图 6-10 所示。

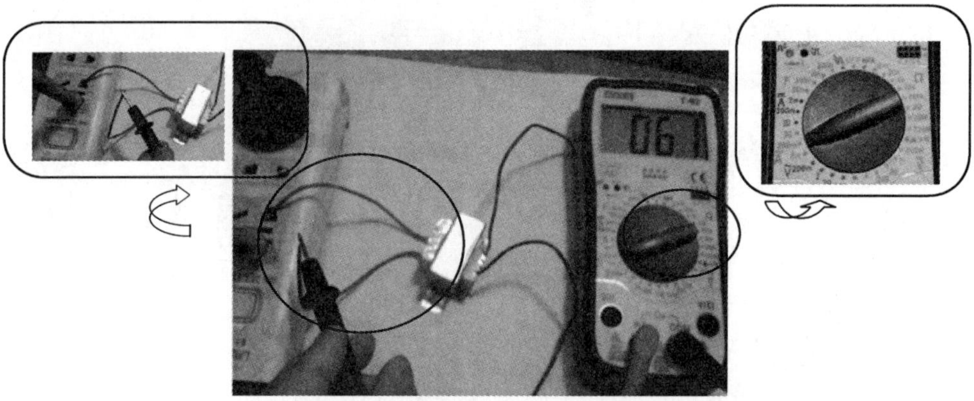

图 6-10　电源变压器空载电流的检测

注： 一般情况下电子设备常用电源变压器的正常空载电流应在 100mA 左右。如果空载电流过大，则说明变压器一次绕组短路。

☆☆☆ 6.3　电感、变压器的应用 ☆☆☆

变压器的应用电路，如图 6-11 所示。

开关电源控制器 TMF0X65 的应用，如图 6-12 所示。

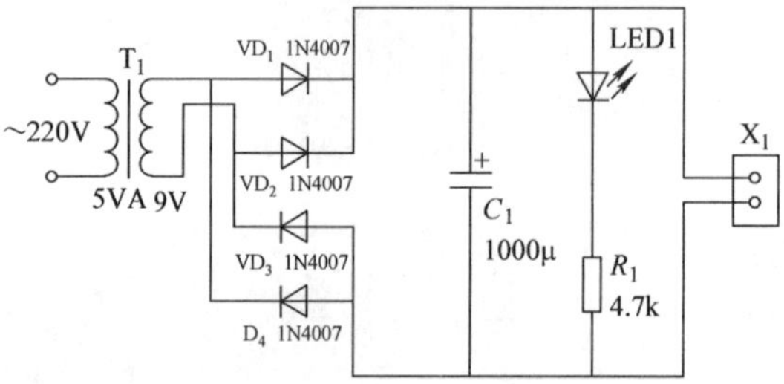

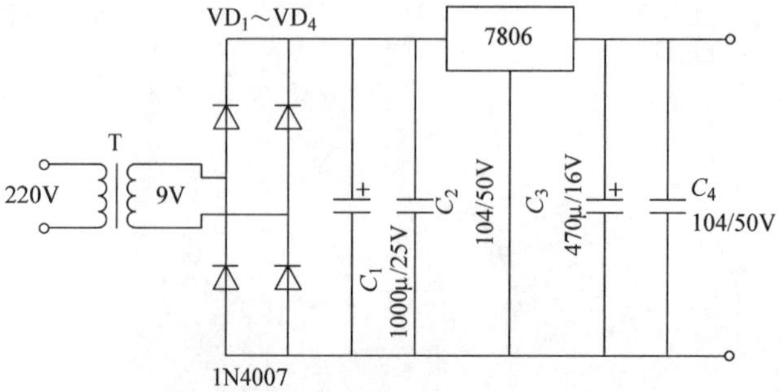

图 6-11　变压器的应用电路

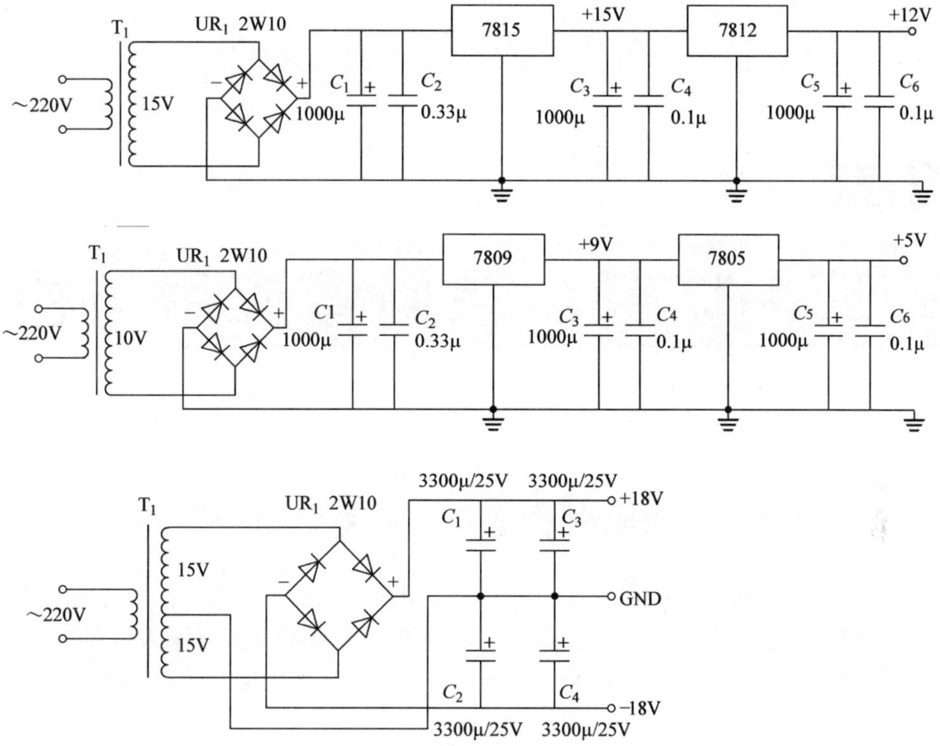

图 6-11　变压器的应用电路（续）

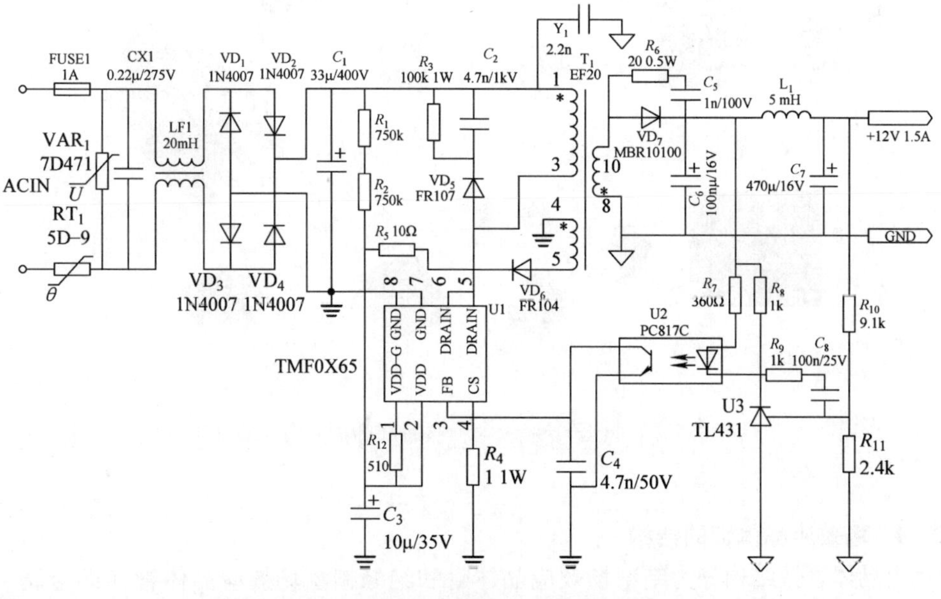

图 6-12　开关电源控制器 TMF0X65 的应用

第7章

场效应晶体管、晶闸管应用与检测

☆☆☆ 7.1 场效应晶体管、晶闸管的识别 ☆☆☆

场效应晶体管是一种电压控制器件，同时也是单极型器件。工作时，参与导电的只有一种载流子。场效应晶体管具有制造工艺简单、功耗小、温度特性好、输入电阻极高（可达 $10^9 \sim 10^{14}\Omega$）等特点，目前在电子电路中得到了广泛应用。场效应晶体管的外形，如图7-1所示。

图7-1 场效应晶体管的外形

1. 场效应晶体管的结构

场效应晶体管按结构分为结型场效应晶体管和绝缘栅型场效应晶体管（即金属-氧化层-半导体-场效应晶体管（MOSFET））两类。场效应晶体管的结构，见表7-1。

2. 场效应晶体管的工作原理

场效应晶体管的工作原理，见表7-2。

表 7-1　场效应晶体管的结构

<table>
<tr><th>序号</th><th colspan="2">名称</th><th>示意图</th><th>符号</th><th>说明</th></tr>
<tr><td rowspan="2">1</td><td rowspan="2">结型场效应晶体管</td><td>N 沟道</td><td>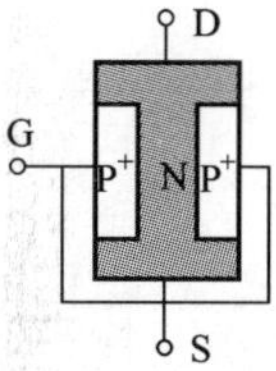</td><td>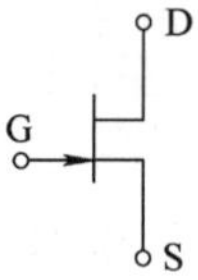</td><td rowspan="2">1）在一块 N 型硅半导体两侧制作两个 P 型区域，形成两个 PN 结，把两个 P 型区相连后引出一个电极，称为栅极，用字母 G（或 g）表示
2）源极，用 S 或 s 表示
3）漏极，用 D 或 d 表示
4）栅极，用 G 或 g 表示
5）结型 P 沟道场效应晶体管是在 P 型硅棒的两侧做成高掺杂的 N 型区（N^+），导电沟道为 P 型，多数载流子为空穴
6）结型场效应晶体管利用 PN 结反向电压对耗尽层厚度的控制，来改变导电沟道的宽窄，从而控制漏极电流的大小</td></tr>
<tr><td>P 沟道</td><td>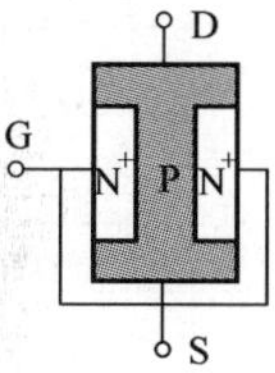</td><td>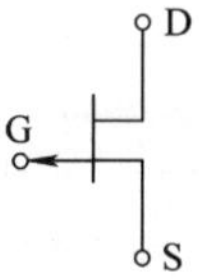</td></tr>
<tr><td rowspan="2">2</td><td rowspan="2">增强型 MOSFET</td><td>N 沟道</td><td>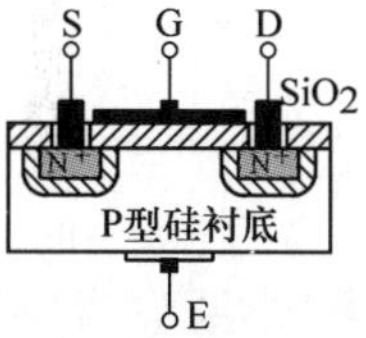或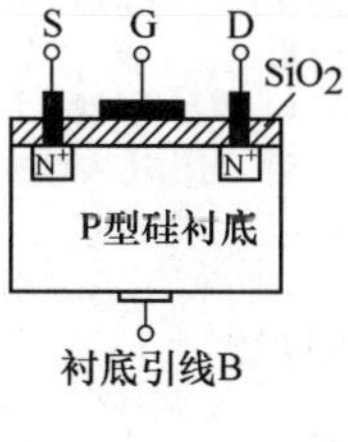</td><td>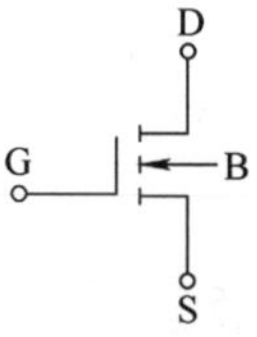</td><td rowspan="2">1）P 型硅片为作为衬底，其间扩散两个高掺杂的 N^+ 区，并引出两个电极，作为源极 S 和漏级 D。并在半导体上制作 SiO_2 绝缘层，再在 SiO_2 上制作一层金属铝，引出电极作为栅极 G，此外 P 型半导体称为衬底 B
2）MOSFET 是利用栅源电压的大小，来改变半导体表面感生电荷的多少，从而控制漏极电流的大小
3）栅极与衬底之间相当于以 SiO_2 为介质的平板电容
4）场效应晶体管没有加偏置电压时，没有导电沟道</td></tr>
<tr><td>P 沟道</td><td>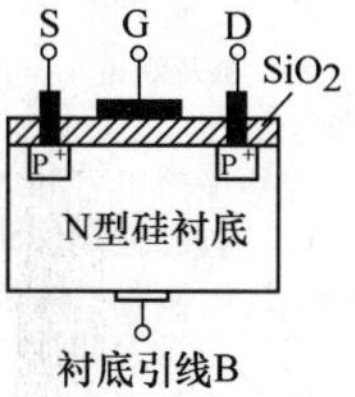</td><td>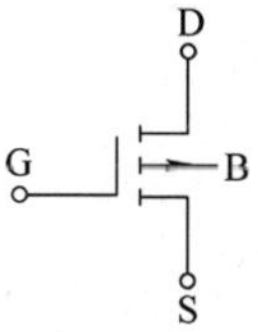</td></tr>
</table>

（续）

序号	名称		示意图	符号	说明
3	耗尽型 MOS-FET	N 沟道	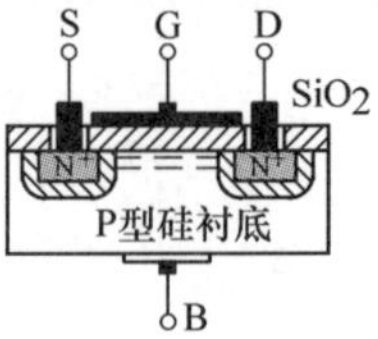 或 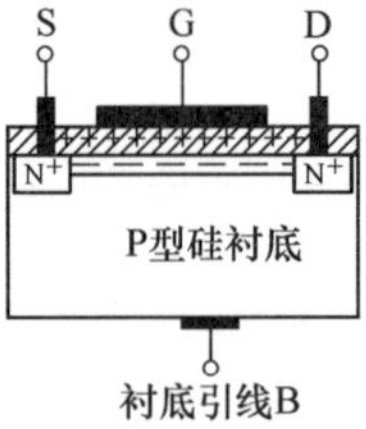	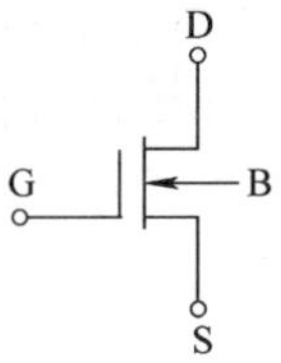	1）N 沟道耗尽型 MOS-FET 其结构与增强型 MOS-FET 的结构相似，不同的是这种管子在制造时，就在 SiO_2 绝缘层中掺入了大量的正离子 2）场效应晶体管没有加偏置电压时，就有导电沟道存在
		P 沟道	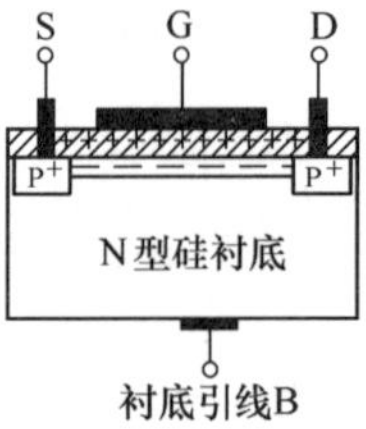	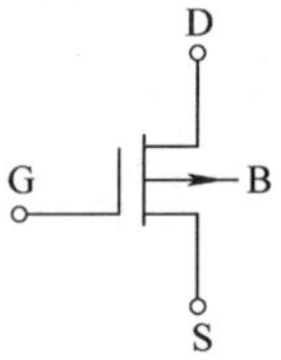	

表 7-2　场效应晶体管的工作原理

序号	名称	示意图	说明
1	N 沟道结型场效应晶体管	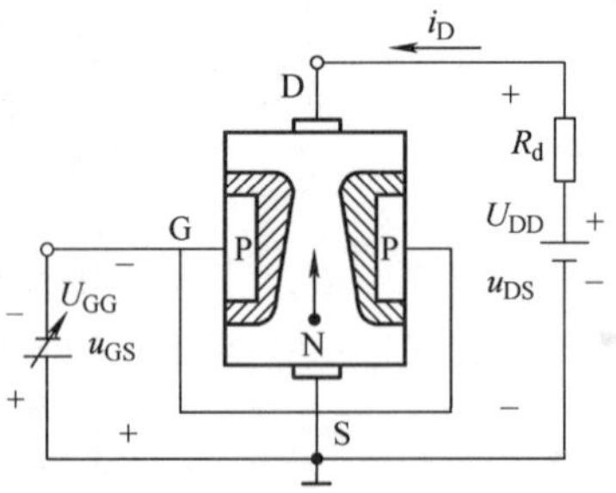	1）结型场效应晶体管工作在反偏条件下，N 沟道管加负栅源电压，P 沟道管加正栅源电压，否则将会出现栅流 2）通过栅源电压 U_{GS} 的变化，改变阻挡层的宽窄，从而改变导电沟道的宽窄，控制漏极电流 i_D 3）当 $U_{GG}=0$ 时，沟道最宽，沟道电阻最小，在 U_{DD} 的作用下 N 沟道内的电子定向运动形成漏极电流 i_D，此时最大 4）U_{GG}继续减小，沟道继续变窄，i_D继续变小 5）当沟道夹断时，i_D减小至 0，此时对应的栅源电压 U_{GS}称为夹断电压 U_P（或 $U_{GS(off)}$） 6）当 U_{DD}增加到使 $U_{GD}=U_P$时，在紧靠漏极处出现预夹断 7）栅极与沟道间的 PN 结是反向偏置的，输入电阻很高 8）U_{DD}的增大，几乎全部用来克服沟道的电阻，i_D几乎不变，进入恒流区，i_D几乎仅仅决定于 u_{GS} 9）预夹断前 i_D与 u_{DS}呈近似线性关系；预夹断后，i_D趋于饱和 10）漏极电流的大小仅取决于 U_{GS}的大小 11）栅源之间加负向电压（$U_{GS}<0$），两侧 PN 结均处于反向偏置，栅源电流几乎为零 12）漏源之间加正向电压（$U_{DS}>0$），使 N 型半导体中的多数载流子——电子由源极出发，经过沟道到达漏极形成漏极电流 i_D

（续）

序号	名称	示意图	说明
2	N 沟道增强型 MOSFET	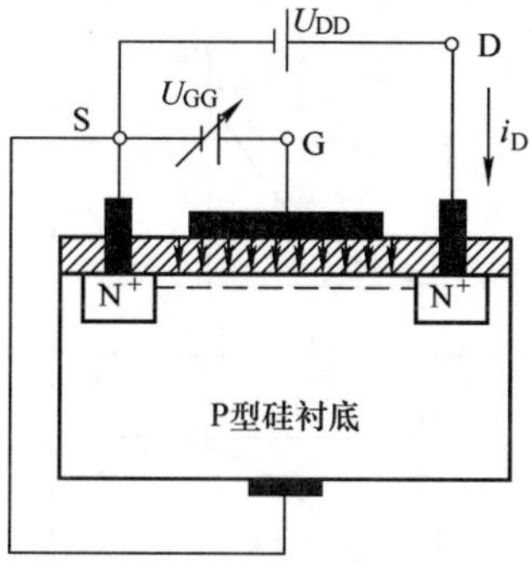	1）$u_{GS} \leqslant 0$ 时，漏源之间相当两个背靠背的二极管，在 D、S 之间加上电压也不会形成电流，即管子截止 2）$0 < u_{GS} < U_T$时，产生电场，但未形成导电沟道（感生沟道），D、S 间加电压后，没有电流产生 3）$u_{GS} \geqslant U_T$时，在电场作用下产生导电沟道，D、S 间加电压后，将有电流 i_d产生 4）开始时无导电沟道，当在 $u_{GS} \geqslant U_T$时才形成沟道，称为增强型 MOSFET 5）开始形成沟道时的栅－源极电压称为开启电压，用 U_T表示，也称为 $U_{GS(th)}$ 6）$U_{GS}=0$ 时，无导电沟道，电流为零。U_{GS}加正向电压至开启电压后，电流随 U_{GS}的增大而增大 7）当 u_{GS}变化时，R_{ON}将随之变化，称之为可变电阻区 8）恒流区（饱和区）：u_{GS}一定时，i_D基本不随 u_{DS}变化而变化 9）N 沟道增强型 MOSFET 只能工作在 $U_{GS}>0$ 10）U_{GS}必须大于 0（$U_{GS}>0$）管子才能工作 11）U_{DS}必须为正值（$U_{DS}>0$） 12）$U_{GS}<U_{GS(th)}$时，沟道未形成，U_{DS}作用下 $i_D=0$ 13）$U_{GS}>U_{GS(th)}$时，沟道形成，U_{DS}作用下产生漏极电流 i_D 14）进入夹断区后，U_{DS}增大，i_D几乎不变，即 i_D几乎仅仅决定于 U_{GS}，表现出 i_D的恒流特性
3	N 沟道耗尽型 MOSFET	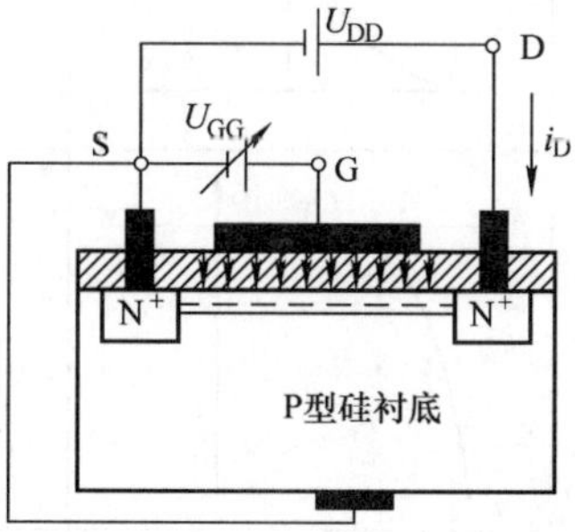	1）$U_{GS}=0$ 时，U_{DS}加正向电压，产生漏极电流 i_D，此时的漏极电流称为漏极饱和电流，用 I_{DSS}表示 2）沟道消失时的栅源电压称为夹断电压，用 U_P表示 3）$U_{GS}>0$ 时，将使 i_D进一步增加 4）$U_{GS}<0$ 时，随着 U_{GS}的减小，漏极电流逐渐减小，直至 $i_D=0$，对应 $i_D=0$ 的 U_{GS}称为夹断电压，用符号 U_P表示 5）栅源之间既可加正向电压又可加反向电压 6）U_{GS}可在正负值的一定范围内实现对 i_D的控制 7）$U_{GS}=0$ 时，有导电沟道，有电流。U_{GS}加正向电压，电流增大；U_{GS}加反向电压，电流减小 8）当 $u_{GS}=0$ 时，就有沟道，加入 u_{DS}，就有 i_D 9）当 $u_{GS}>0$ 时，沟道增宽，i_D进一步增加 10）当 $u_{GS}<0$ 时，沟道变窄，i_D减小 11）N 沟道耗尽型 MOSFET 可工作在 $U_{GS} \leqslant 0$ 或 $U_{GS}>0$ 12）耗尽型 MOSFET 在 $u_{GS}>0$、$u_{GS}<0$、$u_{GS}=0$ 时均可导通，且与结型场效应晶体管不同，由于 SiO_2绝缘层的存在，在 $u_{GS}>0$ 时仍保持栅源间电阻非常大的特点 13）u_{DS}一定，u_{GS}变化时，给定一个 u_{GS}，就有一条不同的 i_D-u_{DS}曲线

3. 场效应晶体管的特性曲线

场效应晶体管的特性曲线，见表7-3。根据工作情况，输出特性可划分为4个区域，即可变电阻区、恒流区、击穿区和截止区。输出特性是指栅源电压u_{GS}一定，漏极电流i_D与漏极电压u_{DS}之间的关系。转移特性是在u_{DS}一定时，漏极电流i_D与栅源电压u_{GS}之间的关系称为转移特性。

表7-3　场效应晶体管的特性曲线

序号	名称		符号	输出特性曲线	转移特性
1	结型场效应晶体管	N沟道耗尽型	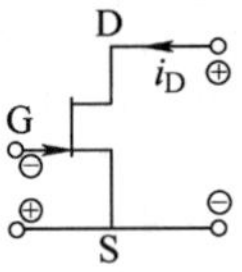	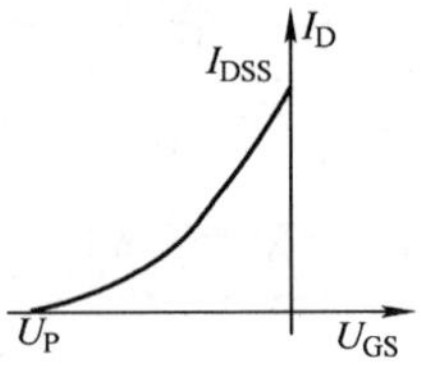	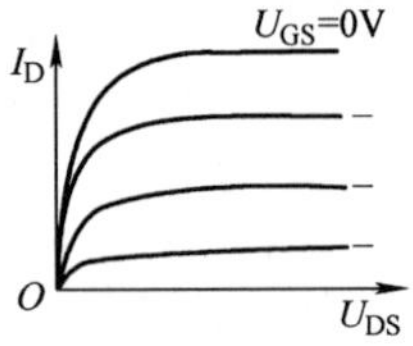
		P沟道耗尽型	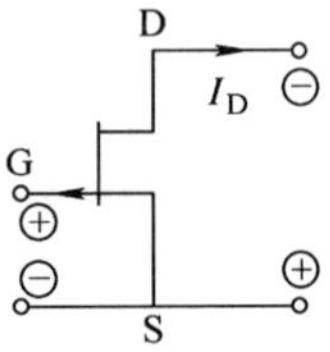	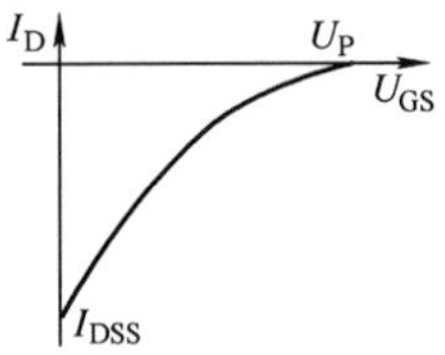	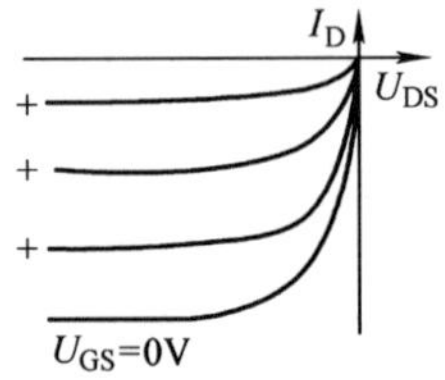
2	绝缘栅型场效应晶体管	N沟道增强型	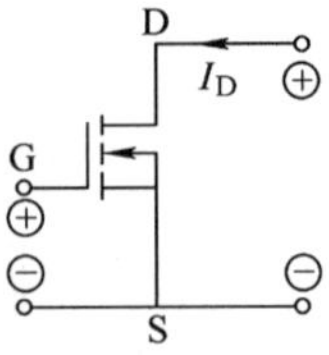	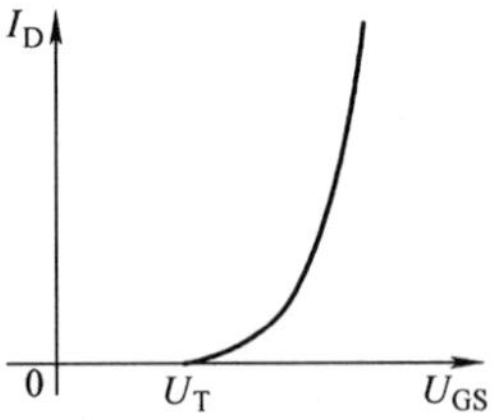	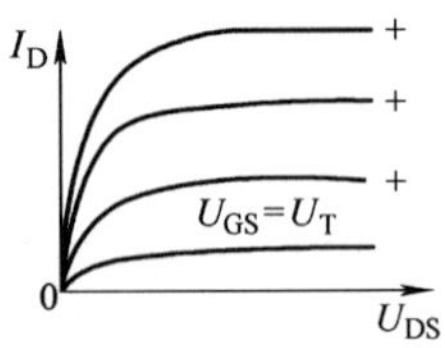
		P沟道增强型	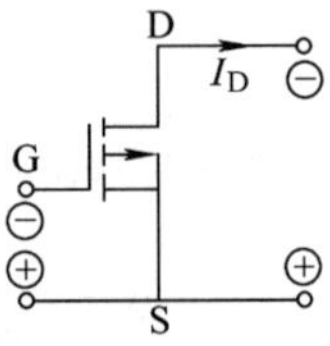	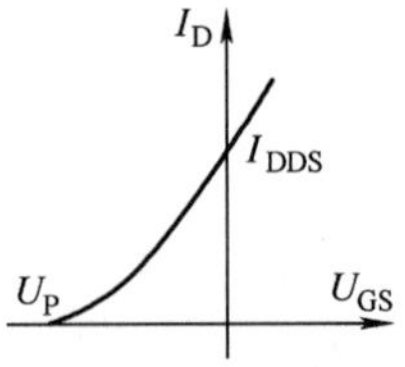	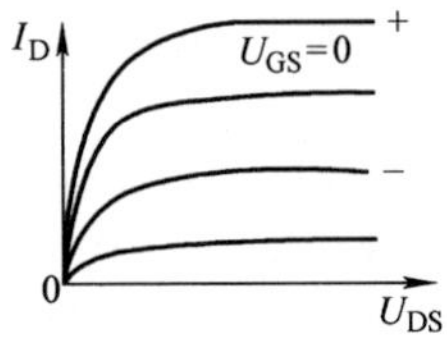
3	绝缘栅型场效应晶体管	N沟道耗尽型	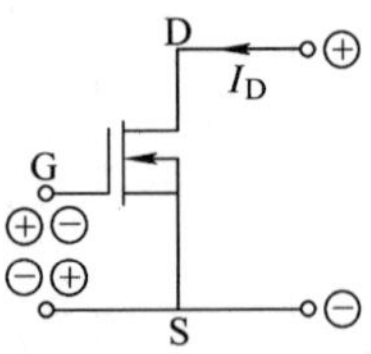	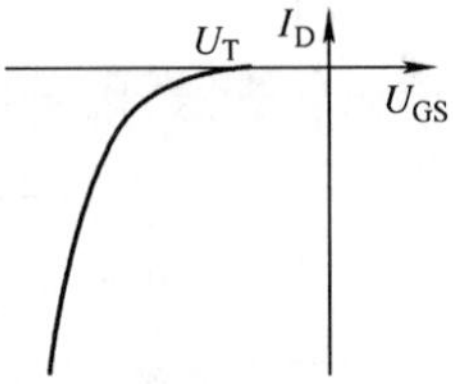	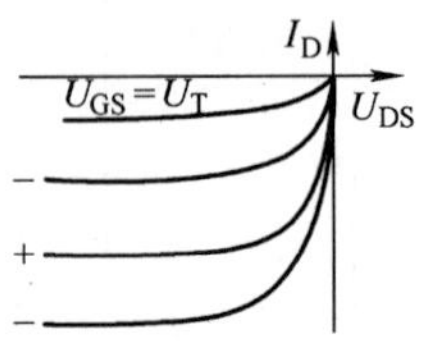
		P沟道耗尽型	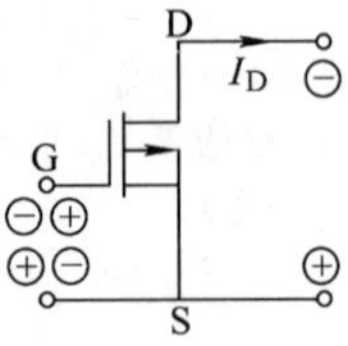	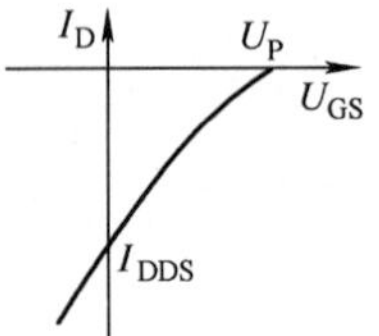	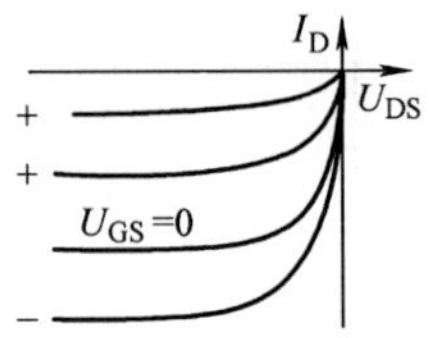

4. 场效应晶体管放大电路对比

场效应晶体管放大电路对比，见表7-4。

表7-4　场效应晶体管放大电路对比

序号	名称	共源极放大电路	共漏极放大电路	共栅极放大电路
1	电路接法	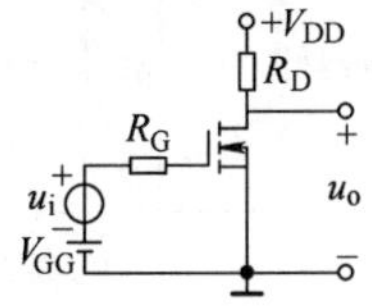	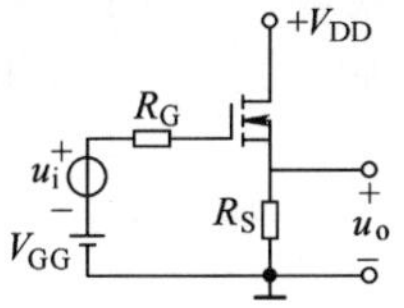	
2	电压增益	$-g_m(r_{ds}//R_d//R_L)$	$\frac{g_m\ (r_{ds}//R//R_L)}{1+g_m\ (r_{ds}//R//R_L)}$	$\frac{\left(g_m+\frac{1}{r_{ds}}\right)\ (R_d//R_L)}{1+\frac{R_d//R_L}{r_{ds}}}$
3	输入电阻	$R_{g3}+(R_{g1}//R_{g2})$	$R_{g3}+(R_{g1}//R_{g2})$	$R//\frac{1}{g_m}$
4	输出电阻	$r_{ds}//R_d$	$r_{ds}//R//\frac{1}{g_m}$	$r_{ds}//R_d$
5	相位关系	输出电压与输入电压反相	输出电压与输入电压同相	输出电压与输入电压同相

场效应晶体管工作于恒流区的条件如下：

1）N沟道增强型MOSFET $U_{DS}>0$，$U_{GS}>U_{GS(th)}>0$（U_{GS}与U_{DS}极性相同）；P沟道反之。

2）N沟道耗尽型MOSFET $U_{DS}>0$，U_{GS}可正、可负，也可为0（U_{GS}取值任意）；P沟道反之。

3）N沟道结型场效应晶体管 $U_{DS}>0$，$U_{GS}<0$，U_{GS}与U_{DS}极性相反；P沟道反之。

电压U_{GS}、U_{DS}的极性和U_{DS}的大小关系，见表7-5。

表7-5　电压U_{GS}、U_{DS}的极性和U_{DS}的大小关系

场效应晶体管类型			U_{GS}极性	U_{DS}极性	U_{DS}大小（表达式）
耗尽型	结型	N沟道	−	+	$U_{DS}\geqslant U_{GS}-U_P$
		P沟道	+	−	$\vert U_{DS}\vert \geqslant \vert U_{GS}-U_P\vert$
	MOS管	N沟道	+，−，0均可	+	$U_{DS}\geqslant U_{GS}-U_P$
		P沟道	−，+，0均可	−	$\vert U_{DS}\vert \geqslant \vert U_{GS}-U_P\vert$
增强型	MOS管	N沟道	+	+	$U_{DS}\geqslant U_{GS}-U_T$
		P沟道	−	−	$\vert U_{DS}\vert \geqslant \vert U_{GS}-U_T\vert$

场效应晶体管与晶体管的性能比较，见表7-6。

表 7-6 场效应晶体管与晶体管的性能比较

序号	名称	晶体管	场效应晶体管	备注
1	引脚	发射极 E、基极 B、集电极 C	源极 S、栅极 G、漏极 D	作用相似
2	控制方式	电流控制电流器件	电压控制电流器件	1）u_{GS}控制 i_D，其放大系数 g_m 一般较小，放大能力较差 2）由 i_B控制 i_C
3	输入电阻	低	高	高输入电阻放大电路，选用场效应晶体管放大电路
4	导电方式	多子和少子两种载流子参与导电	多子参与导电	场效应晶体管比晶体管的温度稳定性好、抗辐射能力强
5	引脚互换	集电极与发射极不能互换	源极和漏极可以互换使用	集电极与发射极互换使用时，其特性差异很大，β 值将减小很多
6	噪声系数	大	很小	低噪声放大电路的输入级及要求信噪比较高的电路中，要选用场效应晶体管
7	应用场合	放大电路和开关电路	放大电路和开关电路	场效应晶体管广泛用于大规模和超大规模集成电路中

5. 晶闸管

晶闸管旧称可控硅（SCR），是一种具有开关作用的大功率半导体器件。多用于可控整流、逆变、调压等电路，也可作为无触点开关。晶闸管是大功率器件，一般均用在较高电压和较大电流的情况，常常需要安装散热片，故其外形都制造得便于安装和散热。晶闸管外形与符号，如图 7-2 所示。晶闸管具有体积小、重量轻、效率高、动作迅速、维修简单、操作方便、寿命长、容量大的特点。晶闸管的导通时间是可控的，主要用于整流、逆变、调压及开关等方面。

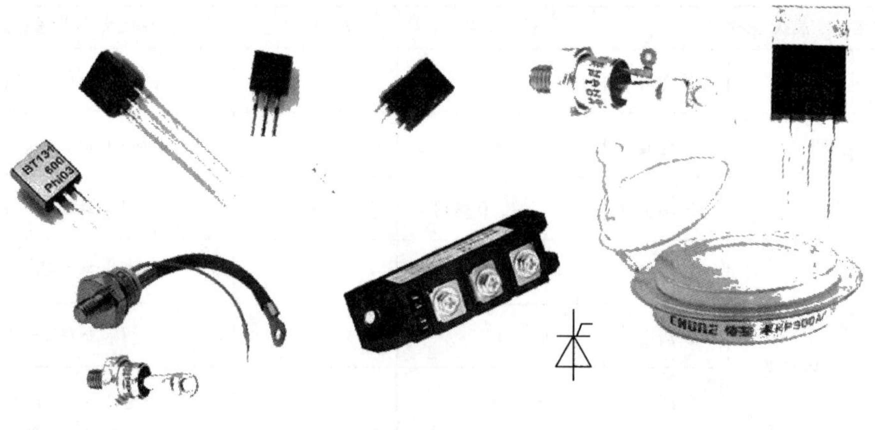

图 7-2 晶闸管外形与符号

晶闸管的工作原理，见表7-7。

表7-7　晶闸管的工作原理

示意图	说明
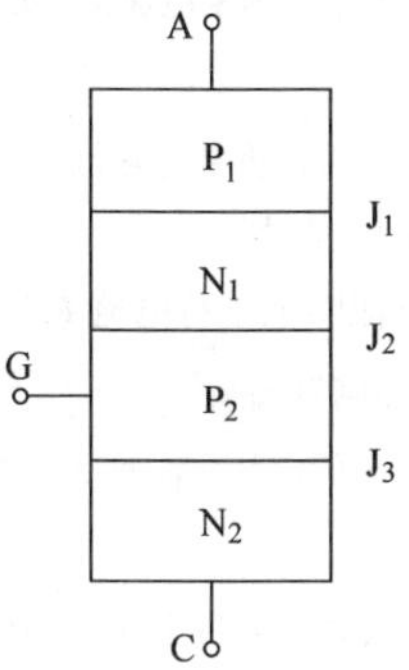 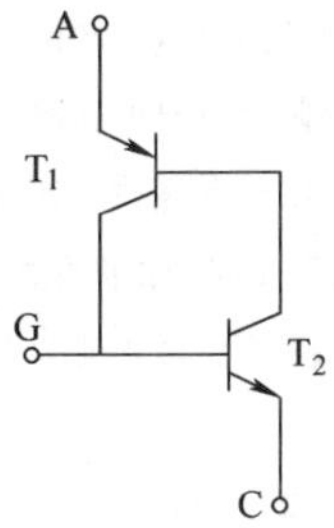 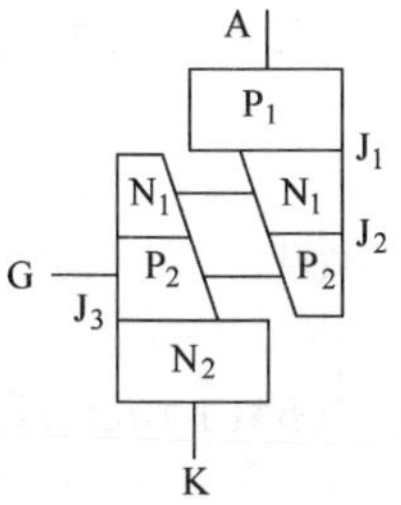 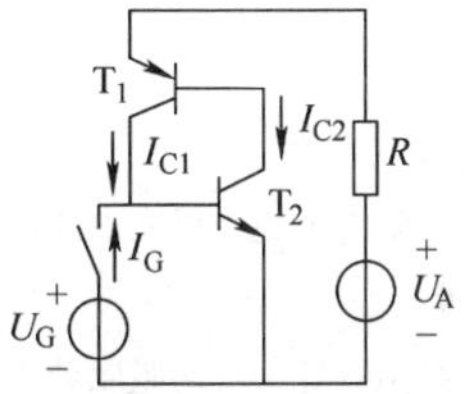	1）晶闸管的内部结构由四层半导体材料组成，四层材料由P型半导体和N型半导体交替组成，分别P_1、N_1、P_2和N_2，它们的接触面形成三个PN结，分别为J_1、J_2和J_3，故晶闸管也称为四层器件或PNPN器件。P_1区的引出线为阳极A，N_2区的引出线为阴极C，P_2区得引出线为门极G 2）可以将晶闸管理解为PNP型与NPN型晶体管相结合，即N_1和P_2两个区域分解成两个部分，使得$P_1-N_1-P_2$构成一只PNP型管，$N_1-P_2-N_2$构成一只NPN型管 3）晶闸管只有导通和关断两种工作状态，具有开关特性 4）晶闸管（单向导电性），导通条件为阳极正偏和门极加正向触发电流 5）晶闸管的阳极A和阴极C之间加正向电压而门极G不加电压时，J_2处于反向偏置，管子不导通，称为阻断状态 6）在极短时间内使两个晶体管均饱和导通，此过程称为触发导通 7）门极无电流输入时，无论阳极电压极性如何，晶闸管中的三个PN结始终有一个处于反向偏置状态，晶闸管不会导通 8）阳极加上正向电压，只要门极有电流输入，则PN结J_2失去阻挡作用。晶闸管内部形成强烈的正反馈，瞬时使两晶体管饱和导通，即晶闸管导通 9）晶闸管导通后，去掉门极G的电源，依靠正反馈，仍可维持导通状态 10）晶闸管导通的条件： ① 晶闸管阳极和阴极之间施加正向阳极电压，$U_{AK}>0$ ② 晶闸管门极和阴极之间必须施加适当的正向脉冲电压和电流，$U_{GK}>0$。保持流过晶闸管的阳极电流在其维持电流以上 11）晶闸管关断的条件： ① 晶闸管阳极电流减小，直到正反馈效应不能维持 ② 将阳极电源断开或者在晶闸管的阳极和阴极间加反向电压

晶闸管的导通和截止由阳极电压U、电流I及门极电流I_G决定，三者之间的关系用伏安特性曲线来表示。晶闸管的伏安特性，见表7-8。

6. 常用晶闸管的简介

常用晶闸管的简介，见表7-9。

表 7-8　晶闸管的伏安特性

示意图	说明
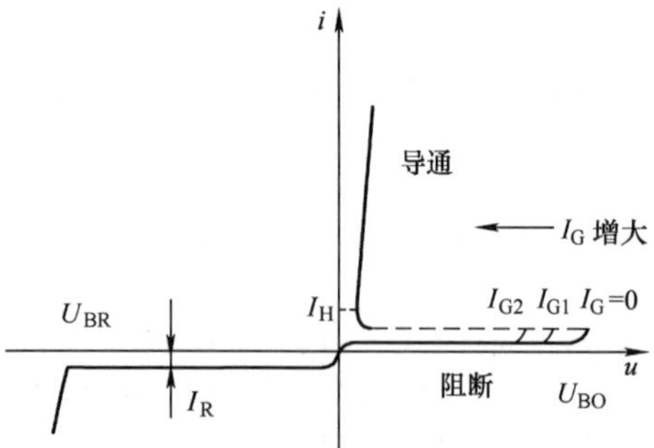 $i=f(u)\mid_{I_G}$	1）晶闸管加正向电压，其门极未加正向电压时，晶闸管不会导通，称为晶闸管的正向阻断 2）晶闸管加正向电压，在门极上加正向触发电压，晶闸管导通，称为晶闸管的导通 3）晶闸管加反向电压时，不论门极是否加电压，晶闸管处于截止状态，称为晶闸管的反向阻断 4）正向特性： ① $I_G=0$ 时，晶闸管两端施加正向电压，只有很小的正向漏电流，为正向阻断状态 ② 正向电压超过正向转折电压 U_{BO}，则漏电流急剧增大，晶闸管开通 ③ 随着门极电流幅值的增大，正向转折电压降低 ④ 晶闸管本身的压降很小，在 1V 左右 ⑤ 晶闸管导通后，如果阳极电流降至维持电流 I_H 以下，则晶闸管又回到正向阻断状态，晶闸管关断 ⑥ 晶闸管由截止变为导通所对应的电压 U_{BO} 称为正向转折电压 ⑦ 正常工作时，应在门极和阴极间加触发电压，因而 I_G 大于零；而且 I_G 越大，转折电压越小 ⑧ 阳极电压高于转折电压时，晶闸管导通，这种导通方法不采用 5）反向特性： ① 晶闸管上施加反向电压时，伏安特性类似二极管的反向特性 ② 晶闸管处于反向阻断状态时，只有极小的反向漏电流流过 ③ 当反向电压超过一定限度，达到反向击穿电压后，外电路如无限制措施，则反向漏电流急剧增加，导致晶闸管发热损坏 ④ 反向电压增大到一定数值时，反向电流骤然增大，管子击穿 ⑤ 当晶闸管的阳极、阴极加反向电压，特性与二极管相似，有很小的反向漏电流 ⑥ 加大反向电压，晶闸管在反向转折电压 U_{BR} 处于反向导通 6）晶闸管截止的条件： ① 晶闸管的 A、K 两极间加反向电压 ② 若晶闸管关断，必须降低 U_{AK} 或加大回路电阻，把阳极电流减小到维持电流以下

表 7-9　常用晶闸管的简介

序号	外形图	符号	名称	描述	使用场合或特点
1	 	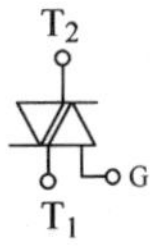	双向晶闸管	双向晶闸管相当于两个单向晶闸管的反向并联，但只有一个门极	
2			快速晶闸管	在 400Hz 以上频率工作的晶闸管	1）快速晶闸管由于允许长期通过的电流有限，所以不宜在低频下工作 2）用于较高频率的整流、斩波、逆变和变频电路
3		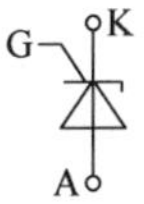	逆导晶闸管	将晶闸管反并联一个二极管制作在同一管芯上的功率集成器件	不具有承受反向电压的能力，一旦承受反向电压即开通
4			光控晶闸管	利用一定波长的光照信号触发导通的晶闸管	目前用在高压大功率的场合

注：① 晶闸管额定通态电流（I_{TAV}）通用系列规格有 1A、5A、10A、20A、30A、50A、100A、200A、300A、400A、500A、600A、800A、1000A 等。

② 额定电压（U_{DRM}）通用系列为 1000V 以下的每 100V 为一级，1000～3000V 的每 200V 为一级。

③ 绝缘栅双极型晶体管兼具功率 MOSFET 高速开关特性和 GTR 的低导通压降特性的一种复合器件，IGBT 取代了 GTR 和一部分 MOSFET 的市场。

④ MOS 控制晶闸管是晶闸管（SCR）和场效应晶体管（MOSFET）复合而成的新型器件，其主导器件是晶闸管，控制器件是 MOSFET。

☆☆☆ 7.2　场效应晶体管、晶闸管的检测 ☆☆☆

1. 场效应晶体管的主要参数

（1）开启电压 U_T

增强型 MOSFET 的参数，栅源电压小于开启电压的绝对值，场效应晶体管不能导通。

（2）夹断电压 U_P

是耗尽型场效应晶体管的参数，当 $U_{GS}=U_P$时，漏极电流为零。

（3）饱和漏极电流 I_{DSS}

耗尽型场效应晶体管当 $U_{GS}=0$ 时所对应的漏极电流。

（4）直流输入电阻 R_{GS}

栅源间所加的恒定电压 U_{GS}与流过栅极电流 I_{GS}之比。

> **注：** 结型场效应晶体管直流输入电阻 R_{GS}大于 $10^7\Omega$，绝缘栅型场效应晶体管直流输入电阻 R_{GS}为 $10^9\sim10^{15}\Omega$。

（5）漏源击穿电压 $U_{(BR)DS}$

在场效应晶体管输出特性曲线上，当漏极电流 I_D急剧上升产生雪崩击穿时的 U_{DS}。工作时外加在漏源之间的电压不得超过此值。

（6）栅源击穿电压 $U_{(BR)GS}$

结型场效应晶体管是指反向饱和电流剧增时的栅源电压。增强型 MOSFET 是指使 SiO_2 绝缘层击穿的电压。结型场效应晶体管正常工作时，栅源之间的 PN 结处于反向偏置状态，若 U_{GS}高于栅源间击穿电压 $U_{(BR)GS}$，PN 结将被击穿。

对于 MOSFET，由于栅极与沟道之间有一层很薄的 SiO_2 绝缘层，当 U_{GS}过高时，可能将 SiO_2绝缘层击穿，使栅极与衬底发生短路。

（7）低频跨导 g_m

反映了栅源电压对漏极电流的控制作用。

$$g_m=\left.\frac{di_D}{du_{GS}}\right|_{u_{DS}=\text{常量}}$$

（8）输出电阻 r_{DS}

输出电阻 r_{DS}说明了 u_{DS}对 i_D的影响，是输出特性某一点上切线的斜率倒数。

$$r_{DS}=\left.\frac{du_{DS}}{di_D}\right|_{u_{GS}=\text{常量}}$$

（9）漏极最大允许耗散功率 P_{DM}

由场效应晶体管允许的温升决定。漏极耗散功率转化为热能使管子的温度升高。

$$P_{DM}=I_DU_{DS}$$

（10）极间电容

场效应晶体管三个电极之间的电容，包括 C_{GS}（栅极与源极间电容）、C_{GD}（栅极与漏极间电容）和 C_{SD}（源极与漏极间电容）。这些极间电容越小，则管子的高频性能越好。

2. 晶闸管的主要参数

（1）晶闸管的伏安特性

晶闸管阳极与阴极之间的电压 U_A 与阳极电流 I_A 的关系曲线称为晶闸管的伏安特性。

（2）正向阻断峰值电压（U_{DRM}）

在门极断路而结温为额定值时，允许重复加在器件上的正向峰值电压，一般为正向转折电压的 80%。

(3) 反向重复峰值电压（U_{RRM}）

在门极断路而结温为额定值时，允许重复加在器件上的反向峰值电压，一般为反向击穿电压的80%。

(4) 通态（峰值）电压（U_{TM}）

晶闸管通以某一规定倍数的额定通态平均电流时的瞬态峰值电压（一般为2V）。

注： 晶闸管铭牌标注的额定电压通常取 U_{DRM} 与 U_{RRM} 中的最小值，选用时，额定电压要有一定余量，一般取额定电压为正常工作时晶闸管所承受峰值电压2~3倍。

(5) 通态平均电流（额定电流）$I_{T(AV)}$

在环境温度为40℃和规定的冷却条件下，晶闸管在阻性负载导通角不小于170°的单相工频正弦半波电路中，当结温稳定且不超过额定结温时所允许的最大通态平均电流。

注： 在选用晶闸管额定电流时，根据实际最大的电流计算后至少还要乘以1.5~2的安全系数，使其有一定的电流余量。

(6) 门极触发电流 I_{GT} 和门极触发电压 U_{GT}

在室温下，晶闸管加6V正向阳极电压时，使晶闸管完全导通所必需的最小门极电流，称为门极触发电流 I_{GT}。对应于晶闸管门极触发电流的门极电压称为门极触发电压 U_{GT}。

(7) 通态平均电压 $U_{T(AV)}$

在规定环境温度、标准散热条件下，器件通以正弦半波额定电流时，阳极与阴极间电压降的平均值，称为通态平均电压（又称管压降）。

(8) 维持电流 I_H 和掣住电流 I_L

维持电流 I_H 是指在室温下门极断开时，器件从较大的通态电流降至刚好能保持导通的最小阳极电流。

掣住电流 I_L 是指晶闸管门极加上触发电压，当器件刚从阻断状态转为导通状态就撤除触发电压，此时器件维持导通所需要的最小阳极电流。

3. 场效应晶体管、晶闸管的检测

(1) 场效应晶体管的检测

场效应晶体管5N60的跨导检测，如图7-3所示。

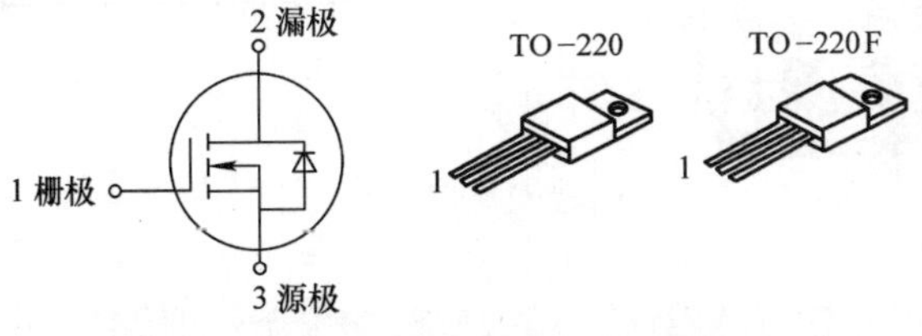

图7-3　场效应晶体管5N60的跨导检测

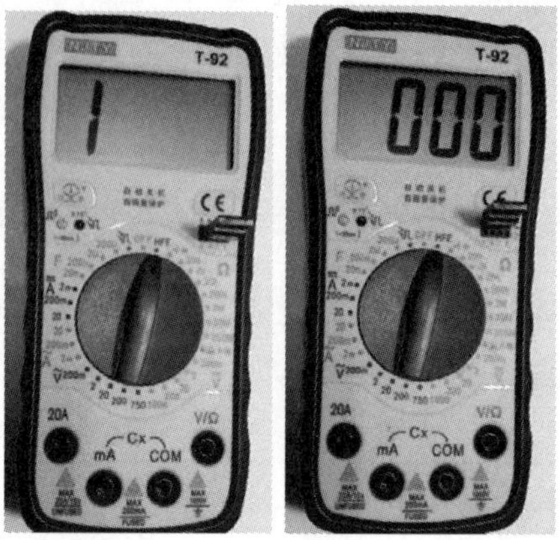

a) 跨导检测错误

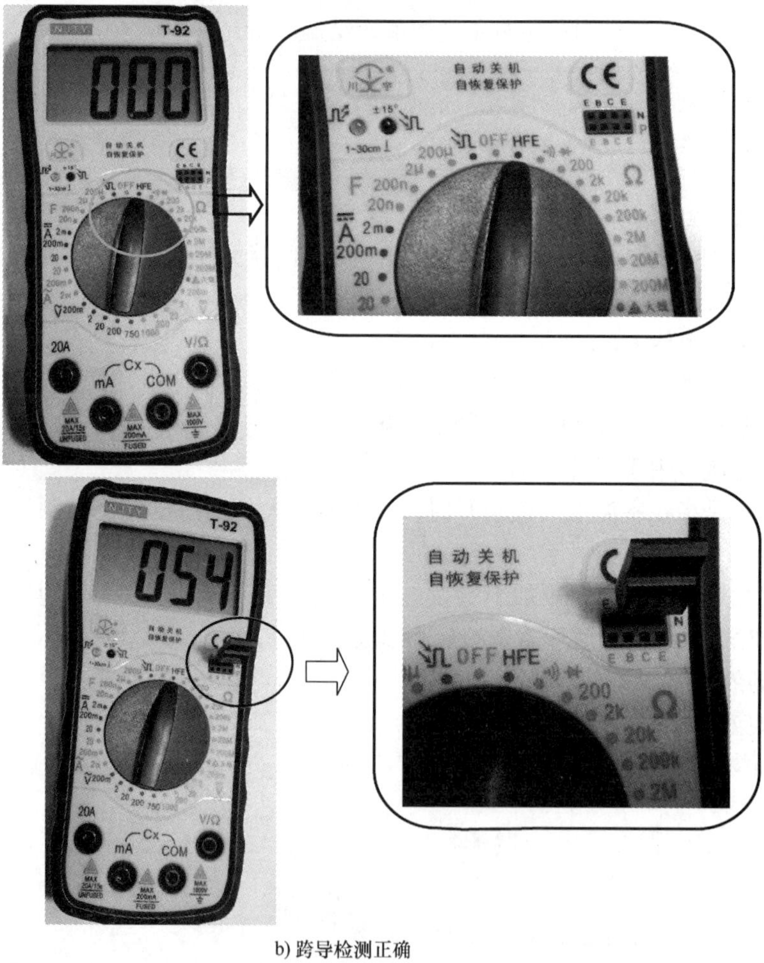

b) 跨导检测正确

图 7-3　场效应晶体管 5N60 的跨导检测（续）

场效应晶体管 P13NK60 的跨导检测，如图 7-4 所示。

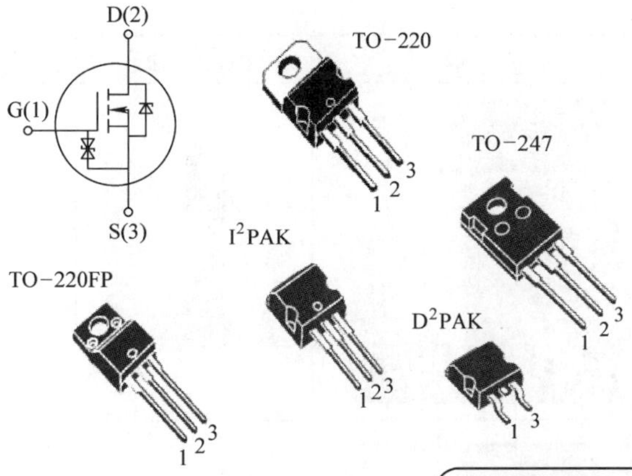

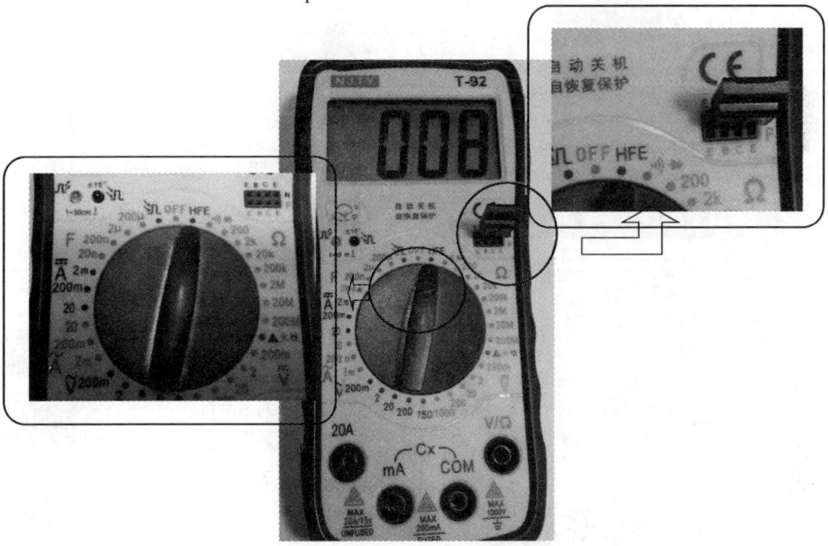

图 7-4　场效应晶体管 P13NK60 的跨导检测

场效应晶体管 5N60 的检测，见表 7-10。

表 7-10　场效应晶体管 5N60 的检测

序号	项目	压降的大小	测试示意图	引脚示意图
1	G、D 引脚正向压降	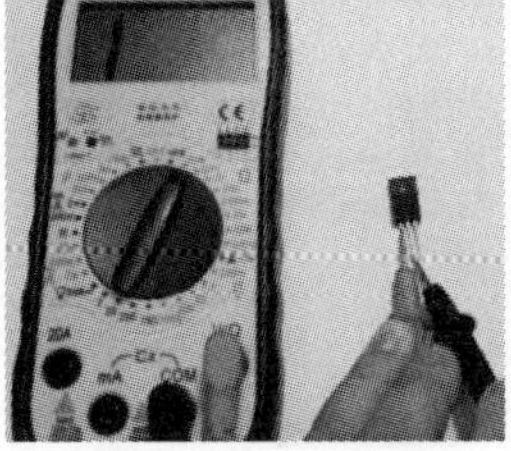	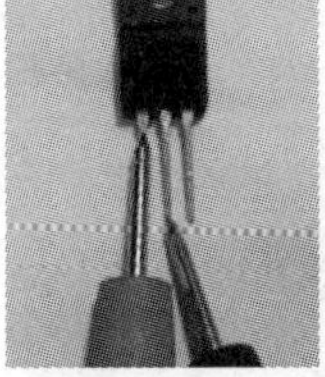	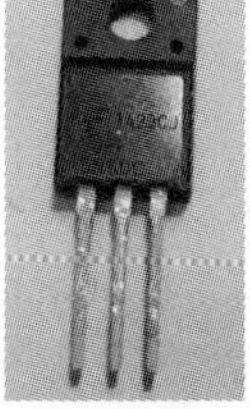

（续）

序号	项目	压降的大小	测试示意图	引脚示意图
2	G、D 引脚反向压降	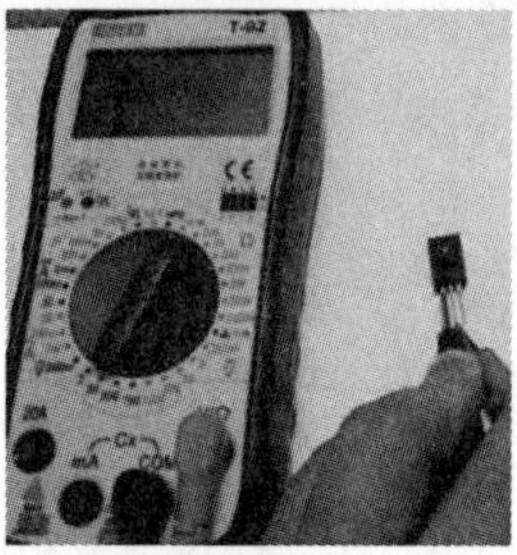		
3	G、S 引脚正向压降	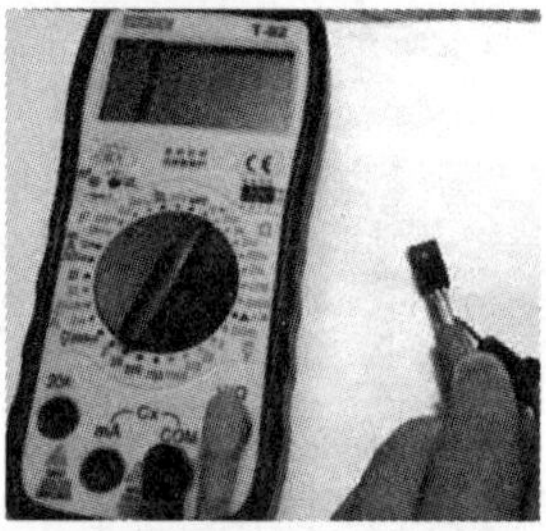	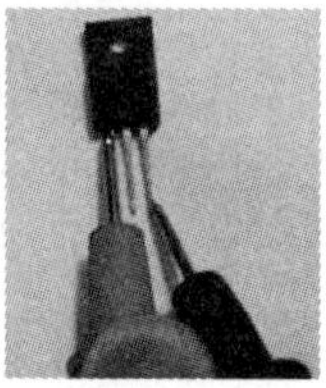	
4	G、S 引脚反向压降	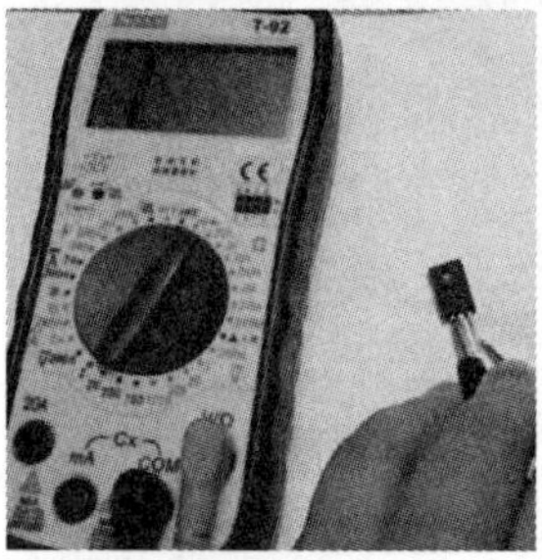	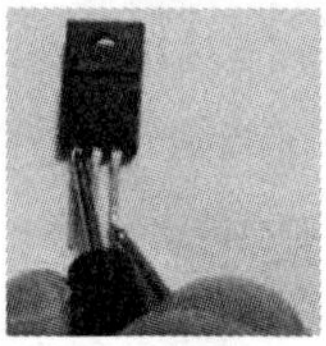	
5	S、D 引脚正向压降	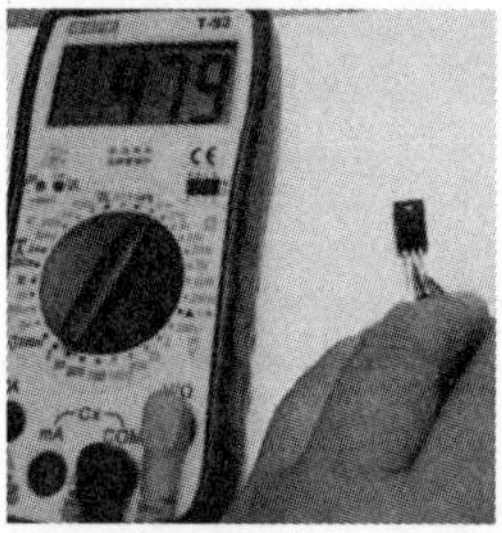	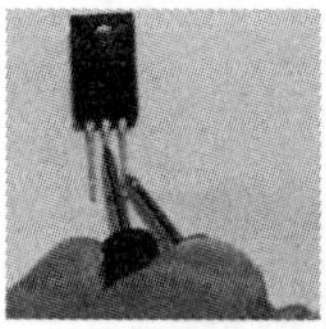	
6	D、S 引脚反向压降	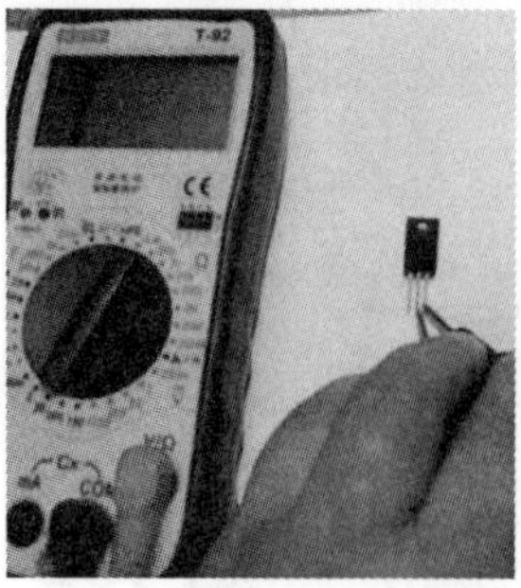	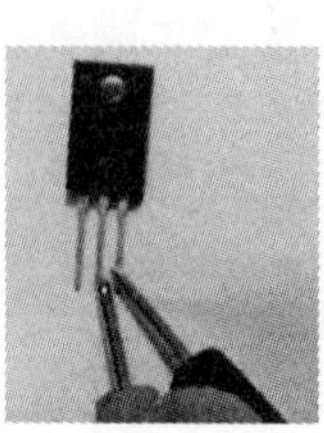	

场效应晶体管 P13NK60 的检测，见表 7-11。

表 7-11　场效应晶体管 P13NK60 的检测

序号	项目	压降的大小	测试示意图	引脚示意图
1	G、D 引脚正向压降	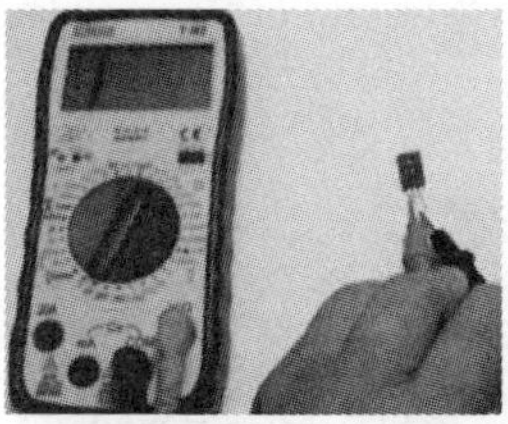		
2	G、D 引脚反向压降	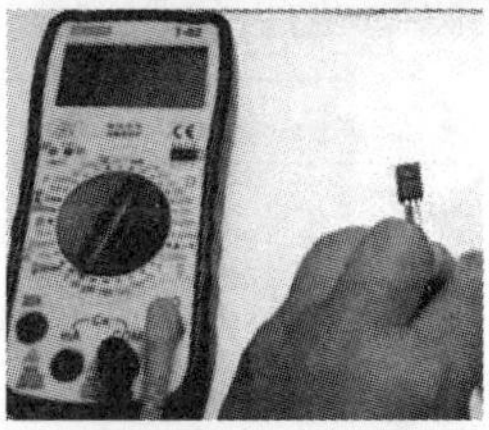		
3	G、S 引脚正向压降	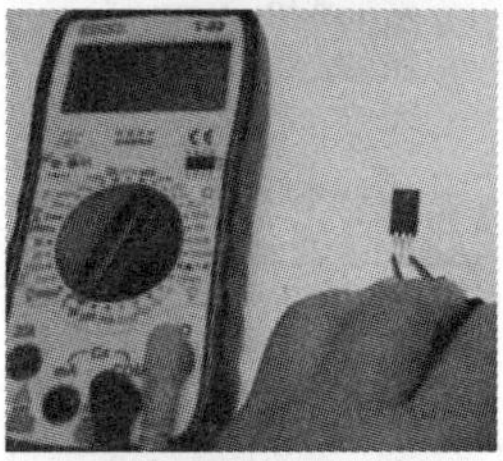	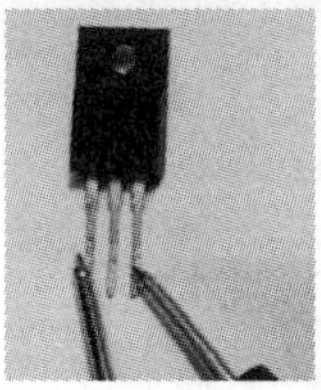	
4	G、S 引脚反向压降	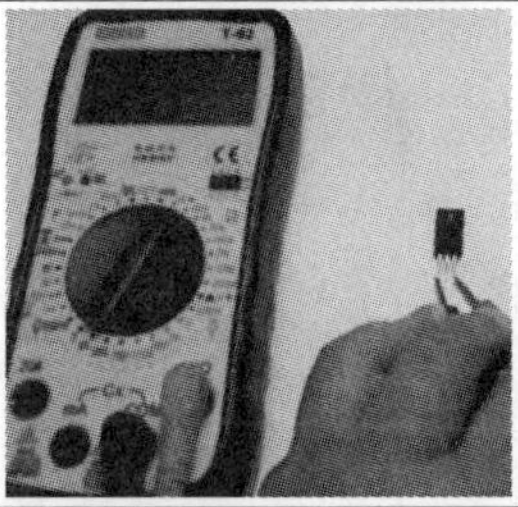	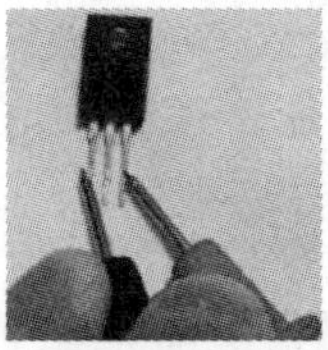	
5	S、D 引脚正向压降	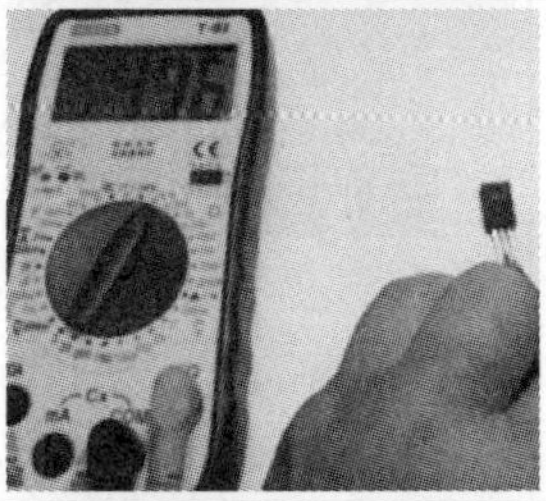	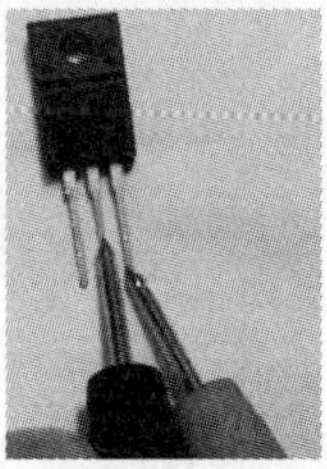	
6	D、S 引脚反向压降	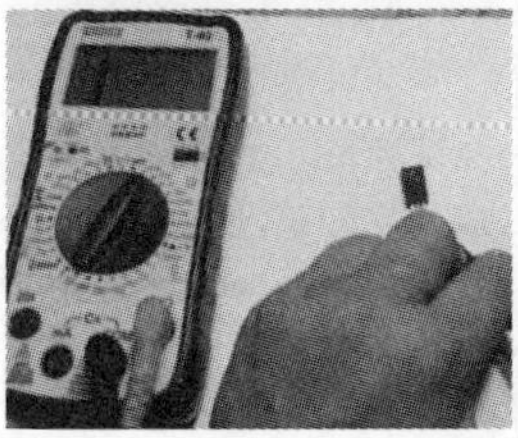	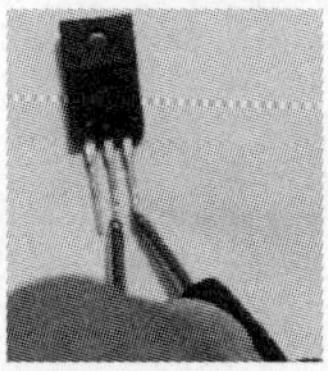	

（2）晶闸管的检测

晶闸管的在线检测，见表7-12。

表7-12　晶闸管的在线检测（BT169D）

<table>
<tr><td>实物图</td><td colspan="4">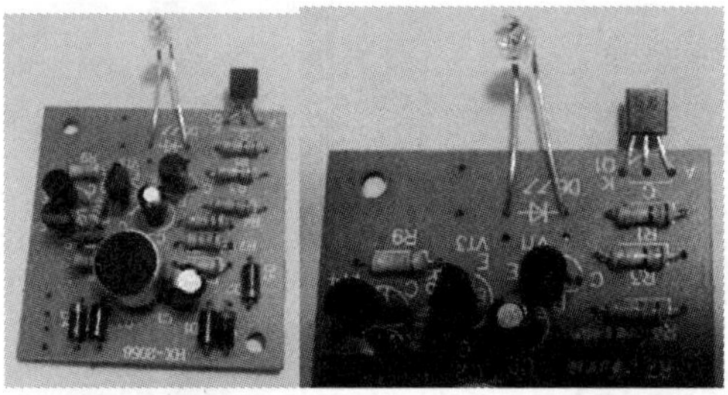</td></tr>
<tr><td>序号</td><td>项目</td><td>压降的大小</td><td>测试示意图</td><td>引脚示意图</td></tr>
<tr><td>1</td><td>A、K引脚正向压降</td><td>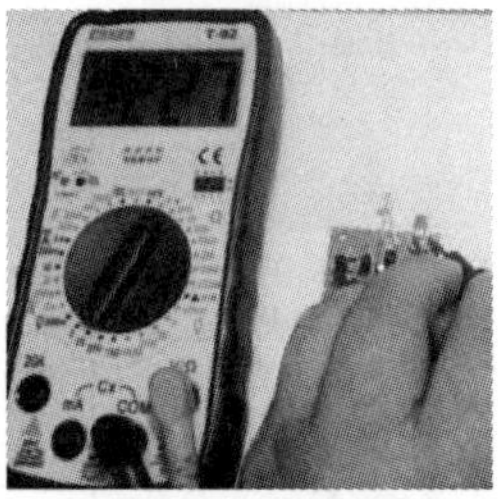</td><td></td><td rowspan="4"></td></tr>
<tr><td>2</td><td>A、K引脚反向压降</td><td>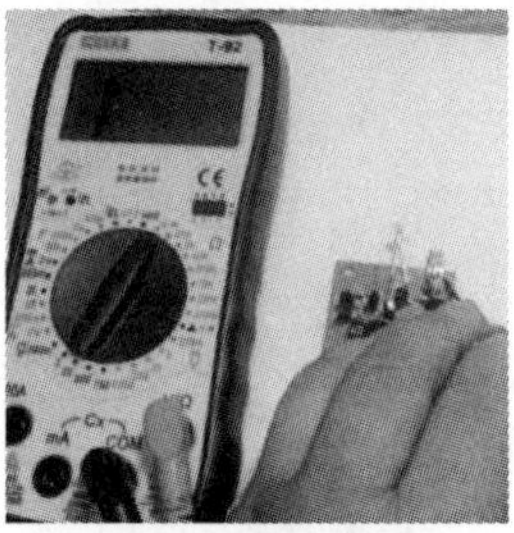</td><td></td></tr>
<tr><td>3</td><td>G、A引脚正向压降</td><td>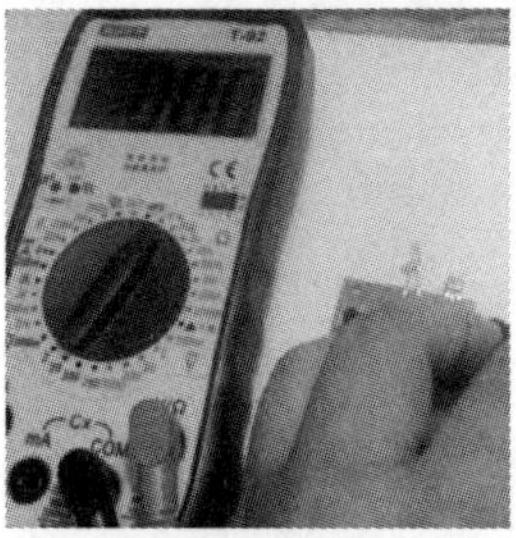</td><td></td></tr>
<tr><td>4</td><td>G、A引脚反向压降</td><td>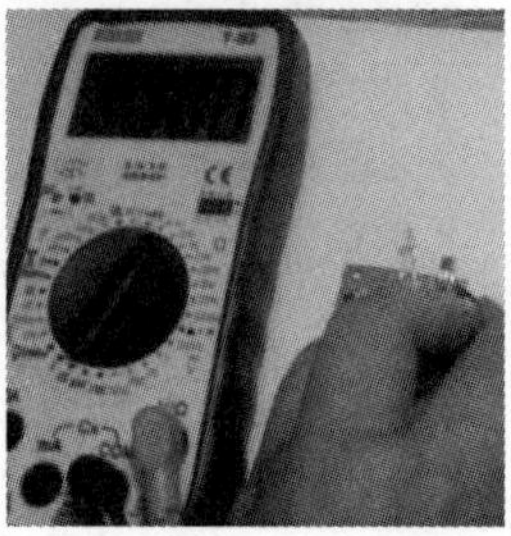</td><td></td></tr>
</table>

（续）

序号	项目	压降的大小	测试示意图	引脚示意图
5	G、K 引脚正向压降	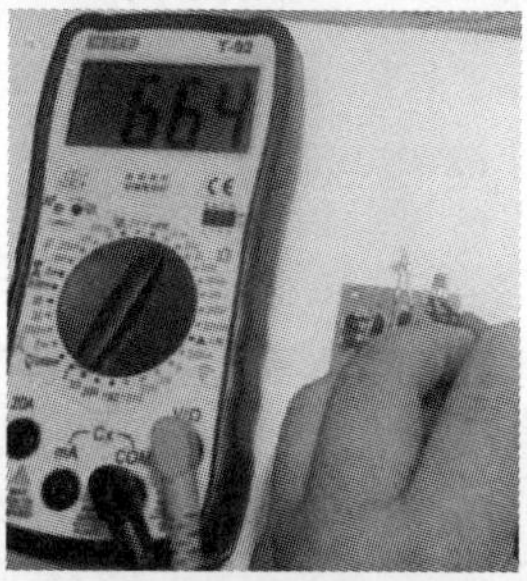		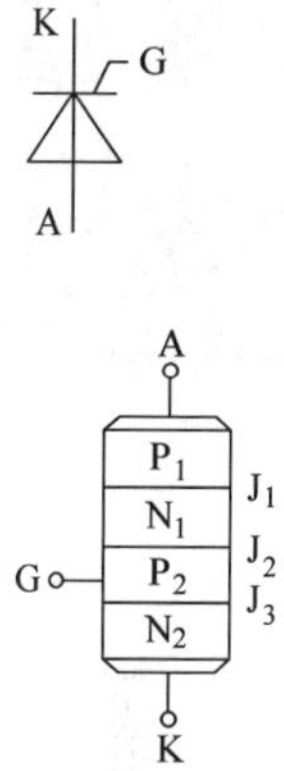
6	G、K 引脚反向压降	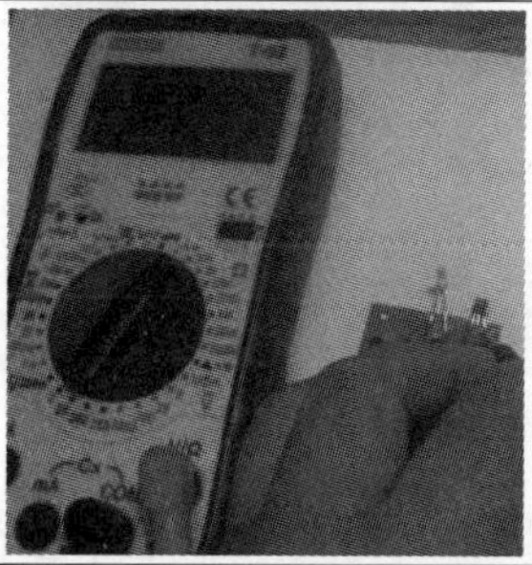		

☆☆☆ 7.3 场效应晶体管、晶闸管的应用 ☆☆☆

BEC8206B 风扇控制器，是以电子式的触控开关和定时器，取代传统机械式开关和定时器，除了保留原有传统风扇的常风及定时功能外，又增加了自然风和睡眠风设计，提供一组摆头功能。BEC8206B 风扇控制器应用电路，如图 7-5 所示。

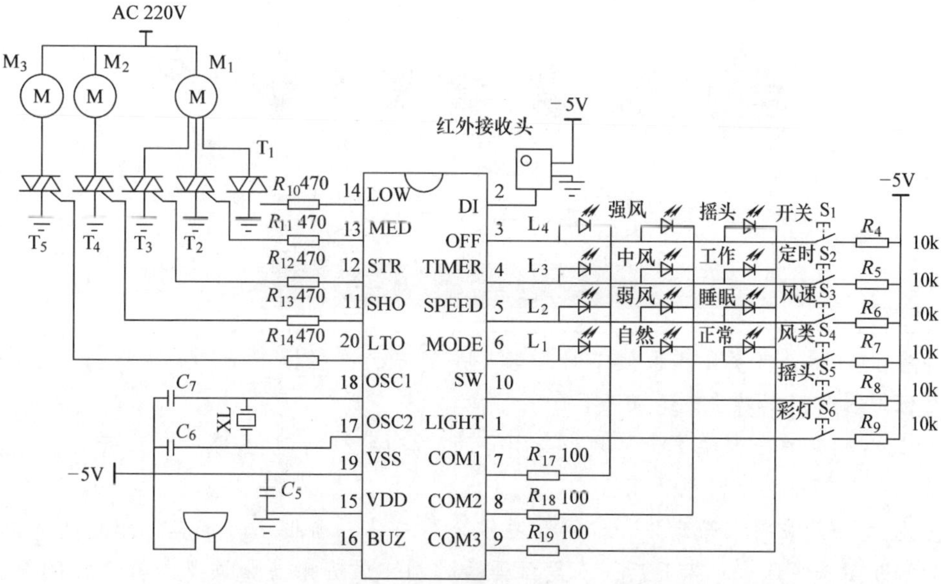

图 7-5　BEC8206B 风扇控制器应用电路

第8章

开关、接插件应用与检测

☆☆☆ 8.1 开关、接插件的识别☆☆☆

1. 开关的基础知识简介

开关是通过一定的动作完成电气连接和断开的元件，一般串接在电路中，实现信号和电能的传输和控制，其作用是接通、断开和转换电路。常见的开关的种类，见表8-1。常见的开关的外形及符号，如图8-1所示。

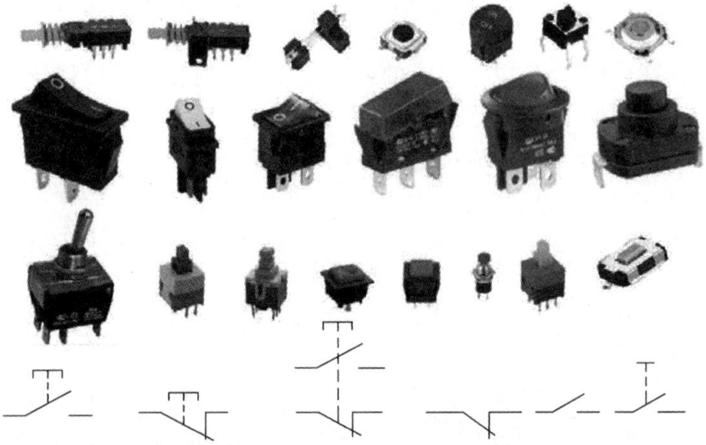

图8-1 常见的开关的外形及符号

> **注：**① 常开开关是指未按下时，触头是断开的；当按下时，触头接通。松开后，在复位弹簧作用下触头又返回原位断开。
>
> ② 常闭开关是未按下时，触头是闭合的；当按下时，触头断开。松开后，在复位弹簧作用下触头又返回原位闭合。
>
> ③ 复合开关将常开开关和常闭开关组合为一体。当按下时，其常闭触头先断开，然后常开触头再闭合；松开后，在复位弹簧作用下常开触头先恢复断开，常闭触头再回复闭合。

表 8-1 常见的开关的种类

序号	开关分类	开关的种类
1	极数、位数	单极单位开关、双极双位开关、单极多位开关、多极单位开关和多极多位开关
2	结构	波动开关、琴键开关、按钮开关、旋转开关、滑动开关、薄膜开关、水银开关等
3	驱动方式	手动、自动
4	应用场合	电源开关、控制开关、转换开关、行程开关等
5	机械动作	旋转式开关、按动式开关、拨动式开关等

常见的开关的简介，见表 8-2。

表 8-2 常见的开关的简介

序号	外形图	名称	描述	应用
1		按钮开关	利用按钮推动传动机构，使动触头与静触头接通或断开并实现电路换接的开关	用于手动发出控制信号以控制接触器、继电器、电磁起动器等
2		钮子开关	手动控制开关	用于交直流电源电路的通断控制
3		船形开关	船形开关也称跷板开关。其结构与钮子开关相同，只是把钮柄换成船形	饮水机、跑步机、电脑音箱、电瓶车、摩托车、离子电视机、咖啡壶、排插、按摩机等
4		波段开关	是一种接插元件，用来转换波段或选择不同电路	在收音机、收录机、电视机和各种仪器仪表中
5		拨动开关	拨动开关是通过拨动开关柄使电路接通或断开，从而达到切换电路的目的	电器、机械、通信、数字影音、楼宇自动化、电子产品等领域
6	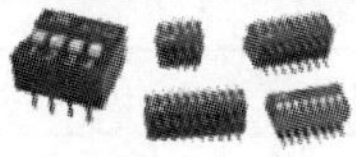	拨码开关	用来操作控制的地址开关，采用的是0/1的二进制编码原理	用于数据处理、通信、遥控和防盗自动警铃系统、风淋室等产品
7		薄膜按键开关	集按键功能、指示元件、仪器面板为一体的一个操作系统	电子通信、电子测量、工业控制、医疗设备、汽车工业、智能玩具、家用电器等领域
8	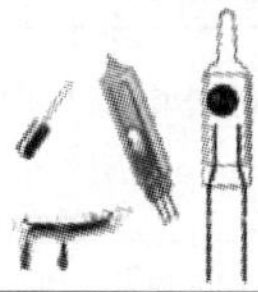	水银开关	电路开关的一种，以接有电极的小容器存储一小滴水银，容器中多数为真空或注入惰性气体	可以使用在有油、蒸汽、灰尘及腐蚀性气体的环境中
9		按键开关	电子开关的一种，属于电子元器件类。使用时向开关操作方向施压，开关闭合接通，当撤销压力时开关即断开	用于打印机、电子仪器、仪表和其他家用电器

2. 接插件的基础知识简介

接插件是在两块电路板或两部分电路之间完成电气连接，实现信号和电能的传输和控制。开关及接插件质量和性能的好坏直接影响到电子系统和设备的工作可靠性。接插件的外形如图 8-2 所示。接插件又称连接器，通常由插头（又称公插头）和插口（又称母插头）组成。

图 8-2　接插件的外形

接插件的分类，见表 8-3。

表 8-3　常见的接插件的分类

序号	接插件的分类	接插件的种类
1	外形结构	圆形接插件、矩形接插件、印制板接插件、带状扁平排线接插件等
2	用途	电源接插件（电源插头、插座）、耳机接插件（耳机插头、插座）、电视天线接插件、电话接插件、电路板连接件、光纤电缆连接件等
3	结构形状	圆形连接件、矩形连接件、条形连接件、印制板连接件、IC 连接件、带状电缆接插件等

常见的接插件的简介，见表 8-4。

表 8-4　常见的接插件的简介

序号	外形图	名称	描述	应用
1		圆形接插件	圆形接插件也称航空插头、插座，它有一个标准的螺旋锁紧机构，接触点的数目从两个到上百个不等	一般用于不需要经常插拔的电路板之间或整机设备之间实现电气连接
2		矩形接插件	矩形排列能充分利用空间，所以被广泛用于机内互连	用于机外电缆与面板之间的连接
3		印制板接插件	为了便于印制电路板的更换和维修，在几块印制电路板之间或在印制电路板与其他部件之间的互连	用于印制电路板的对外连接

（续）

序号	外形图	名称	描述	应用
4		带状扁平排线接插件	由几十根以聚氯乙烯为绝缘层的导线并排黏合在一起，它占用空间小，轻巧柔韧，布线方便，不易混淆	常用于低电压、小电流的场合，适用于微弱信号的连接，多用于计算机中实现主板与其他设备之间的连接
5		集成电路插座	专为双列直插式集成电路设计的，方便检测和更换集成块	集成电路插座是专用的一种接插件
6	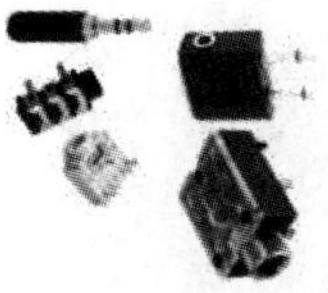	耳机插座	立体声耳机使用三芯插头，其对应的插座也是三芯的	手机、无线电话、MP3 机、笔记本电脑、数码相机

☆☆☆ 8.2 开关、接插件的检测 ☆☆☆

1. 开关的主要参数

1）额定电压是指开关在正常工作时，其两端所允许施加的安全电压。

2）额定电流是指开关在正常工作时，所允许通过的最大安全电流。

3）接触电阻是指开关在接通状态下，每对触头与触头之间的电阻，其值越小越好。

注：接触电阻是指开关在若干次的接触中所允许的接触电阻的最大值。

4）绝缘电阻是指开关的导体与绝缘部分之间的电阻，其值越大越好。

5）寿命是指开关在正常工作条件下，能开关的次数。

2. 接插件的主要参数

1）接触电阻是指接插件接触时呈现的电阻，其大小从几毫欧到数十毫欧不等。

2）绝缘电阻是指接插件与外壳之间绝缘性能，其电阻值的大小为数百兆欧至数千兆欧不等。

3）抗电强度是指接插件之间或接插件与外壳之间耐受额定试验电压的能力。

注：接插件的参数有机械性能及环境性能。机械性能是指插拔力，插拔力分为插入力和拔出力。环境性能包括耐温、耐湿、耐盐雾、耐振动和耐冲击等。

3. 开关、接插件的安装

开关、接插件的安装，如图 8-3 所示。

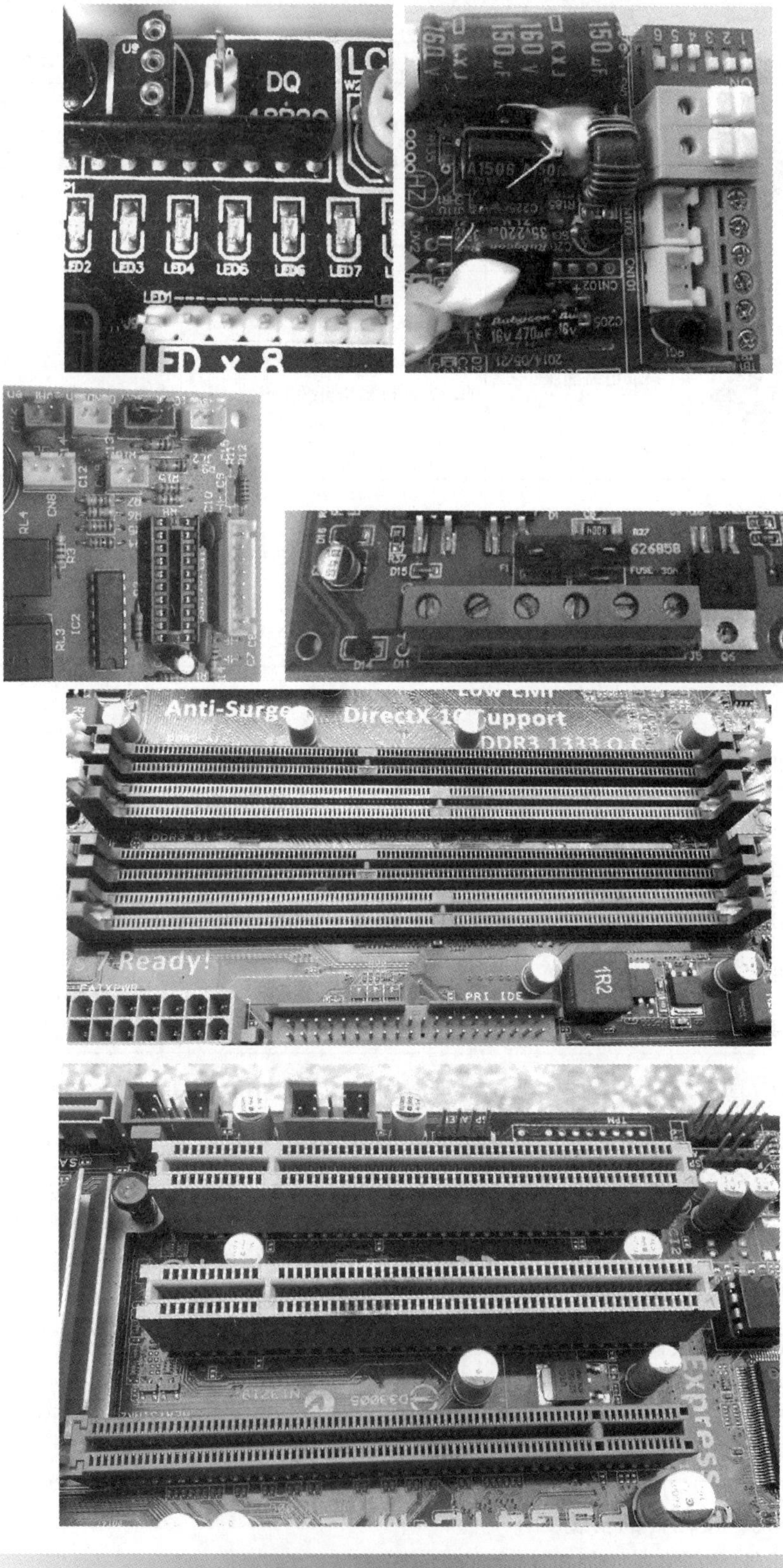

图 8-3　开关、接插件的安装

4. 开关、接插件的检测

开关在线检测如图 8-4 所示。将万用表置于二极管及蜂鸣器档，两支表笔分别接开关的两个引出端，当将开关闭合时，测得的电阻值应为零。当将开关断开时，测得的电阻值应为无穷大。自锁开关的工作原理是在开关按钮第一次按时，开关接通并保持，即自锁，在开关按钮第二次按时，开关断开，同时开关按钮弹出来。

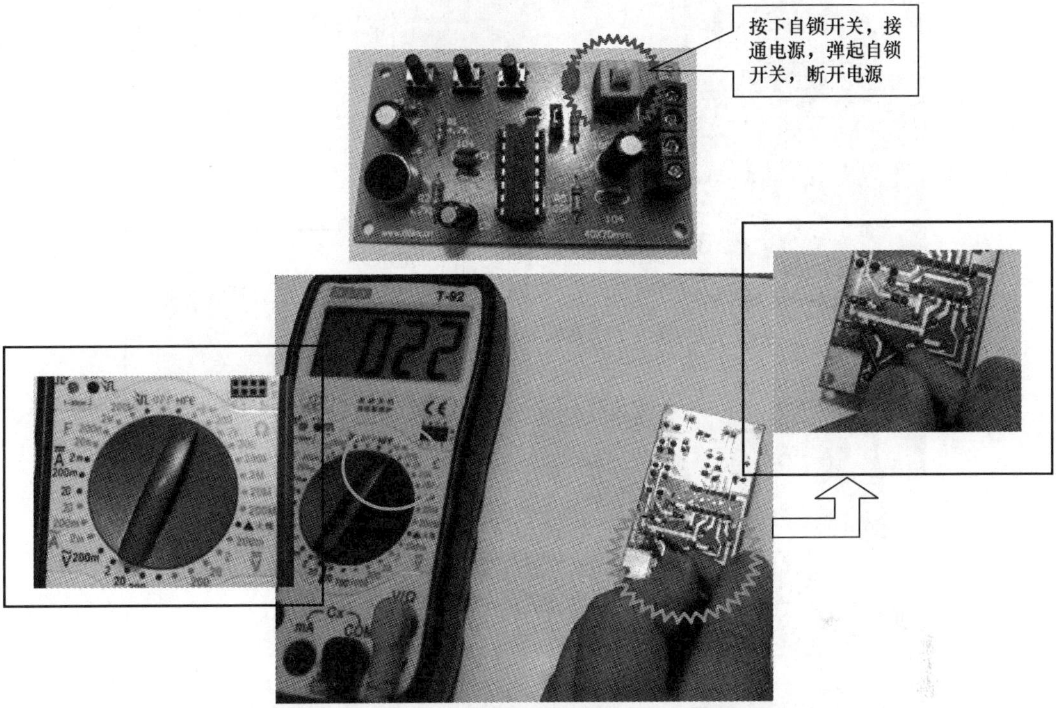

a) 自锁开关闭合测试

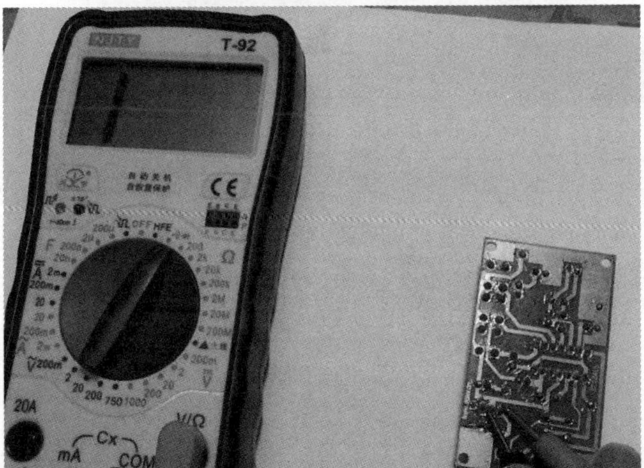

b) 自锁开关断开测试

图 8-4　开关在线检测

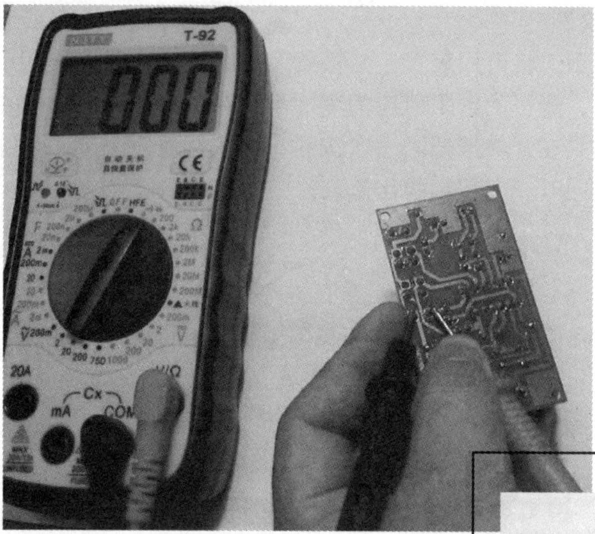

c) 轻触开关闭合测试

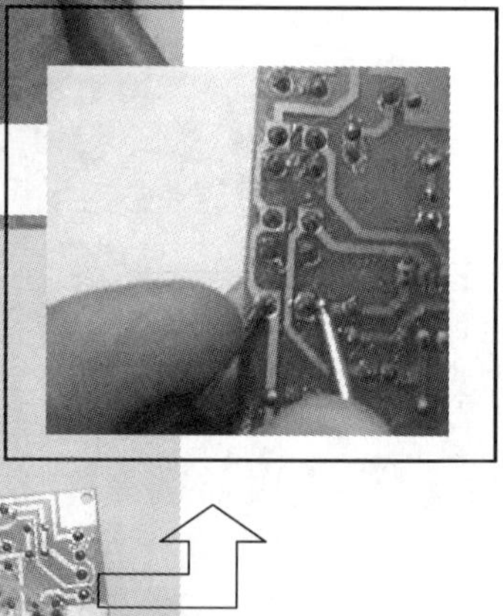

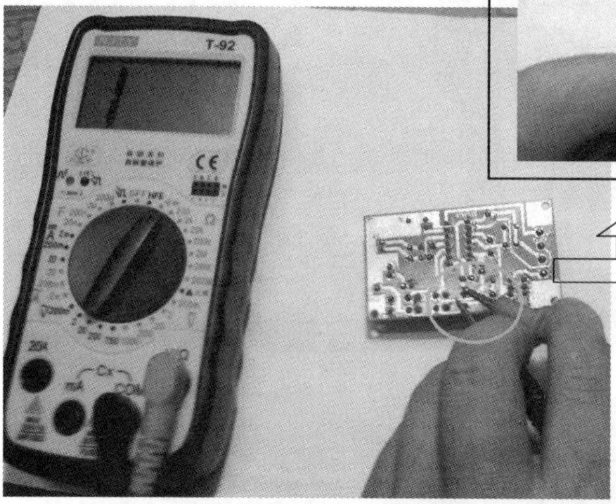

d) 再次轻触开关闭合测试

图 8-4　开关在线检测（续）

接插件检测如图 8-5 所示。接插件的连通点测量标准是，其连通电阻值应小于 0.5Ω，连通电阻值超过此值，则说明接插件接触不良。接插件的断开电阻应为无穷大，若断开电阻

图 8-5　接插件检测

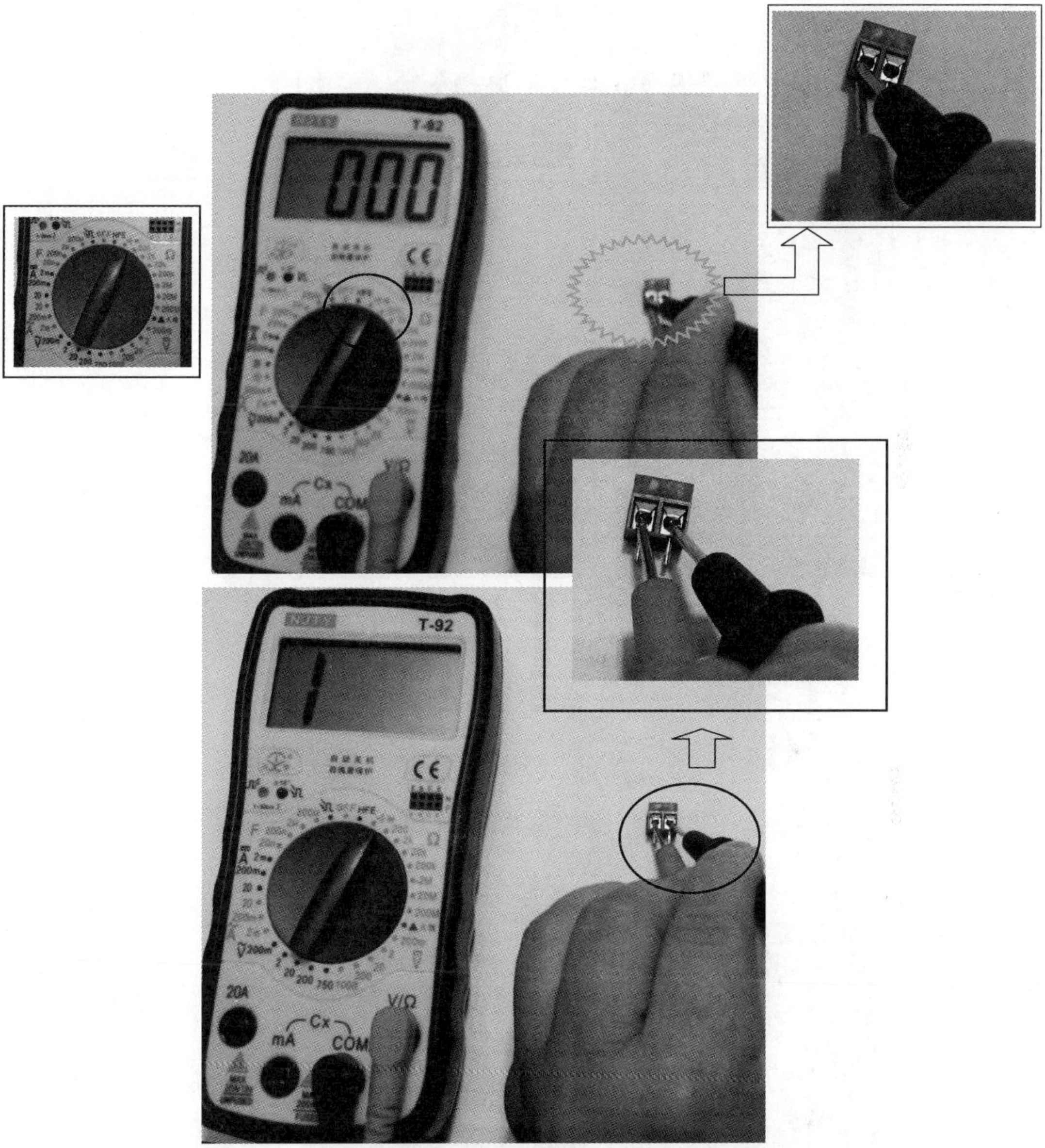

a) 接线端子的测试

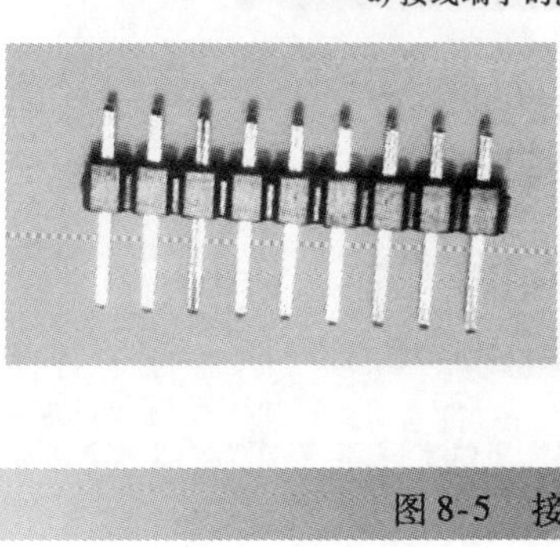

图 8-5　接插件检测（续）

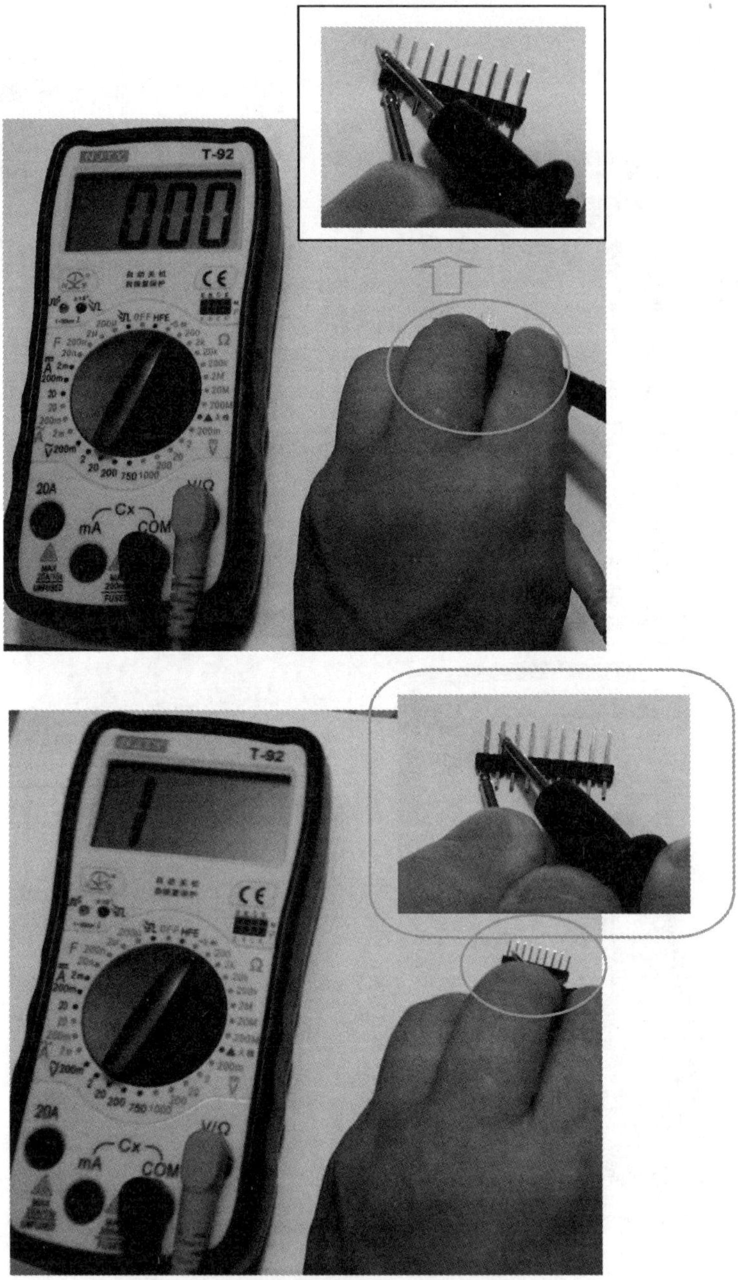

b) 插针的测试

图 8-5　接插件检测（续）

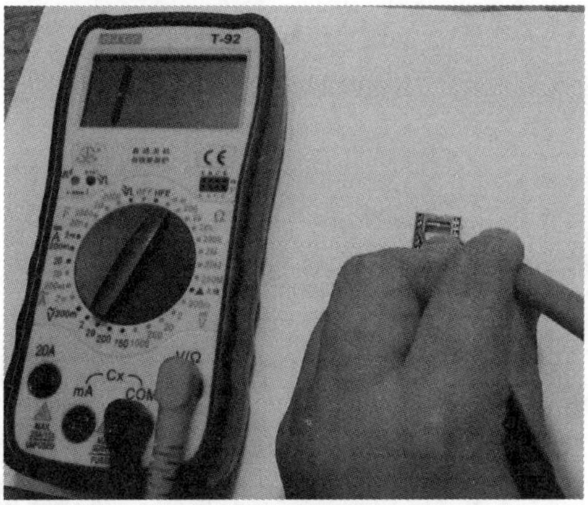

c) DIP插座的测试

图 8-5　接插件检测（续）

注：① 接插件的连通点电阻测量标准是阻值应小于0.5Ω。

② 接插件的断开点测量标准是阻值应为无穷大，若阻值接近零，说明断开点有相碰现象。

接近零，说明断开点有短路现象。

接插件的在线检测，如图 8-6 所示。

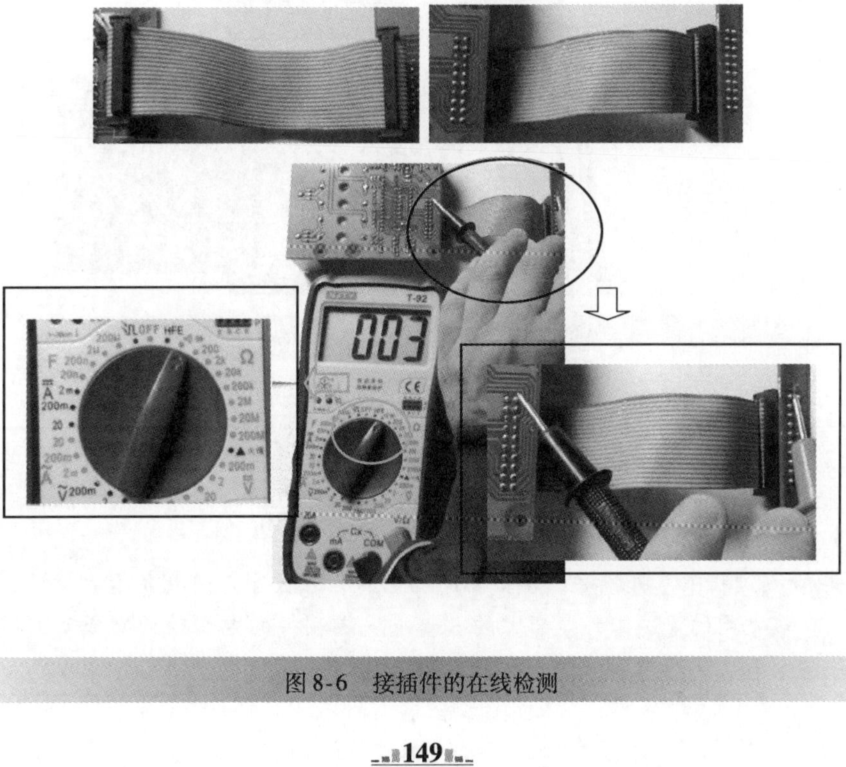

图 8-6　接插件的在线检测

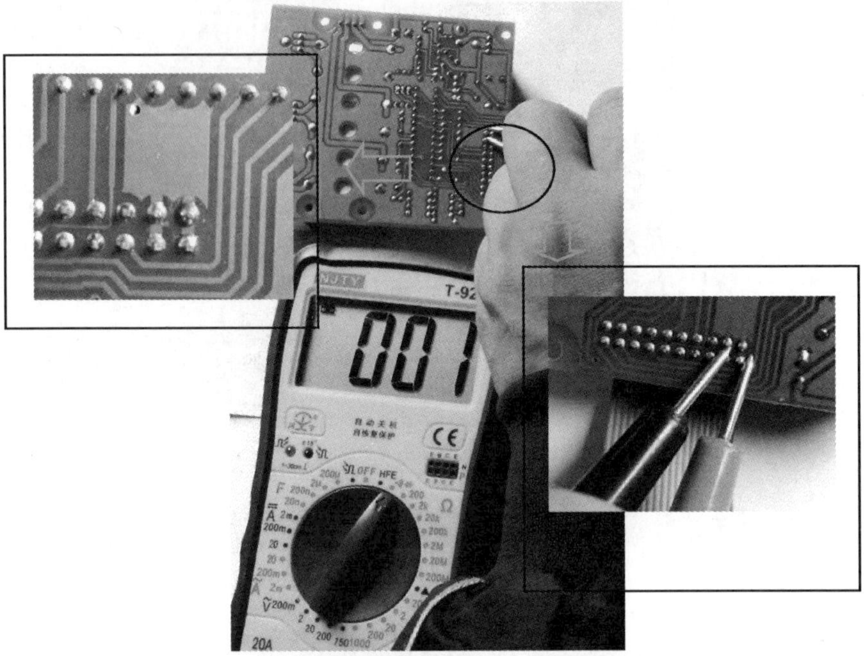

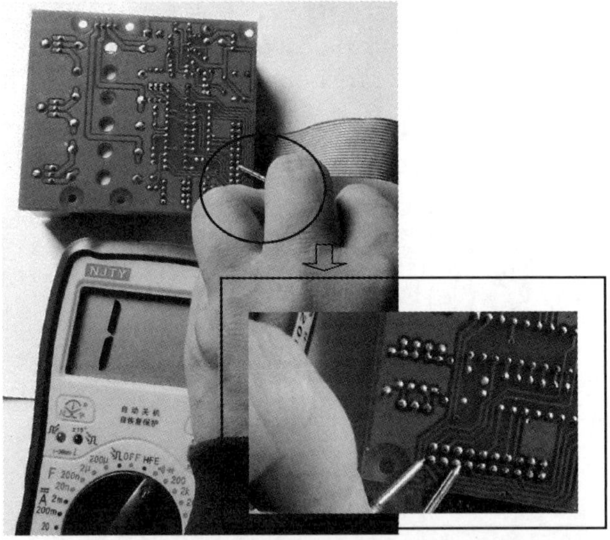

图8-6 接插件的在线检测（续）

注：① 将数字万用表置于二极管及蜂鸣器档，红、黑表笔分别接接插件的同一根导线或排线中的同一根导线两端，测得导线电阻值应为零。若测得的电阻值过大或时大时小，则说明导线有断路故障或接触不良。

② 在检测过程中，并排导线端头之间的电阻，在数字万用表显示为“1”，说明并排导线两个端之间的导线工作是正常的。如果发现测得的电阻值为零或时大时小，则说明导线两个端之间有短路故障或接触不良。

☆☆☆ 8.3　开关、接插件的应用 ☆☆☆

1. TM1618 的应用电路

TM1618 是一种带键盘扫描接口的 LED（发光二极管）显示器驱动控制专用 IC，内部集成有 MCU 数字接口、数据锁存器、LED 驱动、键盘扫描等电路。TM1618 质量可靠、稳定性好、抗干扰能力强，主要适用于家电设备（智能热水器、微波炉、洗衣机、空调器、电磁炉）、机顶盒、电子秤、智能电表等数码管或 LED 显示设备。TM1618 的应用电路，如图 8-7 所示。

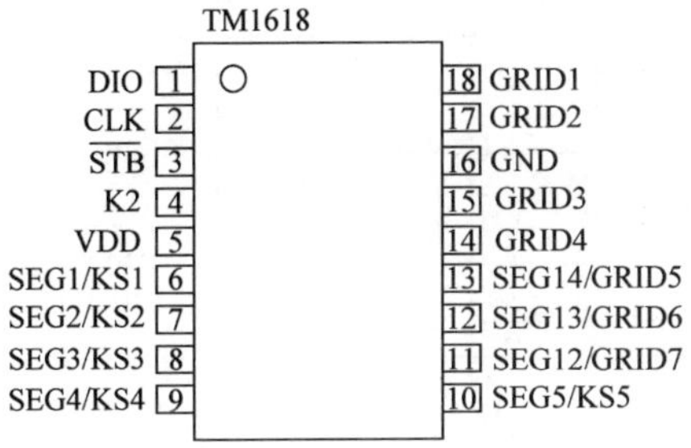

符号	引脚名称	引脚号	说明
DI0	数据输出输入	1	在时钟上升沿输入串行数据，从低位开始。在时钟下降沿输出串行数据，从低位开始，输出时为P管开漏输出
CLK	时钟输入	2	在上升沿读取串行数据，下降沿输出数据
$\overline{STB}$	片选输入	3	在下降沿初始化串行接口，随后等待接收指令。STB为低后的第一个字节作为指令，当处理指令时，当前其他处理被终止。当STB为高时，CLK被忽略
K2	键扫数据输入	4	输入诊脚的数据在显示周期结束后被锁存
SEG1/KS1～SEG5/KS5	输出(段)	6～10	段输出(也用作键扫描输出)，P管开漏输出
GRID1～GRID4	输出(位)	14～18	位输出，N管开漏输出
SEG14/GRID5～SEG12/GRID7	输出(段/位)	11～13	段/位复用输出，只能选段或位输出
VDD	逻辑电源	5	接电源正
GND	逻辑地	16	接系统地

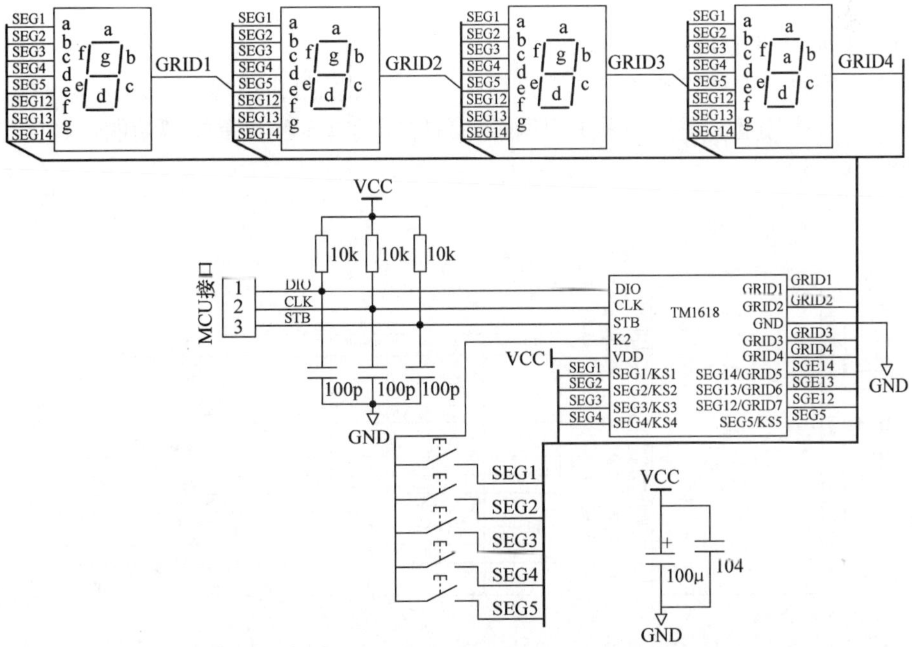

图 8-7　TM1618 的应用电路

2. 独立式键盘应用

每一个按键的电路是独立的，占用一条数据线。因占用硬件资源多，适合按键较少的情况。独立式键盘在 MCU（单片机）中应用较多，其电路原理图，如图 8-8 所示。

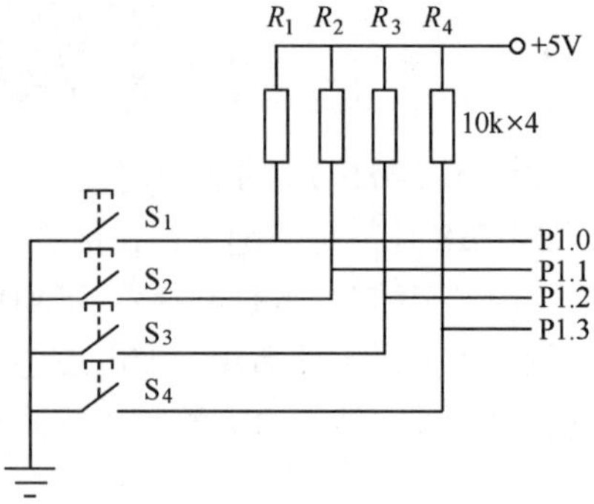

图 8-8 独立式键盘应用电路原理图

3. 矩阵式键盘的应用

用于按键数目较多的场合，由行线和列线组成，按键位于行、列的交叉点上，其原理图如图 8-9 所示。

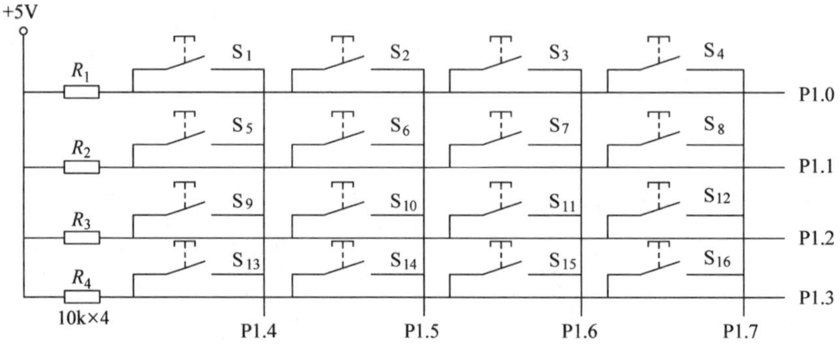

图 8-9 矩阵式键盘的应用原理图

4. TC9012 的应用

TC9012 是一块用于东芝系列红外遥控系统中的专用发射集成电路，采用 CMOS 工艺制造。它可外接 32 个按键，提供 8 种用户编码，另外还具有 3 种双重按键功能。TC9012 的应用，如图 8-10 所示。

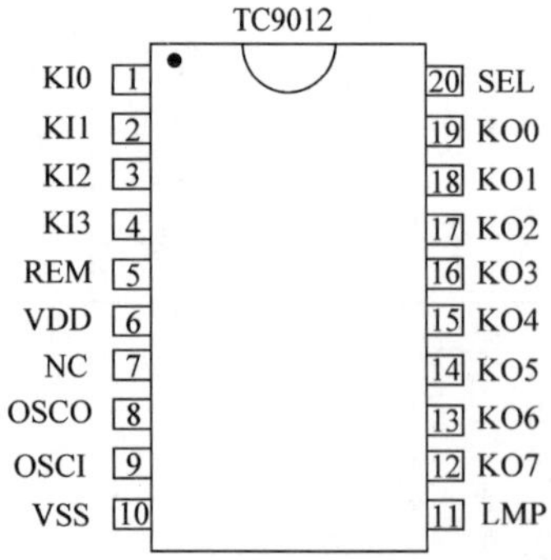

引脚号	名称	类型	描述
1～4	KI0～KI4	IN	4位输入脚 用于键盘扫描输入 (平时为低电平，内置下拉电阻)
5	REM	OUT	带载波的遥控信号输出
6	VDD		电源正端(2.0～4.0V) 3V (典型)
7	NC		空脚
8	OSCO	OUT	晶振输出
9	OSCI	IN	晶振输入
10	VSS		电源负端(接地)
19～12	KO0～KO7	OUT	8位输出脚 用于键盘扫描输出
11	LMP	OUT	指示灯输出
20	SEL	IN	用于用户编码选择跳线 (平时为高电平，内置下拉电阻)

图 8-10 TC9012 的应用

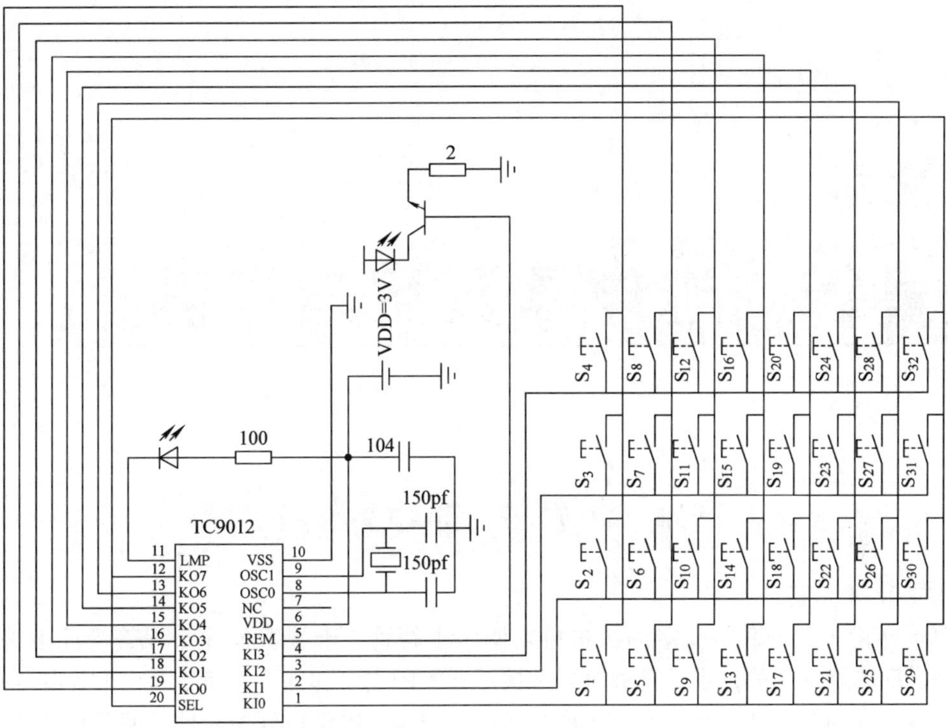

图 8-10 TC9012 的应用（续）

第9章

干簧管、继电器应用与检测

☆☆☆ 9.1 干簧管、继电器的识别 ☆☆☆

1. 干簧管

1936年由贝尔电话实验室的沃尔特发明了干簧管。干簧管也称为舌簧管或磁簧开关，是一种磁敏的特殊开关，是干簧继电器和接近开关的主要部件。干簧管是由两片既导磁又导电的材料做成的簧片平行地封入充入惰性气体的玻璃管中组成开关元件。两簧片的端部重叠并留有一定间隙以构成接点。干簧管的外形，如图9-1所示。干簧管按接点形式可分为常开接点（H型）与转换接点（Z型）两种。

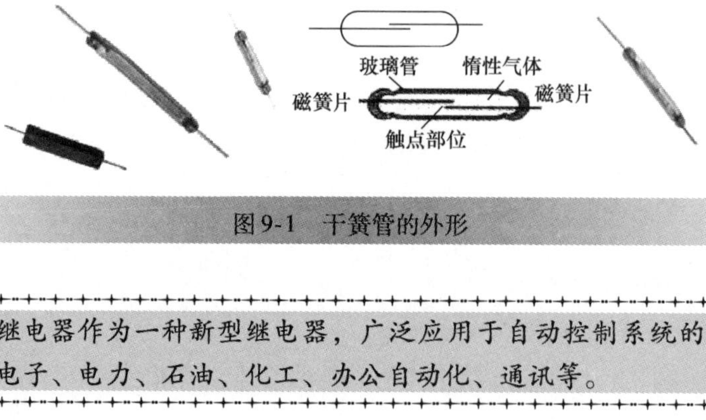

图9-1 干簧管的外形

> **注：**干簧继电器作为一种新型继电器，广泛应用于自动控制系统的诸多领域，如机械、汽车、电子、电力、石油、化工、办公自动化、通讯等。

2. 继电器

继电器是一种当输入量变化到某一定值时，其触点（或电路）即接通或分断交直流小容量控制回路的自动电器。继电器的外形，如图9-2所示。常用的继电器符号，见表9-1。

电磁继电器一般由一个线圈、铁心、一组或几组带触点的簧片组成。触点有动触点和静触点之分，在工作过程中能够动作的称为动触点，不能动作的称为静触点。

电磁继电器工作原理如下：

电磁继电器的线圈有电流通过时会产生磁通，由铁心、空气隙及衔铁构成闭合回路。衔铁在电磁场的作用下被磁化，而产生电磁转矩，当电磁转矩大于反作用弹簧力矩及机械摩擦力矩时，衔铁被吸向电磁铁磁极，从而使继电器触点闭合，开始工作。电磁继电器工作原理，如图9-3所示。

图9-2　继电器的外形

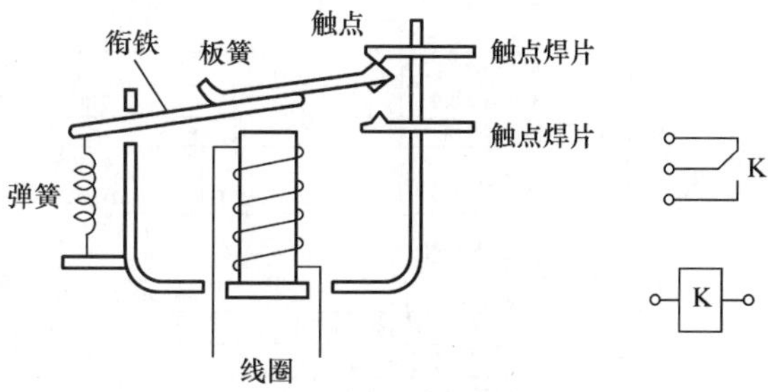

图9-3　电磁继电器工作原理

继电器一般都有能反映一定输入变量的感应机构（输入部分），也有对被控电路实现“通”、“断”控制的执行机构（输出部分）。同时也在继电器的输入部分和输出部分之间，对输入量进行耦合隔离。功能处理及输出部分有进行工作的中间机构（驱动部分）。

注：① 电磁继电器由磁路系统、接触系统和返回机构三部分组成。

② 磁路系统由铁心、轭铁、衔铁、线圈等零件组成。接触系统由静簧片、动簧片、触点底座等零件组成。返回机构由复原簧片或拉簧组成。

表9-1　常用的继电器符号

名称	图形符号	文字符号	名称	图形符号	文字符号
继电器一般表示	□	K	电压继电器	U	KV
电流继电器	I	KA	欠电压继电器	U<	KUV
过电流继电器	I>	KOA	过电压继电器	U>	KOV
时间继电器		KT	中间继电器	□	KC
信号继电器		KS	差动继电器	I_d	KD

电磁继电器以宏发继电器为例，型号为HF32FA－G，其参数与引脚，如图9-4所示。

继电器的选用要求如下：

1）选用继电器时，一般以控制电路的电源电压作为继电器的工作电压。控制电路应能给继电器提供足够的工作电流，否则继电器不能吸合。根据被控制电路中的电压和电流，来选择继电器触点及组数。

触点参数

触点形式	1H
接触电阻	≤70mΩ(1A DC 6V)
触点材料	$AgSnO_2$
触点负载(阻性)	10A AC 250V
最大切换电压	AC 250V
最大切换电流	10A
最大切换功率	2500VA
机械耐久性	1×10^5次
电耐久性	1×10^4次 (10A AC250V, 阻性负载, 85℃, 1s通9s断)

性能参数

绝缘电阻		1000MΩ (DC500V)
介质耐压	线圈与触点间	AC 5000V 1min
	断开触点间	AC 1000V 1min
动作时间(额定电压下)		≤8ms
释放时间(额定电压下)		≤4ms
温度		5%～85% RH
温度范围		−40～85℃
冲击*	稳定性	$98m/s^2$
	强 度	$980m/s^2$
振动*		10～55Hz 1.66mm 双振幅
引出端方式		印制板式
重量		约4.6g
封装方式		塑封型、防焊剂型
额定线圈功率		约450mW:灵敏型：约230mW

线圈规格表

普通型

额定电压/V	动作电压/V	释放电压/V	最大电压①/V	线圈电阻/Ω
3	≤2.25	≥0.15	3.9	20×(1±10%)
5	≤3.75	≥0.25	6.5	55×(1±10%)
6	≤4.50	≥0.30	7.8	80×(1±10%)
9	≤6.75	≥0.45	11.7	180×(1±10%)
12	≤9.00	≥0.60	15.6	320×(1±10%)
18	≤13.5	≥0.90	23.4	720×(1±10%)
24	≤18.0	≥1.20	31.2	1280×(1±10%)
48②	≤36.0	≥2.40	62.4	5120×(1±10%)

灵敏型

额定电压/V	动作电压/V	释放电压/V	最大电压①/V	线圈电阻/Ω
3	≤2.25	≥0.15	5.1	38×(1±10%)
5	≤3.75	≥0.25	8.5	108×(1±10%)
6	≤4.50	≥0.30	10.2	155×(1±10%)
9	≤6.75	≥0.45	15.3	350×(1±10%)
12	≤9.00	≥0.60	20.4	620×(1±10%)
18	≤13.5	≥0.90	30.6	1390×(1±10%)
24	≤18.0	≥1.20	40.8	2480×(1±10%)
48②	≤36.0	≥2.40	81.6	9920×(1±10%)

① 最大电压是指继电器线圈在短时间内能够承受的最大电压值。
② 对于额定电压≥48V的产品，为保护线圈不受损伤，在测试及应用中，必须有抑制线圈产生过电压的措施（如在线圈并联二极管等）。

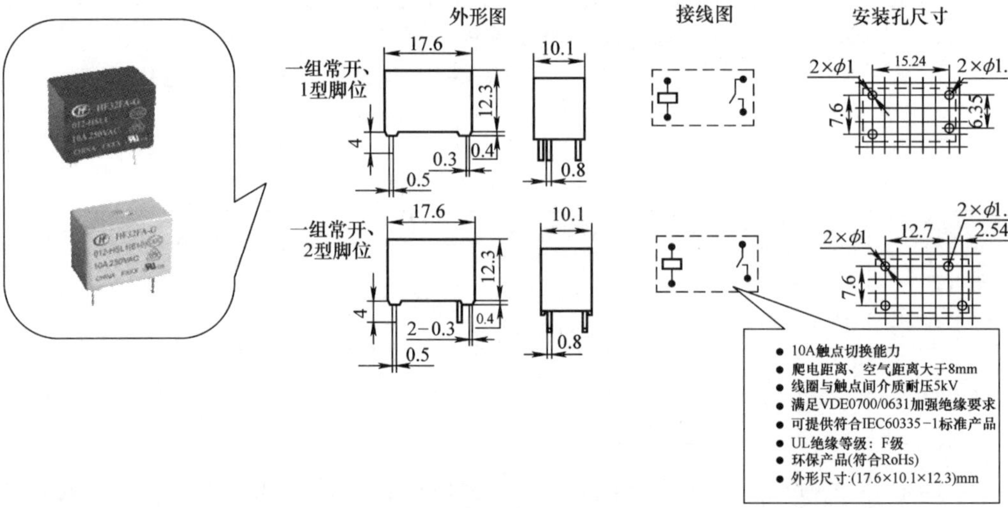

图 9-4　HF32FA－G 参数与引脚

2）根据继电器电压和电流、触点及组数，查找合适继电器的型号和规格号。

3）选择继电器主要考虑电路板安装布局。对于小型电器，应选用超小型继电器。

磁保持继电器是一种新型继电器，与其他电磁继电器一样，对电路起着自动接通和切断的作用。区别在于磁保持继电器的常闭或常开状态完全是依赖永久磁钢的作用，其开关状态的转换是靠一定宽度的脉冲电信号触发而完成的。磁保持继电器参数与引脚图，如图 9-5 所示。

注：电力系统中使用的继电器，触点负载功率大，磁保持型较多。

单稳态 (300mW)

额定电压/V	动作电压/V	释放电压/V	最大电压/V	线圈电阻/Ω
3	≤2.4	≥0.3	3.9	30×(1±10%)
5	≤4.0	≥0.5	6.5	83×(1±10%)
6	≤4.8	≥0.6	7.8	120×(1±10%)
9	≤7.2	≥0.9	11.7	270×(1±10%)
12	≤9.6	≥1.2	15.6	480×(1±10%)
18	≤14.4	≥1.8	23.4	1080×(1±10%)
24	≤19.2	≥2.4	31.2	1920×(1±10%)

单线圈磁保持 (150mW)

额定电压/V	动作电压/V	释放电压/V	最大电压/V	线圈电阻/Ω
3	≤2.4	≤2.4	3.9	60×(1±10%)
5	≤4.0	≤4.0	6.5	167×(1±10%)
6	≤4.8	≤4.8	7.8	240×(1±10%)
9	≤7.2	≤7.2	11.7	540×(1±10%)
12	≤9.6	≤9.6	15.6	960×(1±10%)
18	≤14.4	≤14.4	23.4	2160×(1±10%)
24	≤19.2	≤19.2	31.2	3840×(1±10%)

双线圈磁保持 (300mW)

额定电压/V	动作电压/V	释放电压/V	最大电压/V	线圈电阻/Ω
3	≤2.4	≤2.4	3.9	30×(1±10%)
5	≤4.0	≤4.0	6.5	83×(1±10%)
6	≤4.8	≤4.8	7.8	120×(1±10%)
9	≤7.2	≤7.2	11.7	270×(1±10%)
12	≤9.6	≤9.6	15.6	480×(1±10%)
18	≤14.4	≤14.4	23.4	1080×(1±10%)
24	≤19.2	≤19.2	31.2	1920×(1±10%)

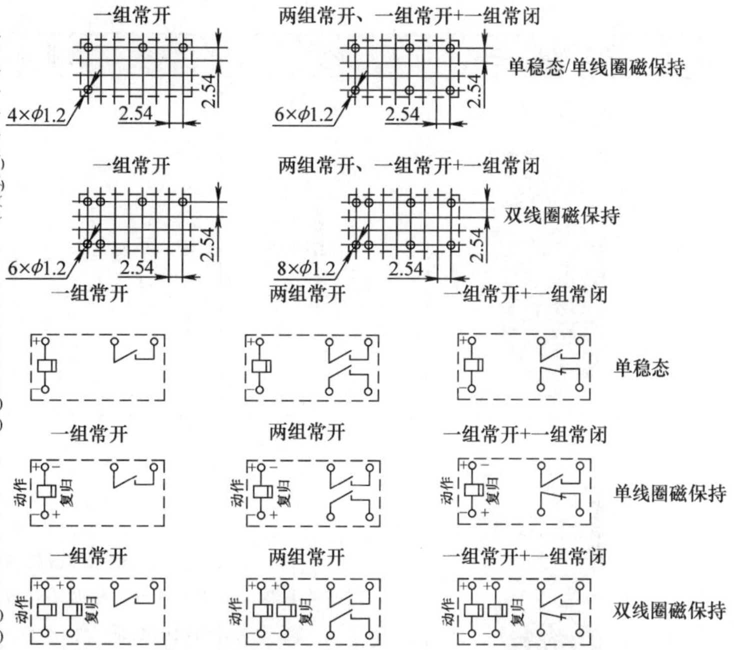

图 9-5 磁保持继电器参数与引脚图（宏发继电器）

常用的继电器的简介，见表 9-2。

表 9-2 常用的继电器的简介

序号	外形图或符号	名称	功能	使用场合或特点
1		中间继电器	增加控制电路中的信号数量或将信号放大的继电器	1）一般是直流电源供电 2）过载能力比较小，用的全部都是辅助触点，数量比较多
2		电流继电器	输入量为电流	1）线圈串联在被测电路中，当通过线圈的电流达到预定值时，其触点动作 2）继电器通过的电流超过预定值时就动作的继电器称为过电流继电器 3）继电器通过的电流减小到低于其整定值时就动作的继电器称为欠电流继电器 4）电流继电器的整定电流一般取电动机额定电流的1.7～2倍

（续）

序号	外形图或符号	名称	功能	使用场合或特点
3		电压继电器	输入量为电压	1）线圈并联在被测量的电路中，根据线圈两端电压的大小而接通或断开电路 2）有过电压继电器、欠电压继电器和零电压继电器三种
4	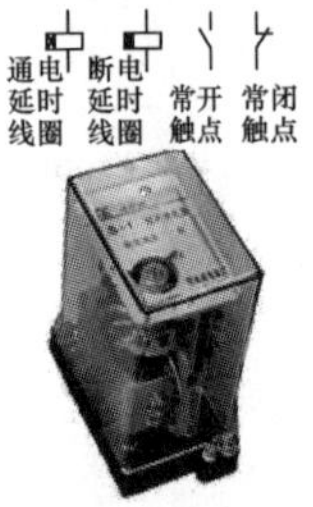	时间继电器	利用电磁原理或机械动作原理来实现触点延时闭合或分断的自动控制电器	1）通电延时时间继电器是指接受输入信号后延时一定的时间，输出信号才发生变化，当输入信号消失后，输出瞬时复原 2）断电延时时间继电器是指接受输入信号时，瞬时产生相应的输出信号，当输入信号消失后，延时一定的时间，输出才复原
5		热继电器	利用流过继电器的电流所产生的热效应而反时限动作的自动保护电器，用作电动机的过载保护、断相保护、电流不平衡运行的保护	根据过载电流的大小自动调整动作时间，具有反时限保护特性，过载电流越大，动作时间越短
6		固态继电器	由半导体器件组成的继电器	1）输入、输出功能由电子元件完成而无机械运动部件的一种继电器 2）两个接线端为输入端，另两个接线端为输出端，中间采用隔离器件实现输入输出的电隔离

注：①固态继电器（SSR），是由微电子电路、分立电子器件、电力电子功率器件组成的无触点开关。由输入电路、隔离（耦合）电路和输出电路三部分组成。用隔离器件实现了控制端与负载端的隔离。固态继电器的输入端用微小的控制信号，能够直接驱动大电流负载。

②在低电压要求信号失真小，选用采用场效应晶体管作输出器件的直流固态继电器。感性负载，选用过零型继电器。相位输出控制时，选用随机型固态继电器。

③通信继电器是指在通信设备中使用的继电器，采用含高能永磁体的双线圈对称平衡跷板式磁路结构，提高其灵敏度，可靠性要求极高。

④ 汽车继电器是指在汽车中使用的继电器，其切换负载功率大，温度范围宽，抗冲击、抗振性要求高。

☆☆☆ 9.2　干簧管、继电器的检测 ☆☆☆

1. 干簧管的主要参数

1）吸合值（PI 值，单位是安匝）：干簧管线圈工作时工作电流与线圈圈数的乘积，代表干簧管的灵敏度，吸合值低说明干簧管的灵敏度高，是干簧管最重要的工作参数。

2）开断值（DO 值）：当干簧管触点释放时流过线圈的电流与线圈圈数的乘积，开断值是与吸合值相关联的重要参数。

3）工作寿命：干簧管的寿命一般保证能够连续工作 1 亿次以上。

4）接触阻抗（单位：mΩ）：干簧管触点在闭合时，两端子间的阻抗，还包括导线部分的电阻。

5）触点耐压（单位：V）：干簧管为保持正常工作，触点间能够承受最大开关电压或对线路中能承受的瞬间过载电压值。

6）绝缘阻抗（单位：mΩ）：干簧管两端子间的绝缘阻抗，是对玻璃管以及玻璃管表面漏电流的阻抗。

2. 继电器的主要参数

1）额定工作电压：继电器在正常工作时加在线圈两端的电压。

2）额定工作电流：继电器在正常电压时要通过线圈的电流。

3）线圈直流电阻：继电器线圈的直流电阻值。

4）触点电阻：若接触电阻不理想，可用砂纸擦清触点表面。

5）吸合电压：继电器能够产生吸合动作的最小电压值。

6）吸合电流：继电器能够产生吸合动作的最小电流值。

注： 为了能够使继电器的吸合动作可靠，必须给线圈加上等于或稍大于额定电压（电流）的实际电压（电流）值，一般为额定值的 1.3~1.5 倍。

7）释放电压：继电器从吸合状态到释放状态所需的最大电压值。

8）释放电流：继电器从吸合状态到释放状态所需的最大电流值。

注： 一般释放电压是吸合电压 10%～15%，若释放电压小于 1/10 的吸合电压，说明继电器损坏。

9）吸合时间：继电器线圈通电后，触点从释放状态到吸合状态所需要的时间间隔。

注： ① 继电器的机械物理参数有触点压力、触点间隙、触点跟踪、复原簧片压力、衔铁动程、止钉高度等

② 继电器的电气参数有绕组电阻、触点电接电阻、吸合电流（电压）、额定工作电流（电压）、释放电流（电压）、额定触点负荷、绝缘电阻、抗电强度等。

③ 继电器必须要符合有关国家的安全规定，如中国 CNAS、美国 UL、加拿大 CSA、德国 VDE、TUV 等。

3. 继电器的安装

继电器的安装示意图，如图 9-6 所示。

图 9-6　继电器的安装示意图

4. 继电器的检测

观察直流继电器的触点结构，即可知道继电器有几对触点。继电器的触点，如图 9-7 所示。若触点对外有 3 个引脚，则该继电器属于转换式。若直流继电器触点对外只有两个引脚，则继电器是常开式或常闭式中的一种。

注： 常用继电器电流主要有 5A、10A、16A、20A、30A 等，电压有 DC3V、DC5V、DC6V、DC9V、DC12V、DC24V、DC48V。

测量直流继电器线圈电阻，如图 9-8 所示。根据直流继电器规格书标称的线圈直流电阻值，将数字万用表置于适当的电阻档，测出直流继电器线圈的电阻值。

将数字万用表拨至二极管及蜂鸣器档，将数字万用表的两表笔接到继电器线圈的两个引脚，数字万用表指示应基本符合继电器标称的直流电阻值。

测量触点接触电阻，如图 9-9 所示。将数字万用表拨至二极管及蜂鸣器档，测量一下常闭触点间的电阻，其阻值应为零。再测量一下常开触点之间的电阻，其阻值应为无穷大。

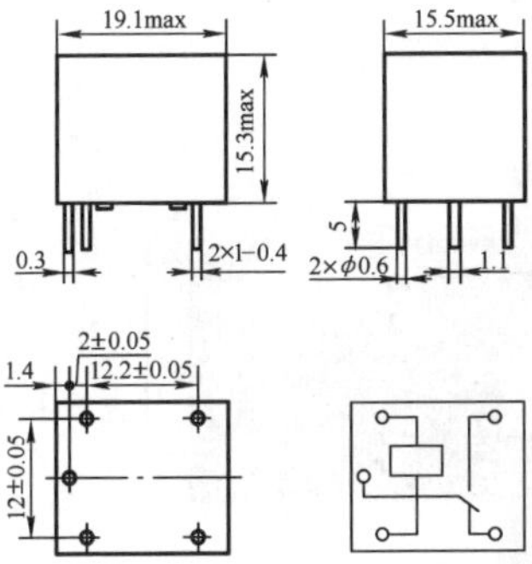

线圈灵敏度	线圈电压代码	标称电压/V	额定电流/mA	线圈电阻±10%/Ω	功率消耗/W	吸合电压/V	降电压/V	最大允许电压/V
SRD(高灵敏度)	03	03	120	25	约0.36	75%Max	10%Min	120%
	05	05	71.4	70				
	06	06	60	100				
	09	09	40	225				
	12	12	30	400				
	24	24	15	1600				
	48	48	7.5	6400				
SRD(标准)	03	03	150	20	约0.45	75%Max	10%Min	110%
	05	05	89.3	55				
	06	06	75	80				
	09	09	50	180				
	12	12	37.5	320				
	24	24	18.7	1280				
	48	48	10	4500	约0.51			

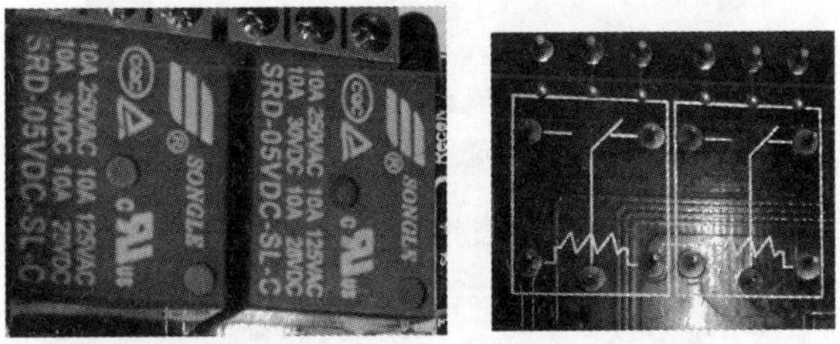

图 9-7 继电器的触点

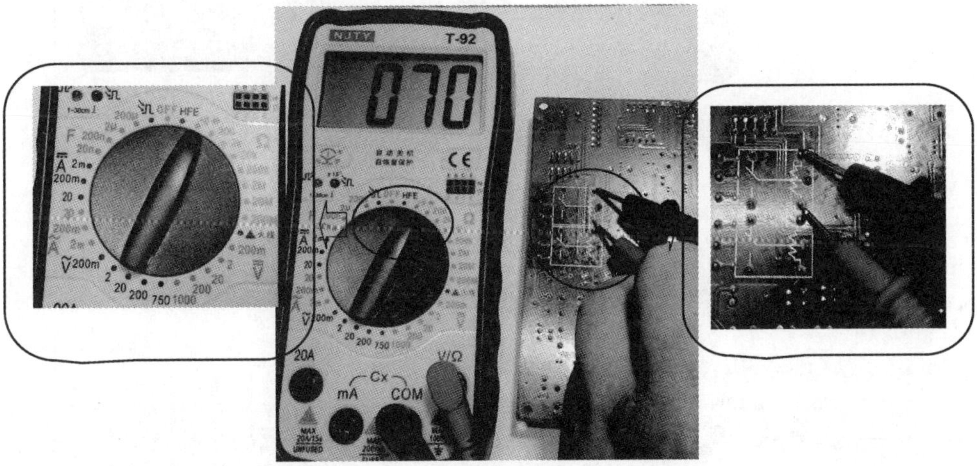

图 9-8 测量直流继电器线圈电阻

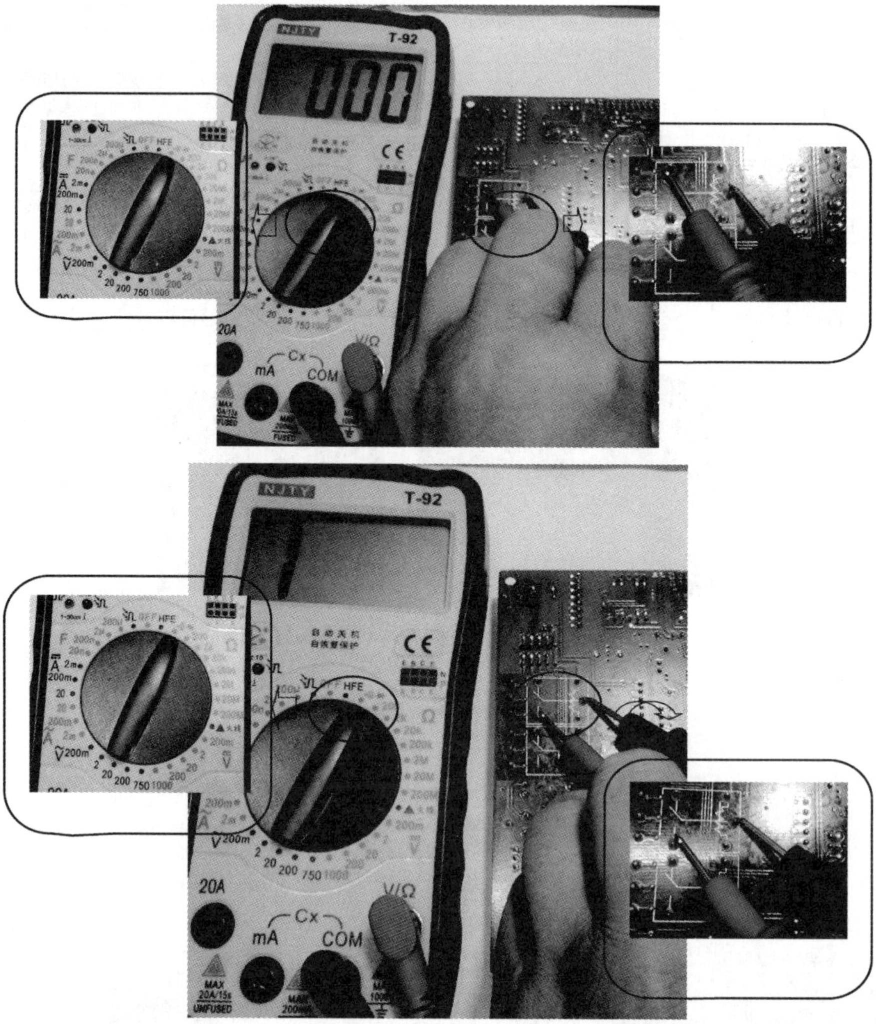

图 9-9　测量触点接触电阻

☆☆☆ 9.3　干簧管、继电器的应用 ☆☆☆

1. 继电器的应用

继电器的应用，如图 9-10 所示。晶体管用来驱动继电器时，常用 NPN 型晶体管。输入高电平时，晶体管 VT 饱和导通，继电器线圈通电，触点吸合。输入低电平时，晶体管 VT 截止，继电器线圈断电，触点断开。

触点参数		
触点形式	1H(A)、1Z(C)	
初始接触电阻	100mΩ	
触点材料	银合金	
触点负载(阻性)	10A/AC125V、7A/AC250V、7A/DC30V	
线圈参数		
额定功耗		360mW
线圈参数		
额定电压/V	动作电压(≤)/V	线圈电阻(20°C)±10%/Ω
3	2.3	25
5	3.8	69.5
6	4.5	100
9	6.8	225
12	9.0	400
18	13.5	900
24	18.0	1600
36	27.0	3600

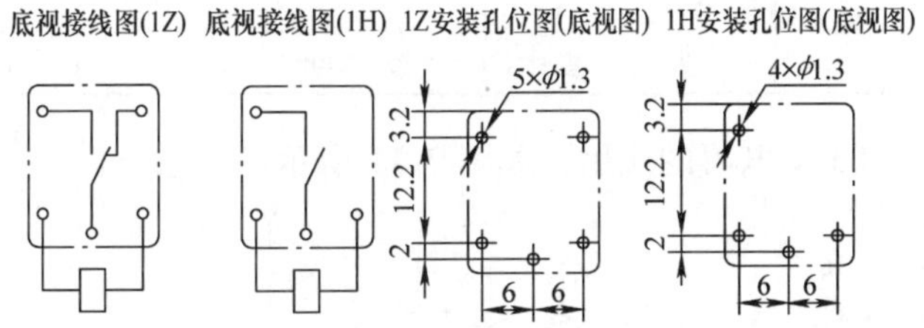

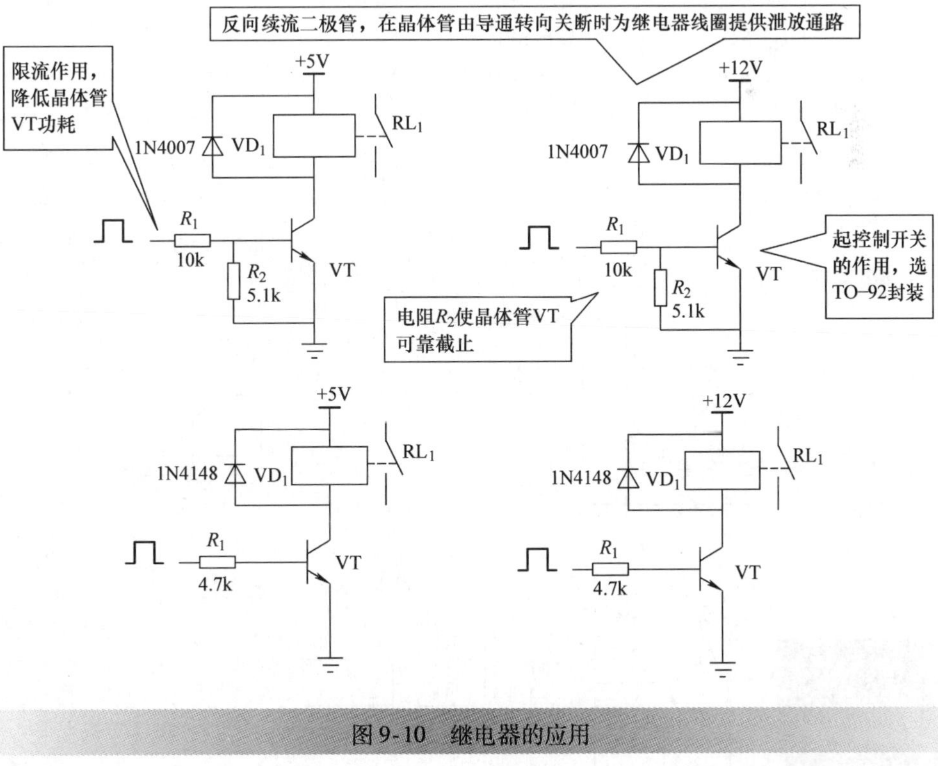

图 9-10　继电器的应用

晶体管驱动继电器的参数选择，见表9-3。选择继电器时要注意其参数，如额定工作电压、直流电阻、吸合电流。若要了解其参数，可以查阅相关的规格书。

表 9-3 晶体管驱动继电器的参数选择

序号	项目	计算公式或说明	备注
1	吸合电流	继电器工作吸合电流 = 功率/标称电压或标称电压/线圈电阻	
2	晶体管功率 P_T	$P_T \approx$ 集电极功耗 $P_C = V_{CE}I_C$	直流放大倍数大于 100 以上，选插件封装
3	晶体管集电极电流 I_{CM}	大于继电器吸合电流的两倍以上	
4	晶体管耐压 V_{CBO}	大于继电器工作电压的两倍	$V_{CBO} \approx V_{CEO}$ = 继电器的额定电压 ×2
5	晶体管基极电流	晶体管基极电流 = （继电器的吸合电流/放大倍数）×2 或（继电器的额定电压/线圈电阻）×2	工作时基极电流应为计算值的 2 倍以上
6	晶体管基极电阻	晶体管基极电阻 = （继电器工作电压 - 0.7V）/基极电流	一般情况下选取 2 ~ 5kΩ
7	二极管	一般选取二极管 1N4148 或 1N4007	

集成电路 ULN2003 继电器的应用，如图 9-11 所示。

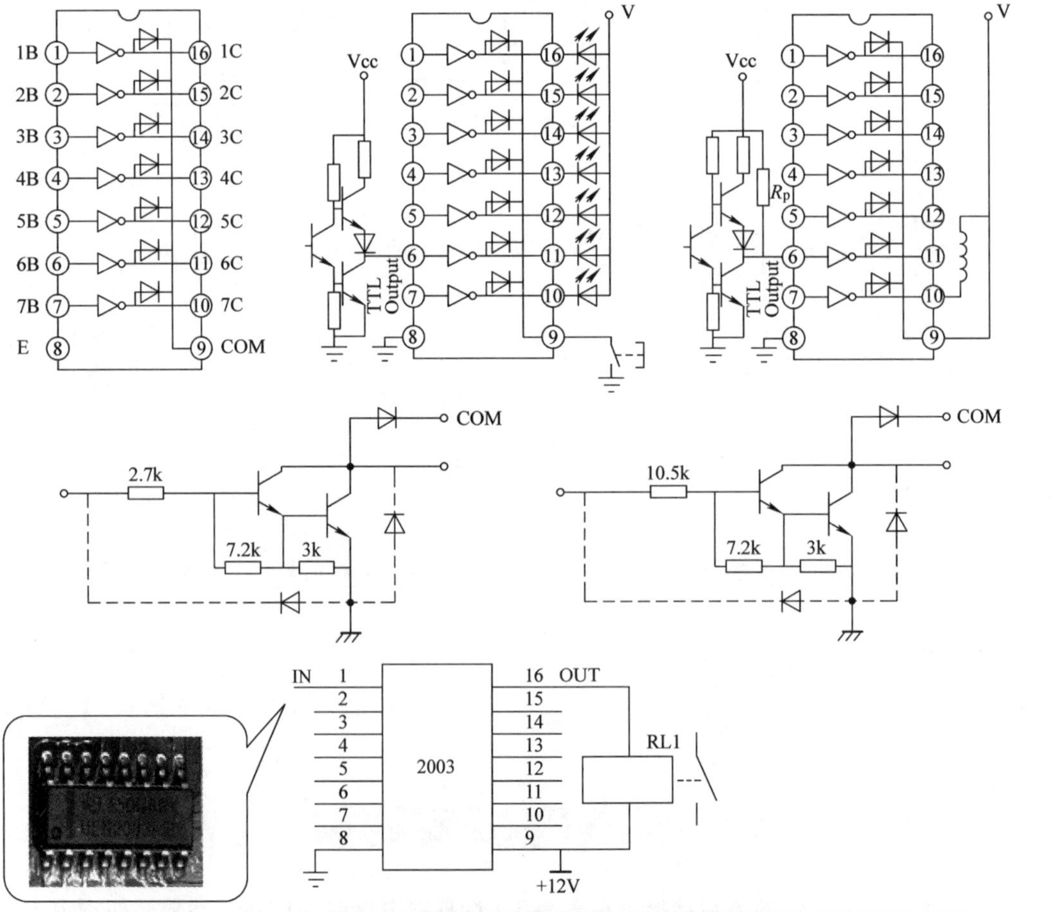

图 9-11 集成电路 ULN2003 继电器的应用

ULN2003 输入端为高电平时，对应的输出端输出低电平，继电器线圈两端通电，继电器触点吸合。ULN2003 输入端为低电平时，对应的输出端呈高阻态，继电器线圈两端断电，继电器触点断开。

ULN2003 工作时，同一个 ULN2003 不能同时驱动两种不同电压的继电器（5V、12V 的继电器），其驱动端口不能选择在同一片 ULN2003 上，由于工作电压不同，会造成 ULN2003 的钳位二极管上产生反向电压，使钳位二极管击穿。

第10章

电声器件应用与检测

——☆☆☆ 10.1　电声器件的识别 ☆☆☆——

1. 扬声器

扬声器是一种电声转换器件，可以将模拟的语音电信号转化成声波，其质量直接影响着音质与音响效果。扬声器按其换能原理可分为动圈式、电容式、舌簧式、压电式等几种。最常见的扬声器是电动式（动圈式）扬声器，由模折环锥形纸盆、音圈、音圈支架、磁铁、盆架等组成。电动式扬声器外形及符号，如图10-1所示。

图10-1　扬声器外形及符号

2. 耳机

耳机也是一种电声转换器件，其结构与电动式扬声器相似。耳机由磁铁、音圈、振动膜片等组成，其音圈大多是固定的。耳机外形及电路符号，如图10-2所示。

图10-2　耳机外形及电路符号

3. 蜂鸣器

蜂鸣器是一种小型化的电声器件，分为压电式和电磁式两大类。压电式蜂鸣器主要由多谐振荡器、压电蜂鸣片、阻抗匹配器及共鸣箱、外壳等组成。电磁式蜂鸣器由振荡器、电磁线圈、磁铁、振动膜片及外壳等组成。蜂鸣器外形及电路符号，如图10-3所示。

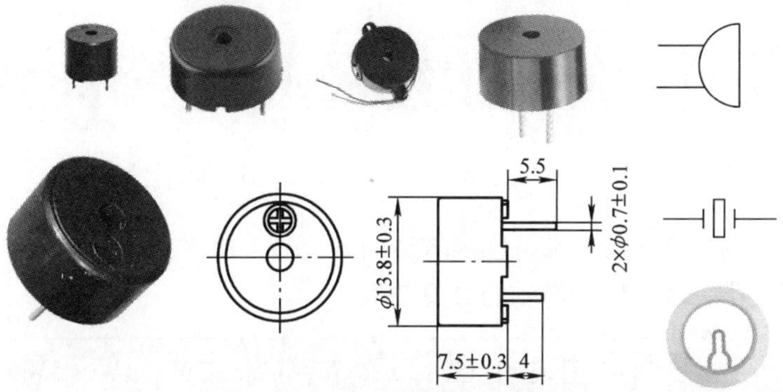

图 10-3 蜂鸣器外形及电路符号

注： 有源蜂鸣器直接接上额定电源就可连续发声，无源蜂鸣器与扬声器一样，要接在音频输出电路中才能发声。

4. 驻极体话筒

驻极体话筒由声电转换和阻抗变换两部分组成，最常用的电容话筒——驻极体电容式话筒在工作时需要直流工作电压。两根和三根引脚的驻极体话筒之间不能直接替代，没有型号之分，相同引脚数的话筒可以代替。驻极体话筒外形及电路符号，如图 10-4 所示。

图 10-4 驻极体话筒外形及电路符号

驻极体话筒的四种连接方式，如图 10-5 所示。

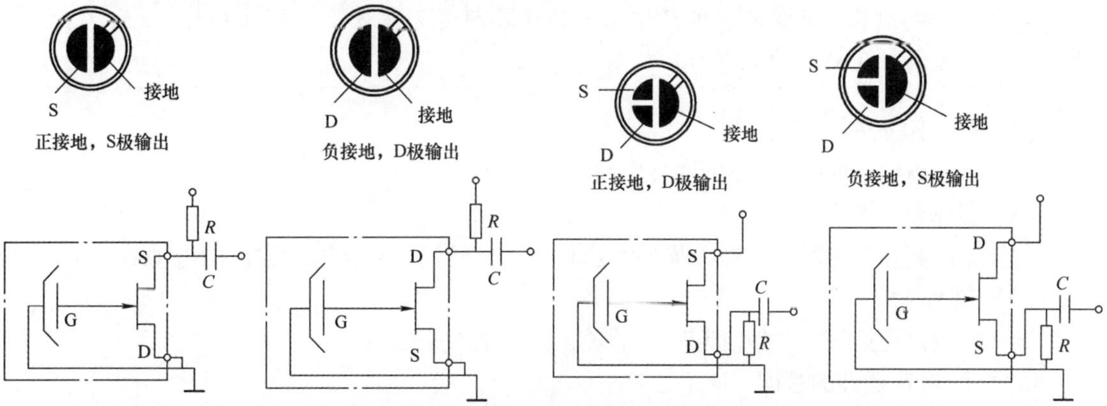

图 10-5 驻极体话筒的四种连接方式

☆☆☆ 10.2 电声器件的检测 ☆☆☆

1. 扬声器的参数

（1）额定功率

额定功率是指扬声器在不失真范围内容许的最大输入功率，一般在扬声器上标注。最大功率是指扬声器在某一瞬间所能承受的峰值功率。

注：常用扬声器的功率有 0.1W、0.25W、1W、2W、3W、5W、10W、60W、120W 等。

（2）标称阻抗

标称阻抗是指制造厂商规定的扬声器（交流）阻抗值，也是扬声器可获得最大的输出功率。

注：选择扬声器时，标称阻抗是一项重要指标，其标称阻抗一般应与音频功率放大器的输出阻抗相符。

（3）频率响应

频率响应是指扬声器重放声音的有效工作频率范围，其频率响应范围显然是越宽越好。

2. 驻极体话筒的参数

（1）工作电压

驻极体话筒正常工作时，加在驻极体话筒两端的最小电压。

（2）工作电流

驻极体话筒静态工作时流过话筒的电流，其大小等于场效应晶体管的 I_{DS}，通常在 0.1 ~ 1mA 之间。

（3）最大工作电压

最大工作电压是指场效应晶体管漏源极两端能够承受的最大电压。

注：当场效应晶体管漏源极两端承受的电压超过场效应晶体管最大电压时，场效应晶体管会被击穿造成永久损坏。

（4）输出阻抗

驻极体话筒输出的交流负载阻抗，一般小于 2kΩ。

（5）灵敏度（单位：V/Pa）

驻极体话筒在自由场中、在外界的声压作用下，输出端开路时所输出的电动势。

（6）频率响应

频率响应是指话筒的灵敏度和频率的关系，用曲线来表示。

3. 电声器件的检测

有源蜂鸣器在线检测，如图 10-6 所示。有源蜂鸣器内部装有集成电路，接通直流电源就能直接发出声音。将数字万用表置“二极管及蜂鸣器”档，把任意一只表笔与有源蜂鸣器的任一引出端相接，用另一只表笔断续触碰有源蜂鸣器另一引出端，此时，数字万用表中蜂鸣器应发出声音，数字万用表并显示相应的数字。

扬声器的检测，如图 10-7 所示。一般在扬声器磁体的标牌上都标有阻抗值，对一只扬声器而言，其两个引线是无所谓相位之分的，但在安装组合音箱或用来播放立体声信号时，扬声器的相位是不能接反的。

将数字万用表置“二极管及蜂鸣器”档，把任意一只表笔与扬声器的任一引出端相接，用另一只表笔断续触碰扬声器另一引出端，此时，数字万用表中蜂鸣器应发出声音，数字万用表并显示相应的数字。

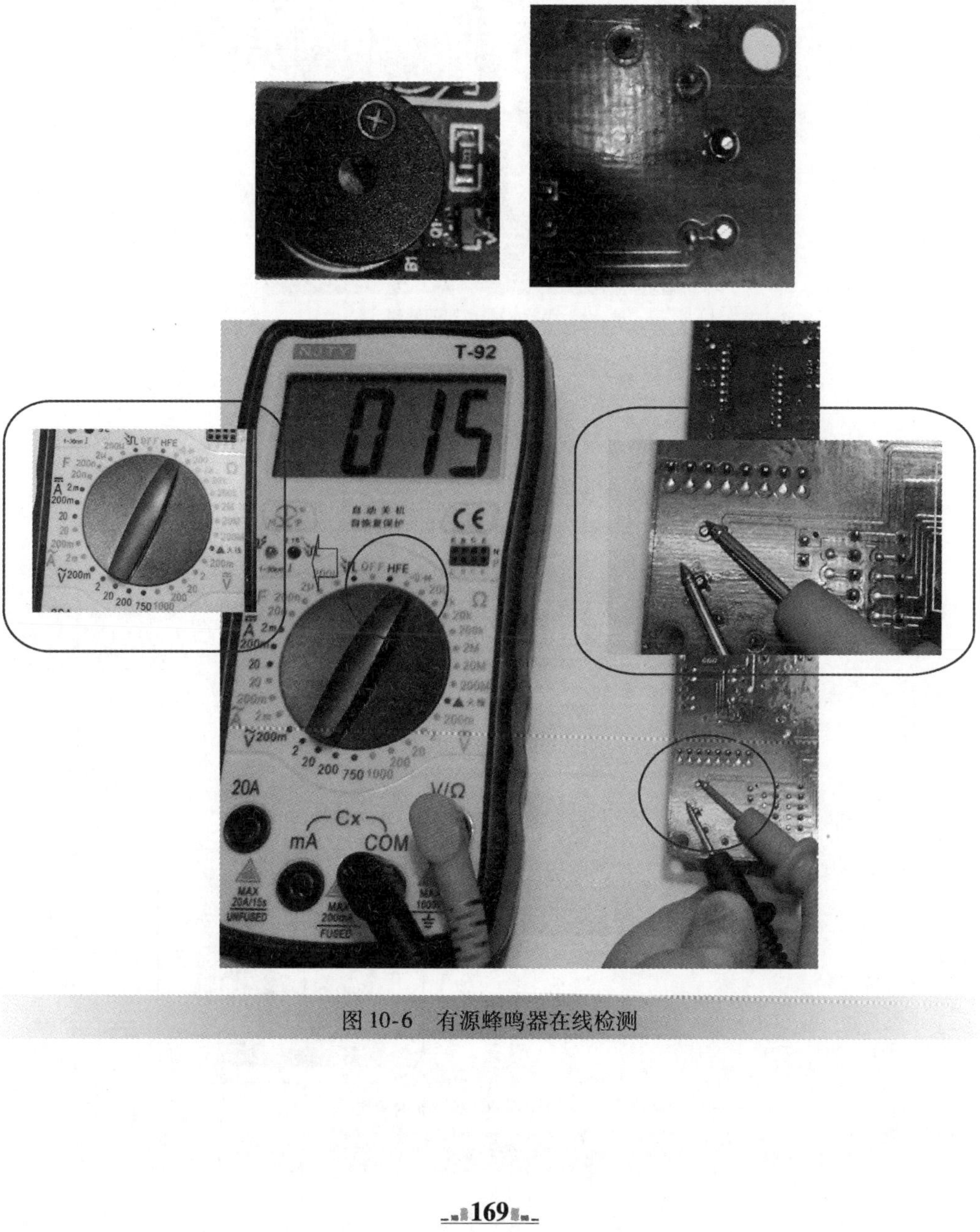

图 10-6　有源蜂鸣器在线检测

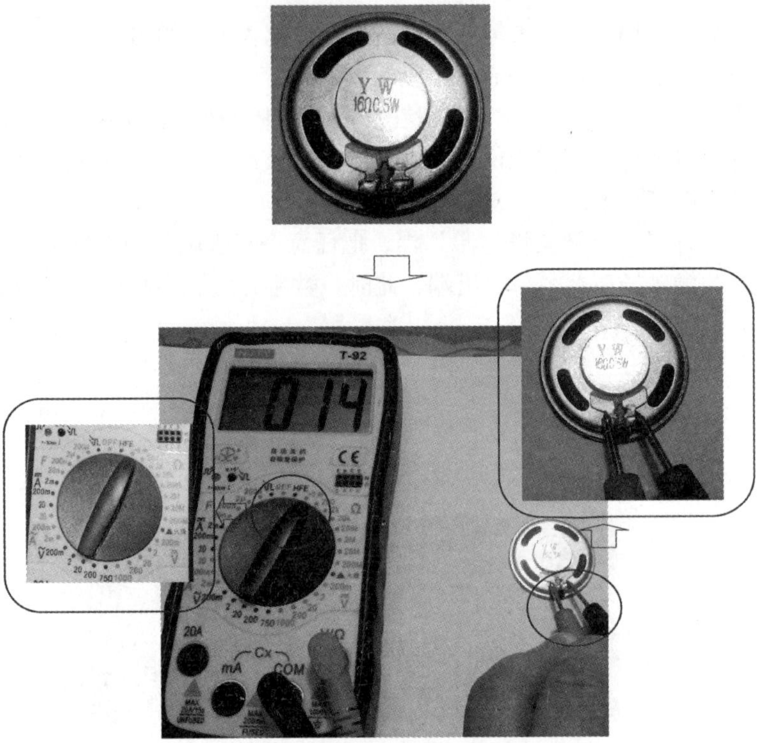

a) 0.5W 16Ω扬声器的检测

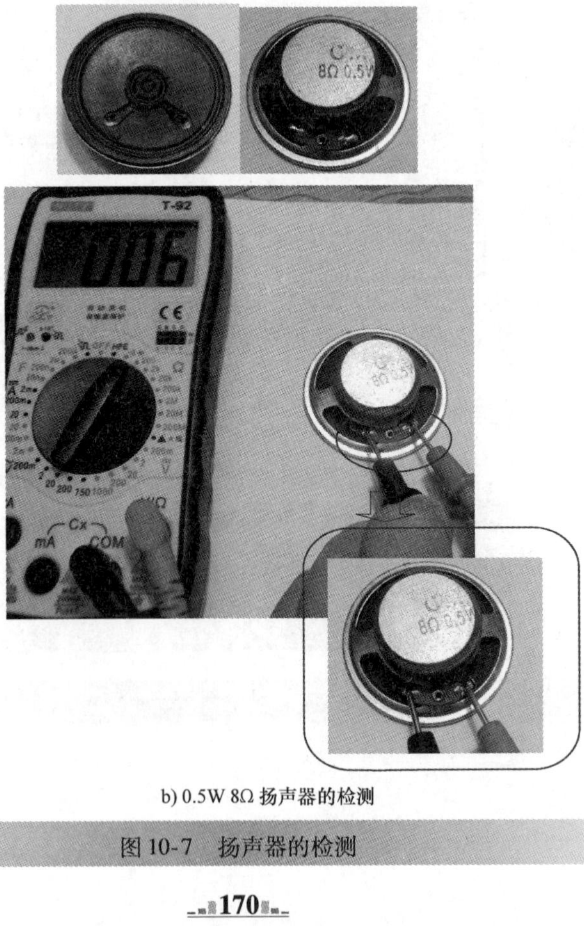

b) 0.5W 8Ω 扬声器的检测

图 10-7　扬声器的检测

☆☆☆ 10.3 电声器件的应用 ☆☆☆

1. TM2313 的应用电路

TM2313 是三对输入四声道输出数字控制音频处理芯片，该芯片采用深亚微米 CMOS 工艺技术制造，芯片内部包含音量、低音、高音、通道均衡、前/后级衰减、响度处理。在一个芯片集合多个可选择的增益输入端，外围电路元器件少，具有较好的性能和可靠性。所有的功能通过 PC 总线编程来驱动实现。TM2313 的应用电路，如图 10-8 所示。

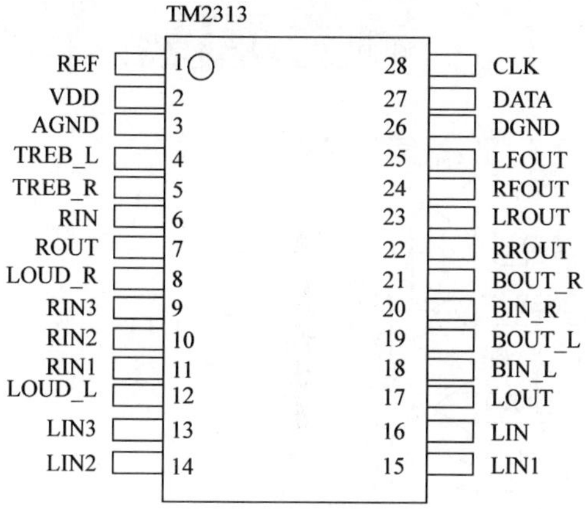

引脚名称	I/O	功能描述	引脚编号
REF	—	参考电压(1/2VDD)	1
VDD	—	供应电源	2
AGND	—	模拟地	3
TREB_L	1	左右声道高音控制脚位	4
TREB_R	1		5
RIN	1	右声道音效处理器输入端引脚	6
ROUT	0	右声道音源经选择增益放大后输出引脚	7
LOUD_R	1	右声道响度控制引脚	8
RIN3	1	右声道音源1/2/3输入端	9
RIN2	1		10
RIN1	1		11
LOUD_L	1	左声道响度控制引脚	12
LIN3	1	左声道音源1/2/3输入端	13
LIN2	1		14
LIN1	1		15
LIN	1	左声道音效处理器输入端引脚	16
LOUT	0	左声道音源经选择增益放大后输出引脚	17
BIN_L	1	左声道低音处理输入/输出引脚	18
BOUT_L	0		19
BIN_R	1	右声道低音处理输入/输出引脚	20
BOUT_R	0		21
RROUT	0	后扬声器右声道输出	22
LROUT	0	后扬声器左声道输出	23
RFOUT	0	前扬声器右声道输出	24
LFOUT	0	前扬声器左声道输出	25
DGND	—	数字地	26
DATA	1	I^2C数据输入脚	27
CLK	1	I^2C时钟引脚	28

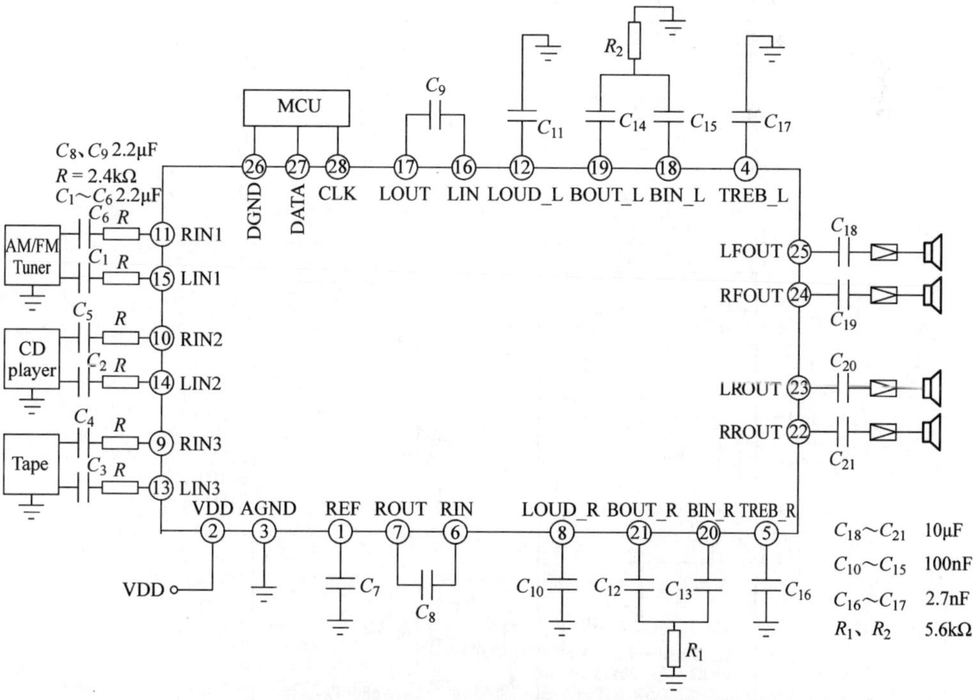

图 10-8 TM2313 的应用电路

2. 有源蜂鸣器的应用电路

有源蜂鸣器的应用电路，如图 10-9 所示。

3. TDA1521 的应用电路

TDA1521 的应用电路，如图 10-10 所示。

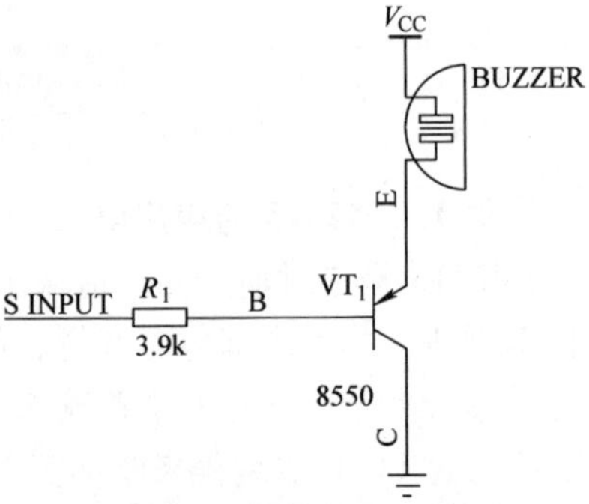

图 10-9　有源蜂鸣器的应用电路

PIN	用途	接法
1	左输入	输入
2	左负反馈	接地
3	接地	接地
4	左输出	输出
5	负电源	负电源
6	右输出	空
7	正电源	正电源
8	右负反馈	接地
9	右输入	空

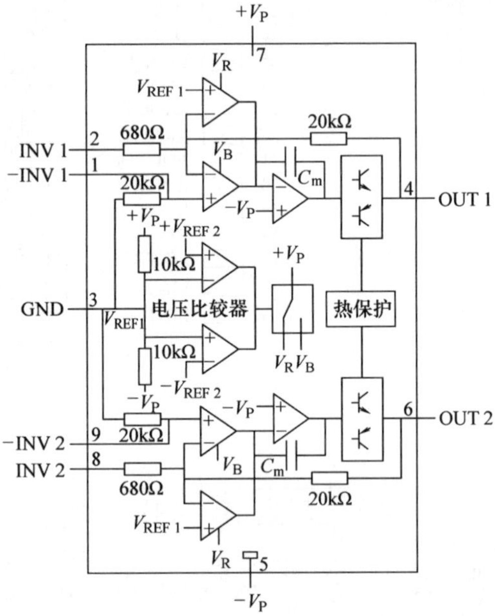

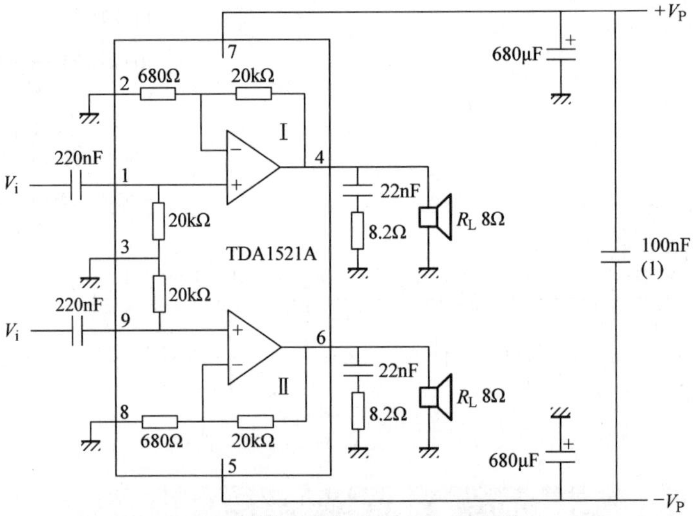

图 10-10　TDA1521 的应用电路

第11章

集成电路应用与检测

——☆☆☆ 11.1 集成电路的识别 ☆☆☆——

集成电路是指采用一定的制造工艺将晶体管、场效应晶体管、二极管、电阻和电容等许多元器件组成的具有特定功能的电路集成在同一块半导体基片上，并封装在一个外壳内便形成一个完整的电路和系统。常用集成电路芯片封装，见表11-1。

表11-1 常用集成电路芯片封装

序号	封装图	英文缩写	封装名称	说明
1		DIP（Dual In－line Package）	双列直插式封装	目前常用的封装形式，其引脚数一般不超过100个。适合在PCB上插孔焊接，应用广泛
2		PDIP	塑料双列直插式封装	
3		SOP（Small Out－Line Package）	双列表面安装式封装	引脚有J形和L形两种形式，中心距一般分1.27mm和0.8mm两种，引脚数8～32。体积小，是最普及的表面贴片封装
4	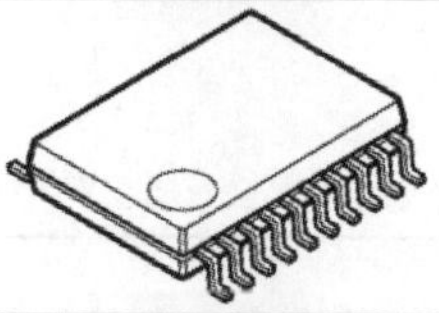	SSOP	窄间距小外形塑封	派生出SOJ、TSOP、VSOP、SSOP、TSSOP及SOT、SOIC等
5		TQFP	薄塑封四角扁平封装	TQFP系列支持宽泛范围的印模尺寸和引线数量，尺寸范围为7～28mm，引线数量为32～256

（续）

序号	封装图	英文缩写	封装名称	说明
6		TSOP	薄型小尺寸封装	TSOP 内存是在芯片的周围做出引脚，采用 SMT 技术直接附着在 PCB 的表面
7		TSSOP	薄的缩小型小尺寸封装	比 SOP 薄，引脚更密，相同功能的情况下封装尺寸更小。有 TSSOP8、TSSOP20、TSSOP24、TSSOP28 等，引脚数量在 8 个以上，最多 64 个
8		PQFP（Plastic Quad Flat Package）	塑料方块平面封装	芯片引脚之间距离很小，引脚很细，一般大规模或超大规模集成电路都采用这种封装形式，其引脚数一般在 100 个以上
9		PLCC（Plastic Leaded Chip Carrier）	塑料有引线芯片载体	引脚从封装的四个侧面引出，呈 J 形。引脚中心距 1.27mm，引脚数 18～84
10	 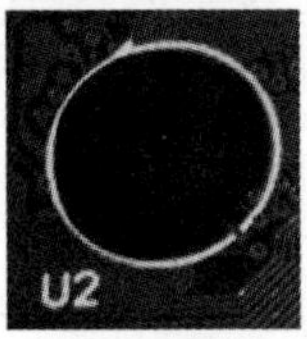	COB（Chip On Board）	板上芯片封装	IC 芯片直接黏结在 PCB 上，引脚焊在铜箔上并用黑塑胶包封，形成“邦定”板

1. 集成运算放大器

集成运算放大器（简称集成运放）是一种高增益的直接耦合放大电路，是问世最早、应用最广泛的集成电路，主要用于各种模拟信号的运算。集成运算放大器工作原理，见表 11-2。

表 11-2　集成运算放大器工作原理

示意图	说明
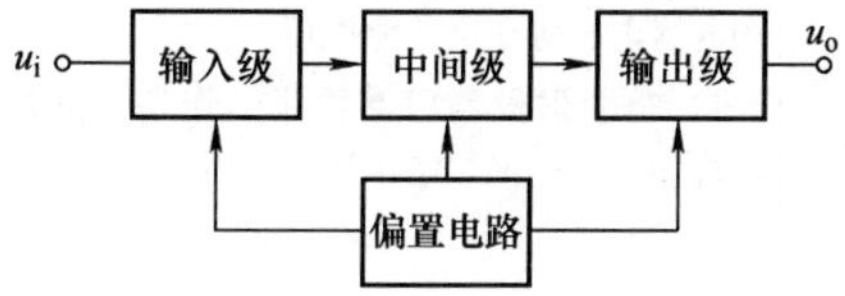 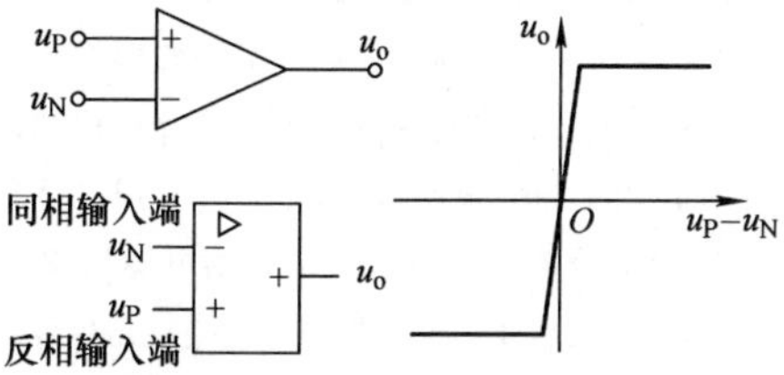 开环差模增益： $$A_{od}=\frac{\Delta u_o}{\Delta(u_P-u_N)}$$ 共模抑制比： $$K_{CMR}=\left\|\frac{A_{od}}{A_{oc}}\right\|$$	1）输入级 双端输入的高性能差分放大电路。输入电阻高、差模放大倍数大、抑制共模信号能力强、静态电流小。对集成运算放大器性能影响最大 2）中间级 为放大器的主放大电路，具有较强的放大能力，采用共射（共源）放大电路、复合管，以恒流源为集电极负载 3）输出级 输出电压线性范围宽、输出电阻小、非线性失真小，多采用互补对称输出电路 4）偏置电路 设置集成运算放大器的各级放大电路的静态工作点。采用电流源为各级提供合适的静态电流 5）开环差模增益 A_{od} 在集成运算放大器无外加反馈时差模放大倍数称为开环差模增益 6）差模输入电阻 r_{id} 在输入差模信号时的输入电阻 7）输入失调电压 U_{IO} 及其温漂 dU_{IO}/dT dU_{IO}/dT 是 U_{IO} 的温度系数，是衡量运算放大器温漂的重要参数 8）输入失调电流 I_{IO} 及其温漂 dI_{IO}/dT dI_{IO}/dT 是 I_{IO} 的温度系数，是衡量运算放大器温漂的重要参数 9）最大差模输入电压 V_{idmax} 运算放大器的同相与反相端能够承受的最大电压值 10）最大共模输入电压 V_{icmax} 运算放大器能够承受的最大共模输入电压

2. 功率放大电路的简介

功率放大电路的简介，见表 11-3。

表 11-3　功率放大电路的简介

序号	示意	名称	说明
1	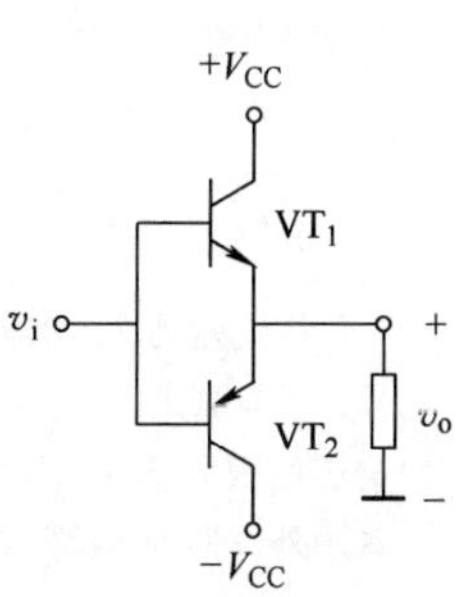 	OCL（Output Capacitor－Less）电路	1）负载与放大电路是直接耦合，输出端无电容，故称为 OCL 功率放大电路 2）2 个晶体管轮流工作半个周期（互补），组合为一个射极输出器（互补射极输出器），消除了单个乙类射极输出器的失真

（续）

序号	示意	名称	说明
2	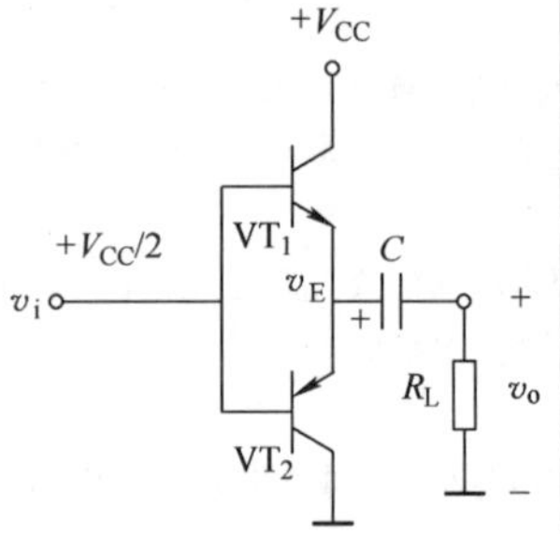	OTL（Output Transformer－Less）电路	1）负载与放大电路电容耦合，输出端无变压器，故称为OTL功率放大电路 2）功率管工作在乙类状态，发射极电位和电容电压等于半电源电压 3）每个射极输出器轮流工作半个周期，负载获得完整的正弦电压
3	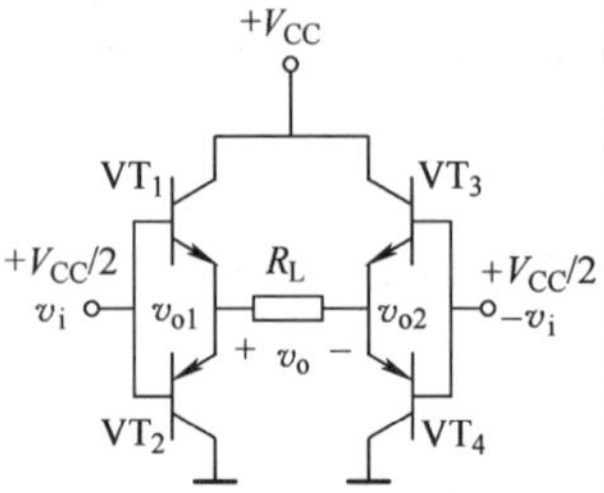	BTL（Balanced Transformer－Less）电路	1）VT_1和VT_2、VT_3和VT_4各形成一个互补射极输出器，负载跨接在2个输出端之间，输出端无变压器。要求VT_1、VT_2、VT_3和VT_4的特性一致（组成平衡电桥），2个互补射极输出器输入信号相位相反，故称为BTL功率放大电路 2）BTL电路需要4个功率管，给功率管的散热和保护增加了难度

注：OCL、OTL和BTL电路统称为乙类互补对称功率放大电路。其特点是输出功率大，效率高，输出电阻小，带负载能力强。

3. 常用运算放大器的简介

常用运算放大器的简介，见表11-4。

表11-4　常用运算放大器的简介

序号	名称	外形示意图	内部电路框图	说明
1	LM358		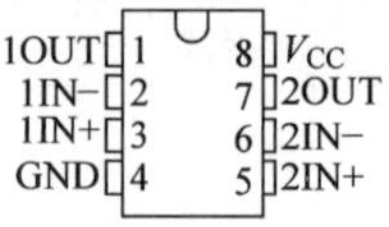	LM358是双运算放大器。内部包括有两个独立的、高增益、内部频率补偿的运算放大器，适合于电源电压范围很宽的单电源使用，也适用于双电源工作模式，在推荐的工作条件下，电源电流与电源电压无关
2	LM324		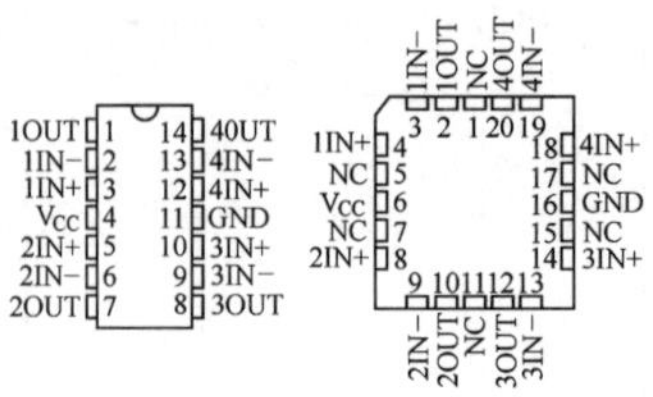	LM324差动输入的四运算放大器，具有真正的差分输入。工作电压范围为3.0～32V。除电源共用外，四组运算放大器相互独立

（续）

序号	名称	外形示意图	内部电路框图	说明
3	LM339		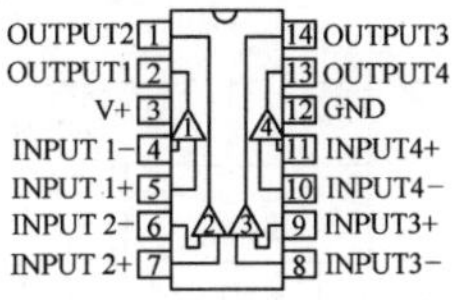 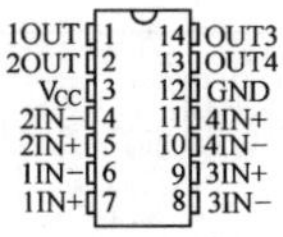	LM339 电压比较器内部装有四个独立的电压比较器。具有如下特点： 1）失调电压小，典型值为2mV 2）电源电压范围宽，单电源为2～36V，双电源电压为±1～±18V。对比较信号源的内阻限制较宽 3）共模范围很大，为0～(V_{cc}−1.5V) 4）差动输入电压范围较大，大到可以等于电源电压 5）输出端电位可灵活方便地选用
4	LM393	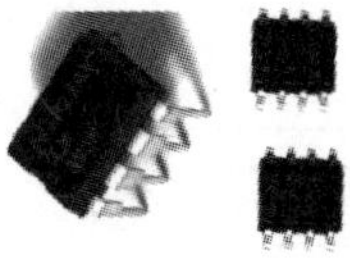	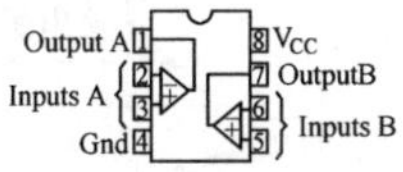 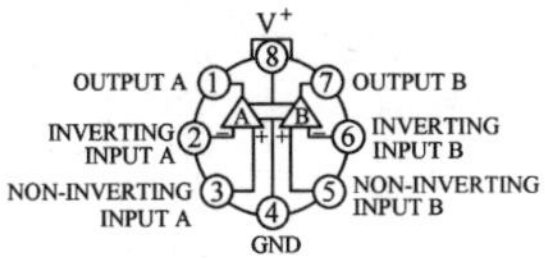	LM393 是双电压比较器集成电路，输出负载电阻能衔接在允许的电源电压范围内的任何电源电压上，不受 V_{cc} 端电压值的限制
5	LM741	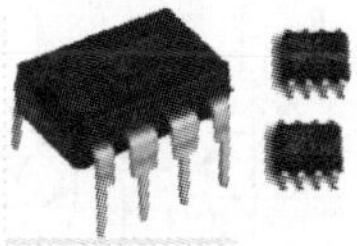	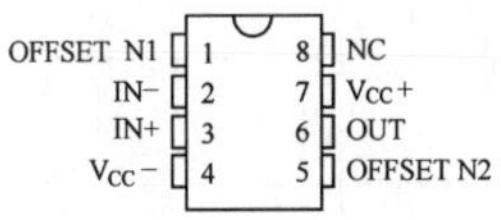	高增益运算放大器，由于采用了有源负载，所以只要两级放大就可以达到很高的电压增益和很宽的共模及差模输入电压范围 本电路采用内部补偿，电路比较简单，不易自激，工作点稳定，使用方便，而且设计了完善的保护电路，不易损坏

4. 时基集成电路 NE555

NE555 是属于 555 系列的计时芯片中的一个型号，555 系列引脚功能及应用都是相同的。不同型号 555 系列产品因价格不同，其稳定度、省电、振荡频率也不相同，而 555 是目前应用很广且相当普遍的计时芯片，工作时外部只需少数的电阻和电容，便可产生设计电路所需的脉冲信号。目前的生产厂家主要有 NXP（恩智浦）、TI（德州仪器）、NEC（日电）、ST（意法半导体）、FAIRCHILD（仙童）。

NE555 的内部电路框图与内部电路图，如图 11-1 所示。

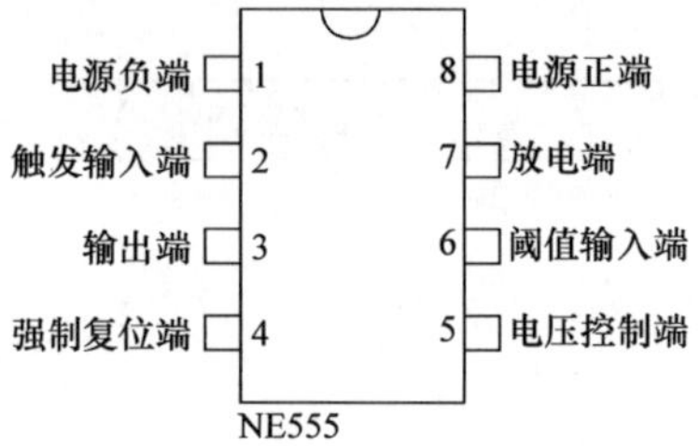

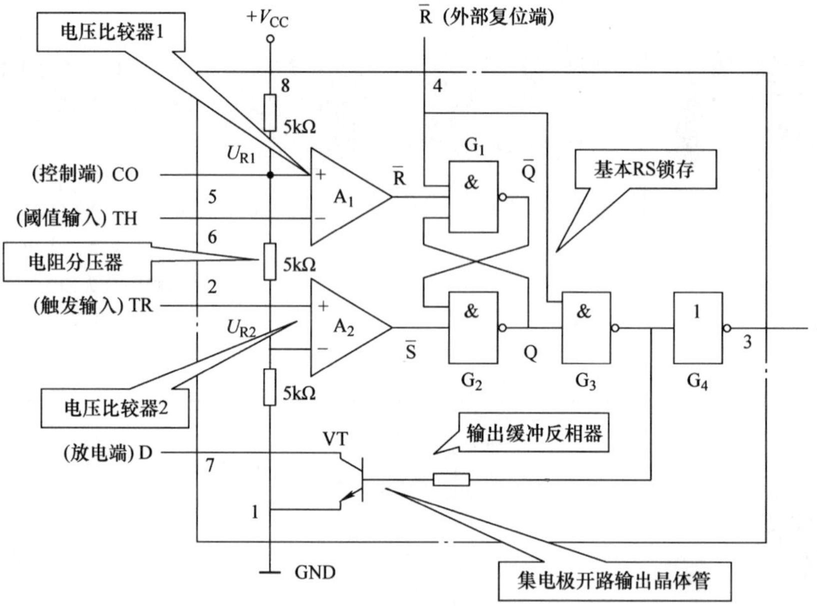

a) NE555的内部电路框图

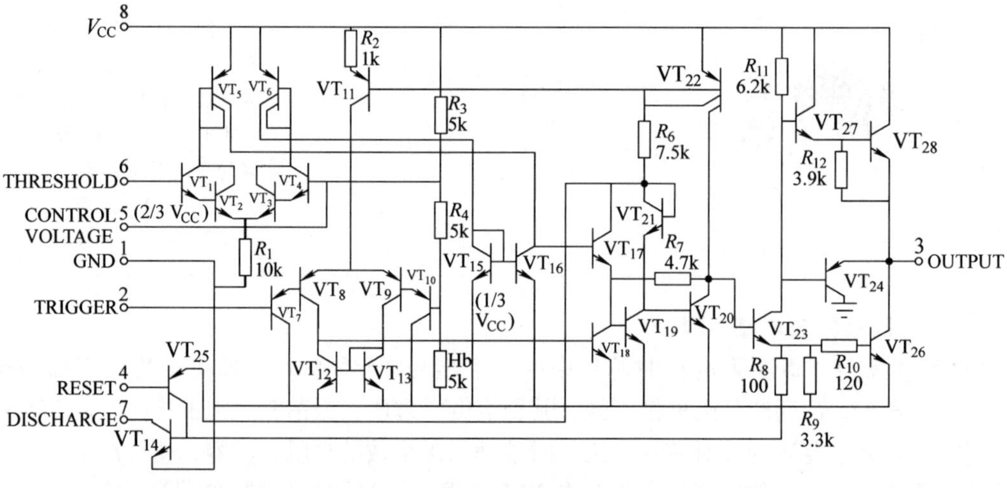

b) 内部电路图

图 11-1 NE555 的内部电路框图与内部电路图

NE555 的引脚图、封装及应用，如图 11-2 所示。

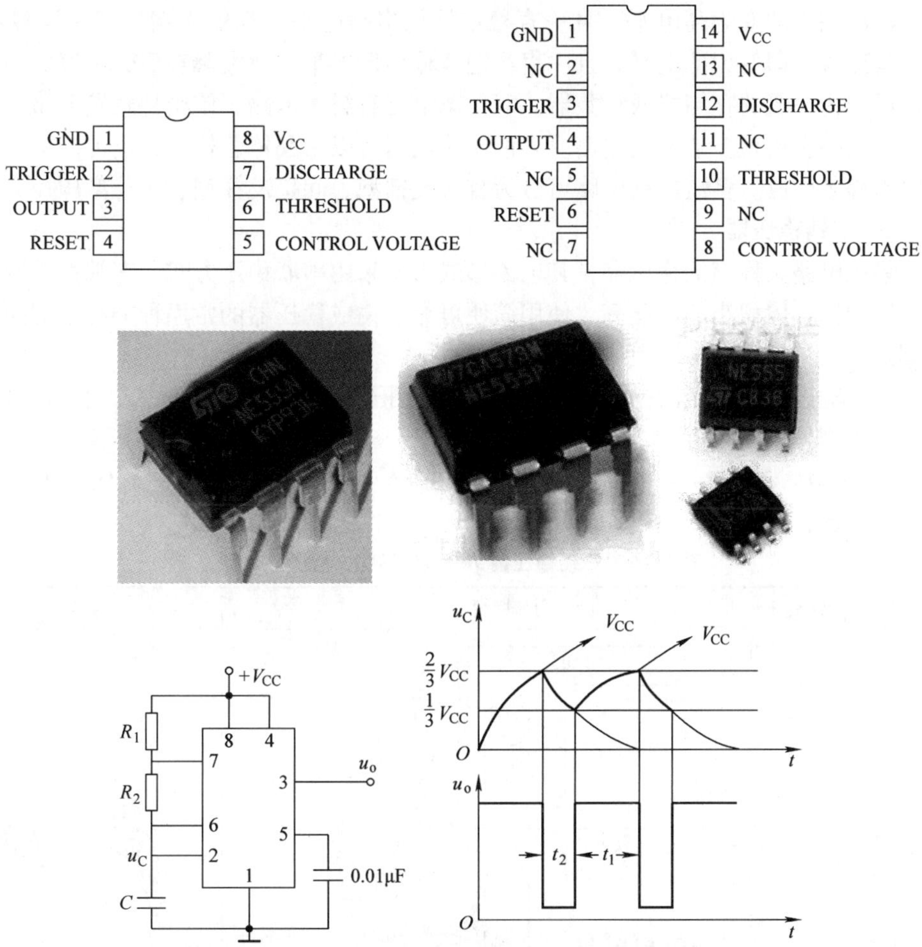

图11-2　NE555的引脚图、封装及应用

555定时器逻辑功能表，见表11-5。

表11-5　555定时器逻辑功能表

输入			输出	
阈值输入（TH）	触发输入（$\overline{TR}$）	外部复位端（$\overline{R}$）	输出（OUT）	放电端（D）
×	×	0	0	导通
$<\frac{2}{3}V_{CC}$	$<\frac{1}{3}V_{CC}$	1	1	截止
$>\frac{2}{3}V_{CC}$	$>\frac{1}{3}V_{CC}$	1	0	导通
$<\frac{2}{3}V_{CC}$	$>\frac{1}{3}V_{CC}$	1	保持	保持

555定时器典型应用有单稳态电路、双稳态电路、无稳态电路三种。

单稳态电路只有一个稳定状态，触发翻转后经过一段时间会回到原来的稳定状态，一般作为固定脉冲宽度整形。单稳态电路分为人工启动单稳态电路、脉冲启动型单稳态电路、压控振荡器。

双稳态电路有两个稳定状态，一个输出端及两个输入端，当输入端的“+”端有触发信号时，输出端立即变为高电平，且一直稳定地输出高电平。当输入端的“-”端有触发信号时，输出端立即变为低电平，且一直稳定地输出低电平。触发翻转后会一直保持，有记忆功能，可作为一般的存储器或计数器。双稳态电路有触发电路、施密特触发电路。

无稳态电路主要是多谐振荡电路。多谐振荡电路可以由晶体管构成，也可以用555或者通用门电路等来构成。多谐振荡电路可分为直接反馈型、间接反馈型、无稳型压控振荡器。

5. 三端稳压器

稳压集成电路又称三端稳压器，其电路形式大多采用串联稳压方式。三端稳压器与分立元件稳压器相比，体积小、性能高、使用简便可靠。集成稳压器的常用种类有三端固定式及三端可调式。

三端固定输出集成稳压器是一种串联调整式稳压器，其电路只有输入、输出、公共端，使用方便。其型号78××系列是正输出稳压器，79××系列是负输出稳压器，其输出电压分别是+5～+24V和-5～-24V。输出电流有0.1A、0.5A和1.5A。三端稳压器78××系列的外形与参数，见表11-6。

表11-6　三端稳压器78××系列的外形与参数

序号	型号	电压	电流	内部框图	封装图
1	78××	5V、6V、8V、9V、12V、15V、18V、24V	1A	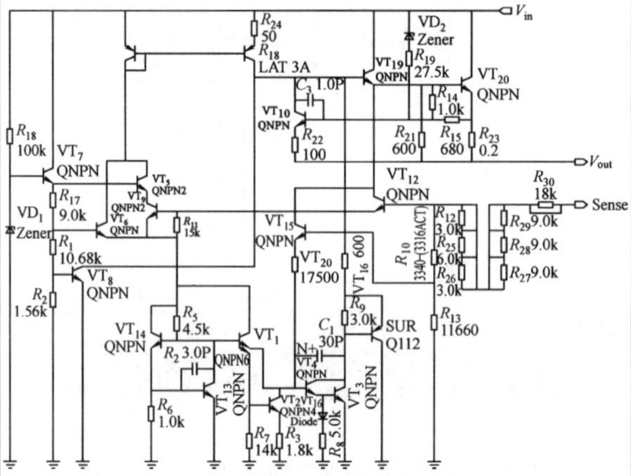	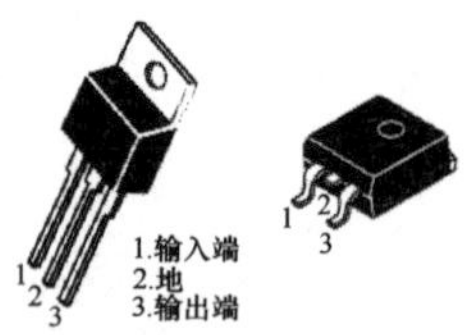
2	78M××	5V、6V、8V、9V、12V、15V、18V、20V、24V	0.5A	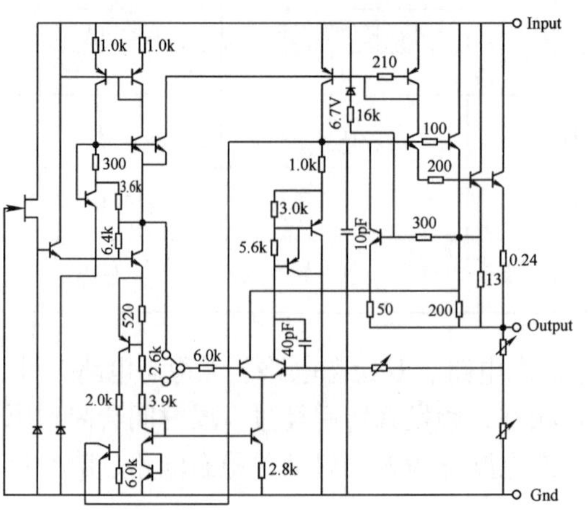	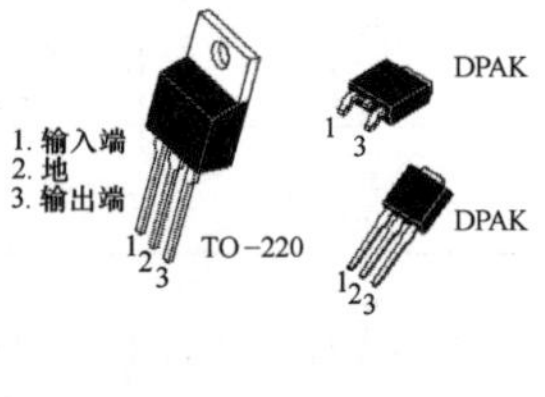

（续）

序号	型号	电压	电流	内部框图	封装图
3	78L××	3.3V、5V、6V、8V、9V、12V、15V、18V、24V	0.1A	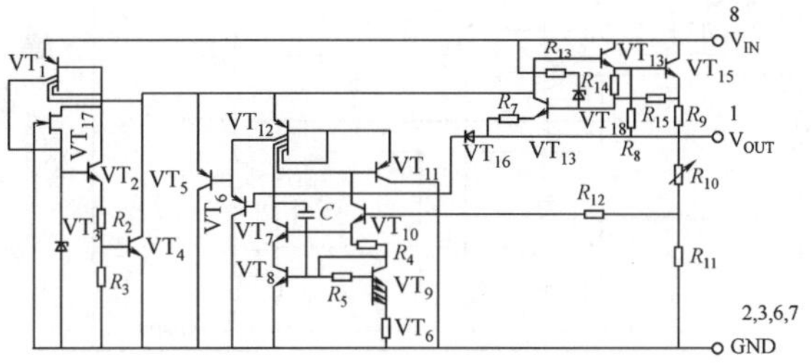	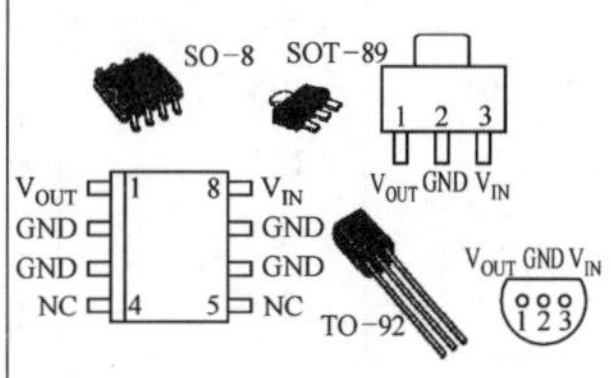

三端稳压器79××系列的外形与参数，见表11-7。

表11-7 三端稳压器79××系列的外形与参数

序号	型号	电压	电流	内部框图	封装图
1	79××	-5V、-6V、-9V、-12V、-15V、-18V、-24V	1A	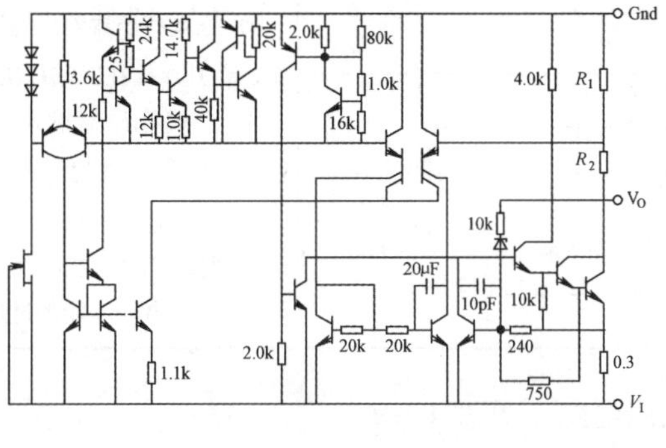	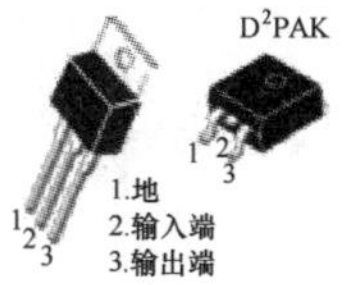
2	79M××	-5V、-6V、-9V、-12V、-15V、-18V、-24V	0.5A	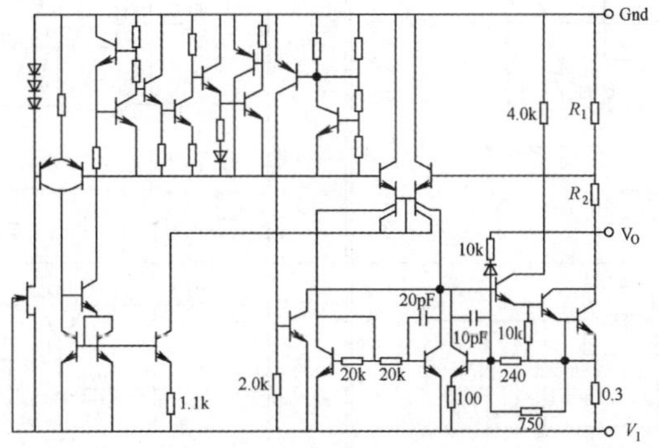	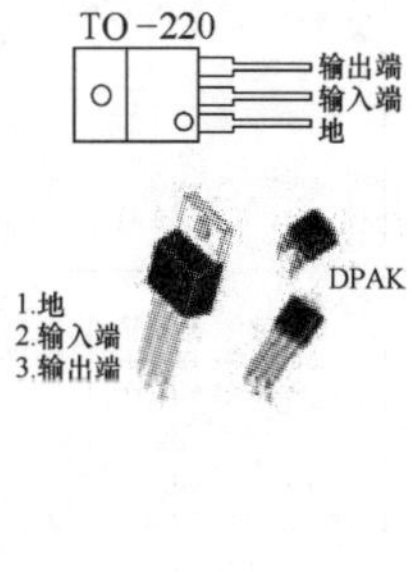

（续）

序号	型号	电压	电流	内部框图	封装图
3	79L××	-5V、-6V、-9V、-12V、-15V、-18V、-24V	0.1A	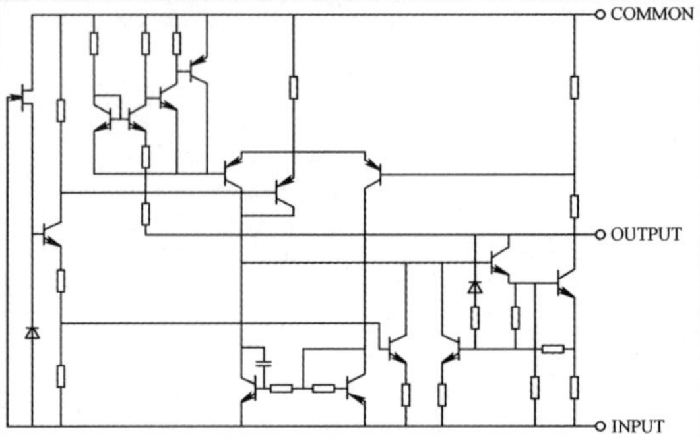	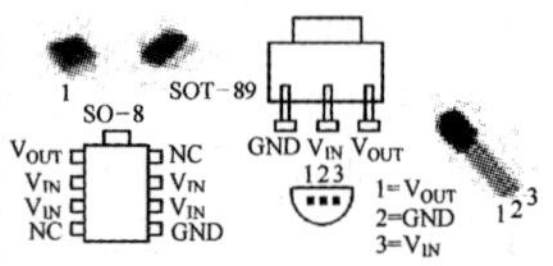

三端稳压器的应用电路，见表11-8。

表11-8　三端稳压器的应用电路

序号	型号	应用电路	注意事项
1	78××系列	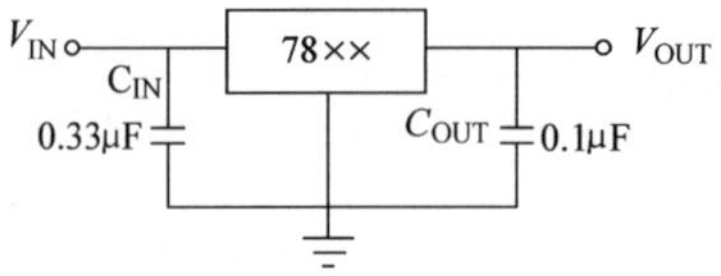	1）C_{IN}用来抵消输入长接线的电感效应，防止自激 2）C_{OUT}用来改善负载的瞬态响应，消除高频噪声 3）安装时要防止三端稳压器输入输出接反，损坏三端稳压器，同时也要加装散热片，防止三端稳压器浮地 4）三端稳压器输出电压$\|V_0\|>7V$，应接保护二极管，将其反接在三端稳压器的输出与输入端之间 5）三端稳压器输入电压必须大于V_{Imin}，78系列，$V_{Imin}\geqslant 7V$，79系列，$V_{Imin}\leqslant -7V$ 6）三端稳压器输入/输出之间有3V的压差，才能使调整管保证工作在放大区 7）输出电流不能超过最大值I_{Omax}
2	79××系列	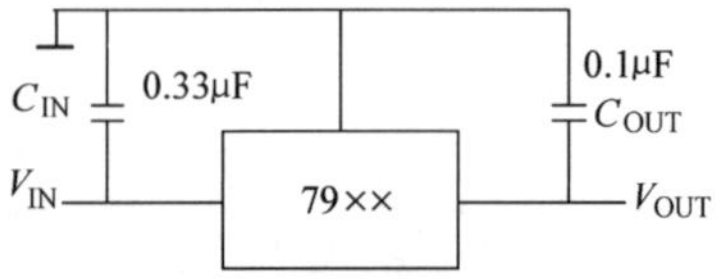	

三端稳压器的扩展应用电路，见表11-9。

表11-9　三端稳压器的扩展应用电路

序号	应用电路	序号	应用电路
1	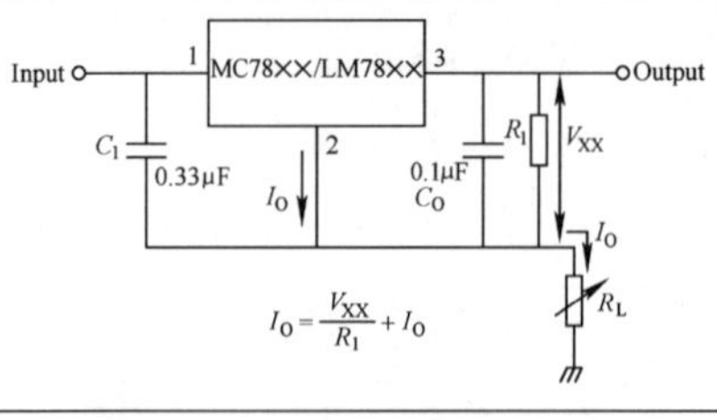	3	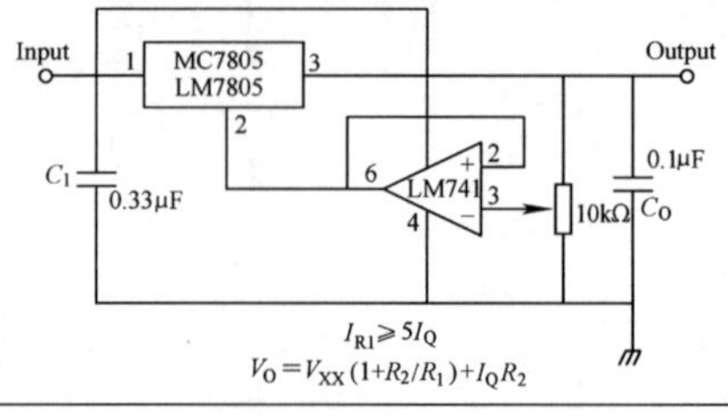
2	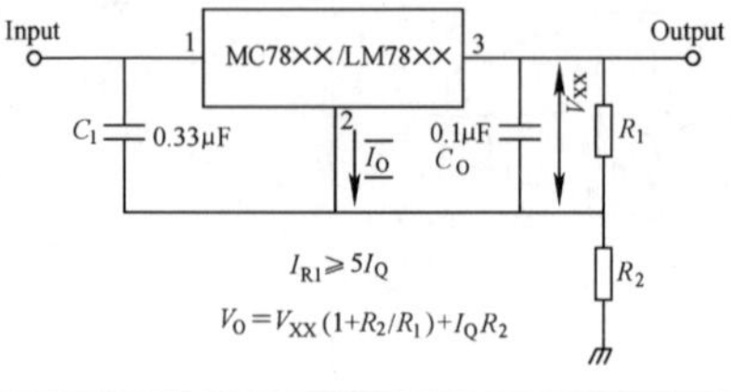	4	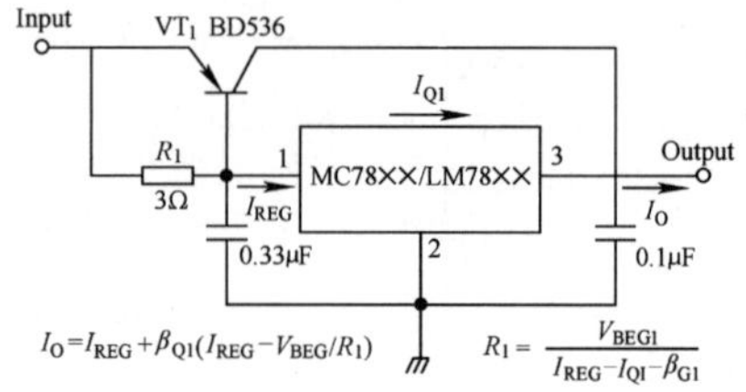

（续）

序号	应用电路	序号	应用电路
5	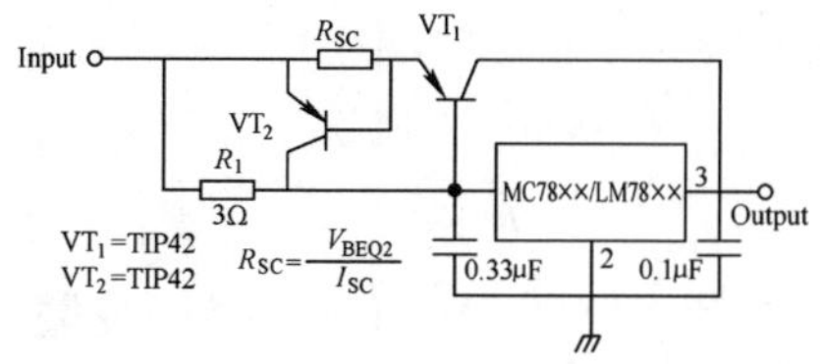	8	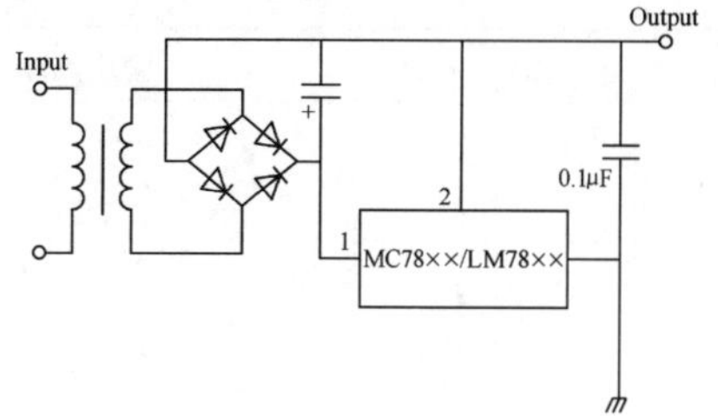
6	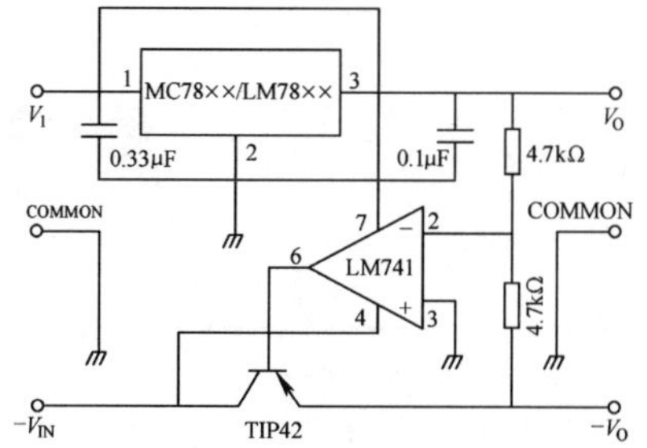	9	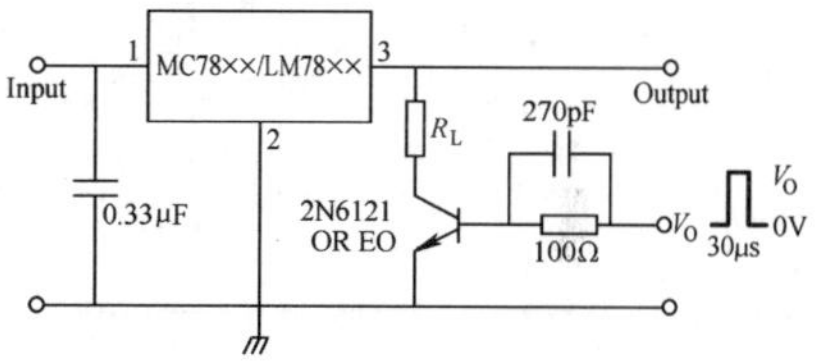
7	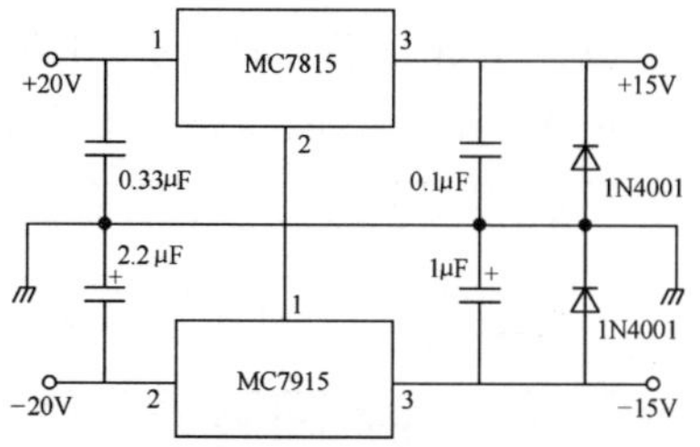	10	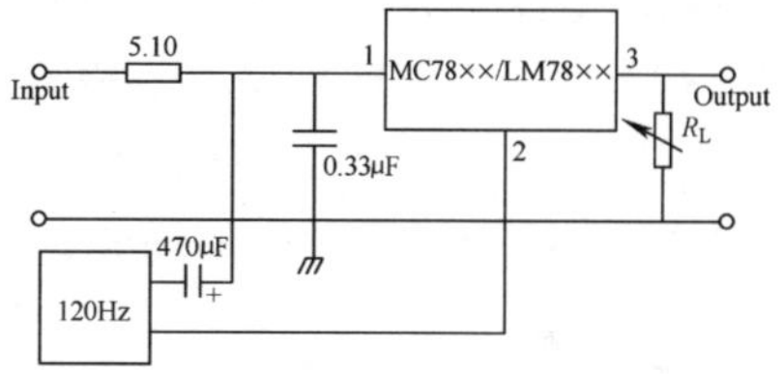

LDO 稳压器的参数与应用电路，见表 11-10。

表 11-10　LDO 稳压器的参数与应用电路

名称	电压	电流	内部电路	应用电路	封装图
AMS1117	1.5V、1.8V、2.5V、2.85V、3.0V、3.3V、5.0V 和可调版本	1A	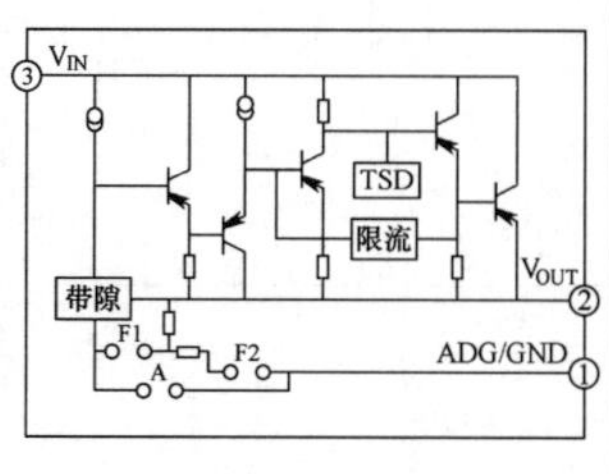	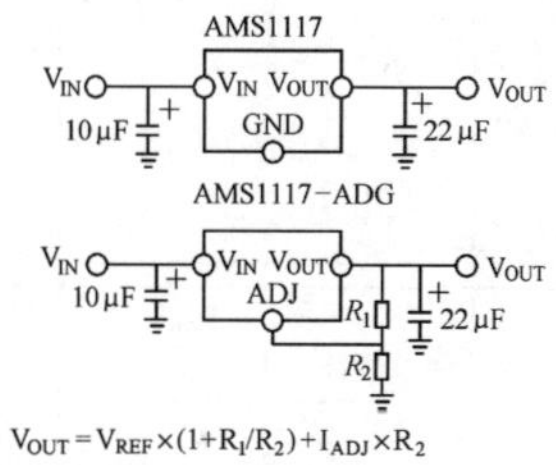 $V_{OUT}=V_{REF}\times(1+R_1/R_2)+I_{ADJ}\times R_2$	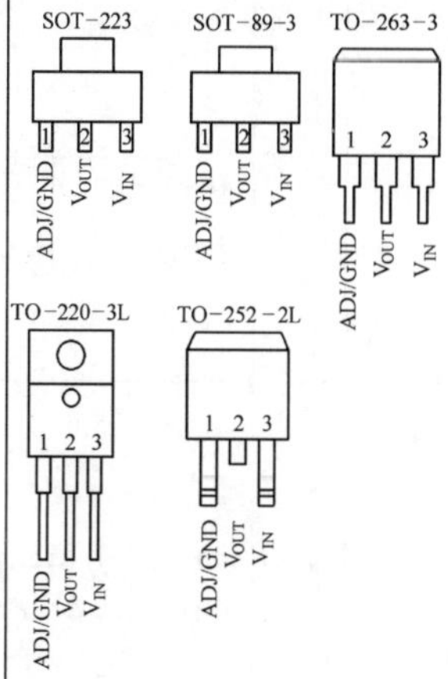

三端可调输出集成稳压器的参数与应用电路，见表 11-11。LM317 三端可调稳压器，输出电流为 1.5A。

表 11-11　三端可调输出集成稳压器的参数与应用电路

名称	基准电压	电流	应用电路	公式	封装图
LM117/217/317 系列（正电源）	1.25V	1.5A、0.5A、0.1A	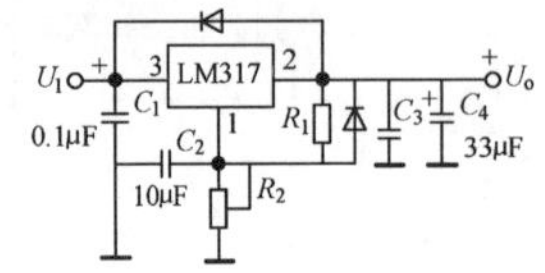	$U_o \approx U_{REF}\ (1+\frac{R_2}{R_1})$ $R_1=240\Omega$，$R_2=6.8k\Omega$， 则 U_o 为 1.25～37V	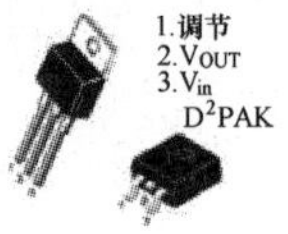
LM137/237/337 系列（负电源）	-1.25V	1.5A、0.5A、0.1A	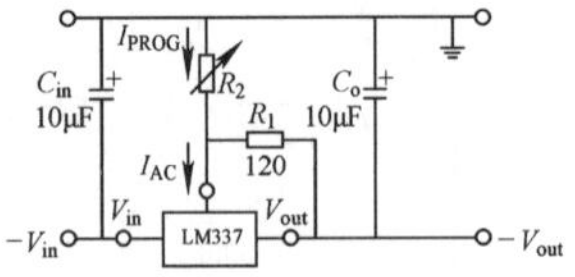	$V_{out}=-1.25V\left(1+\frac{R_2}{R_1}\right)$	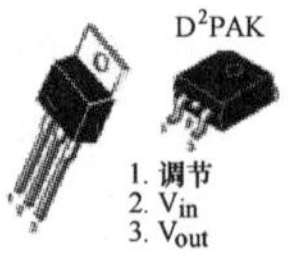

6. 数字集成电路

(1) 逻辑门电路

逻辑门电路是数字电路中最基本的逻辑元件，由与门、或门和非门组成。逻辑门电路分为 TTL 门电路及 CMOS 门电路、ECL 逻辑电路。这里主要介绍 TTL 门电路及 CMOS 门电路，TTL 门电路有 74、74H、74L、74LS、74AS、74ALS 等系列，CMOS 门电路有 4000 系列。TTL 门电路及 CMOS 门电路的简介，见表 11-12。

表 11-12　TTL 门电路及 CMOS 门电路的简介

序号	名称	符号及表达式	真值表	常用电路型号
1	与门	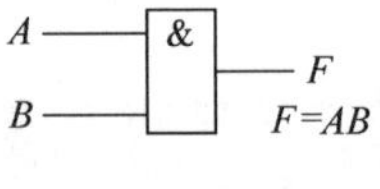	A B F 0 0 0 0 1 0 1 0 0 1 1 1	74LS08、74LS09、74LS11、74LS21、CD4081、CD4082
2	或门	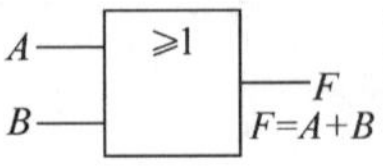	A B F 0 0 0 0 1 1 1 0 1 1 1 1	74LS32
3	非门	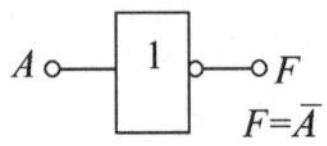	A F 0 1 1 0	74LS04

（续）

序号	名称	符号及表达式	真值表	常用电路型号
4	与非门	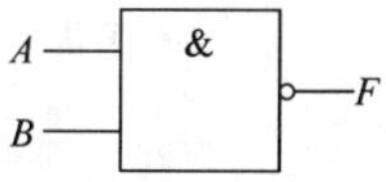 $F=(A\cdot B)'=A'+B'$	A B F 0 0 1 0 1 1 1 0 1 1 1 0	74LS10、74LS20、CD4011、CD4093
5	或非门	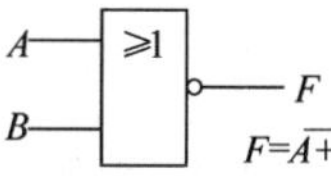 $F=\overline{A+B}$	A B F 0 0 1 0 1 0 1 0 0 1 1 0	CD4000、CD4001、CD4002、74LS02、74LS27、74LS28、74HC266、CD4030、74LS86
6	同或门	$F=A\odot B=A\cdot B+A'\cdot B'=(A\oplus B)'$ 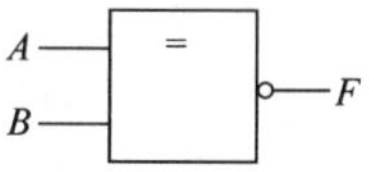	A B F 0 0 1 0 1 0 1 0 0 1 1 1	CD4077
7	异或门	$F=A\oplus B=A\cdot B'+A'\cdot B$ 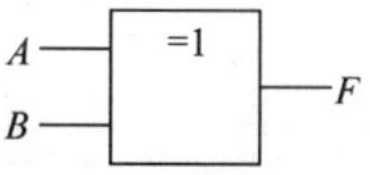	A B F 0 0 0 0 1 1 1 0 1 1 1 0	74LS86、74LS386、CD4070

（2）数字集成电路

常用的数字集成电路简介，见表11-13。

表11-13　常用的数字集成电路简介

序号	名称	说明	引脚图	时序图或真值表及说明
1	74HC164	74HC164是一个8位串并转换控制芯片，主要用于数字电路和LED显示控制电路应用	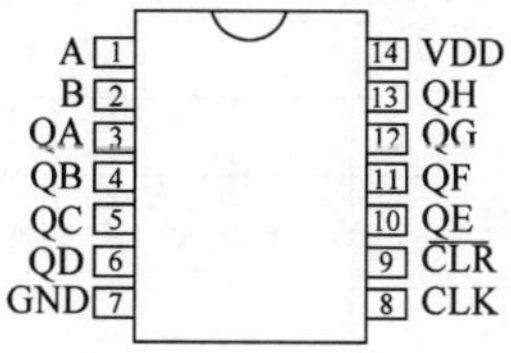	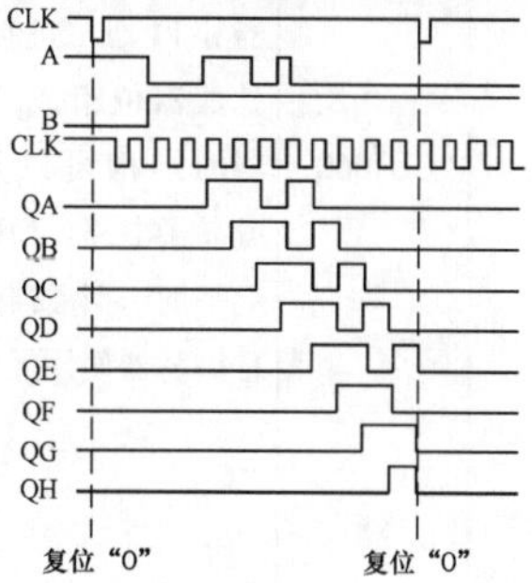

（续）

<table>
<tr><th>序号</th><th>名称</th><th>说明</th><th>引脚图</th><th>时序图或真值表及说明</th></tr>
<tr><td>2</td><td>CD4011</td><td>CD4011 是四 2 输入与非门</td><td>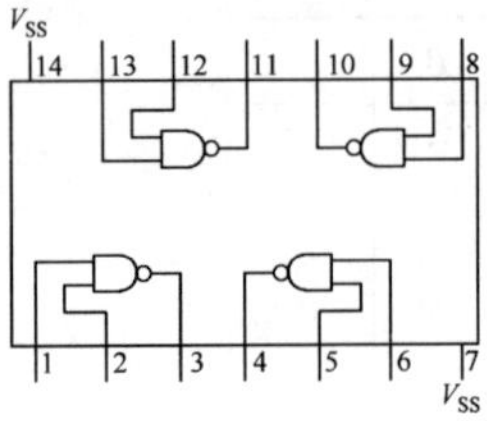
</td><td>$F=\overline{A\cdot B}$
逻辑“1”=高电平
逻辑“0”=低电平</td></tr>
<tr><td>3</td><td>CD4013</td><td>CD4013 是一双 D 触发器，由两个相同的、相互独立的数据型触发器构成，每个触发器有独立的数据、置位（SD）、复位（CD）、时钟输入（CP）和 Q 及 Q 块输出，此器件可用作移位寄存器，且通过将 Q 输出连接到数据输入，可用作计算器和触发器</td><td>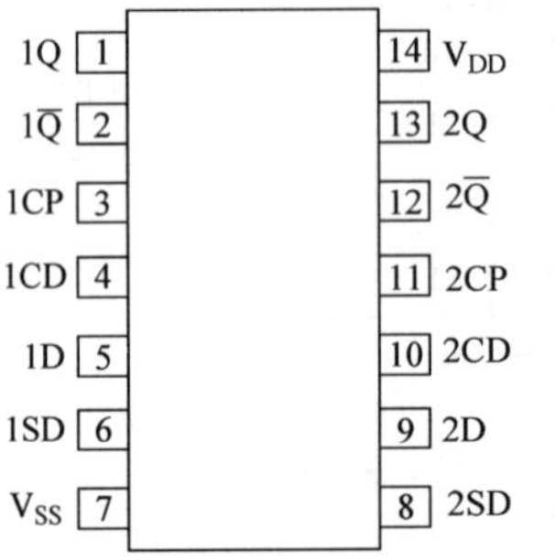
</td><td><table>
<tr><th colspan="3">控制器</th><th>输入</th><th colspan="2">输出</th></tr>
<tr><td>nSD</td><td>sCD</td><td>nCP</td><td>nD</td><td>nQ</td><td>$n\overline{Q}$</td></tr>
<tr><td>H</td><td>L</td><td>X</td><td>X</td><td>H</td><td>L</td></tr>
<tr><td>I</td><td>H</td><td>X</td><td>X</td><td>L</td><td>H</td></tr>
<tr><td>H</td><td>H</td><td>X</td><td>X</td><td>H</td><td>H</td></tr>
<tr><td>L</td><td>L</td><td>↑</td><td>L</td><td>L</td><td>H</td></tr>
<tr><td>L</td><td>L</td><td>↑</td><td>H</td><td>H</td><td>L</td></tr>
</table></td></tr>
<tr><td>4</td><td>CD4017</td><td>CD4017 是 5 位 Johnson 计算器，具有 10 个译码输出端、CP、CR、INH 输入端。时钟输入端的施密特触发器具有脉冲整形功能，对输入时钟脉冲上升和下降时间无限制</td><td>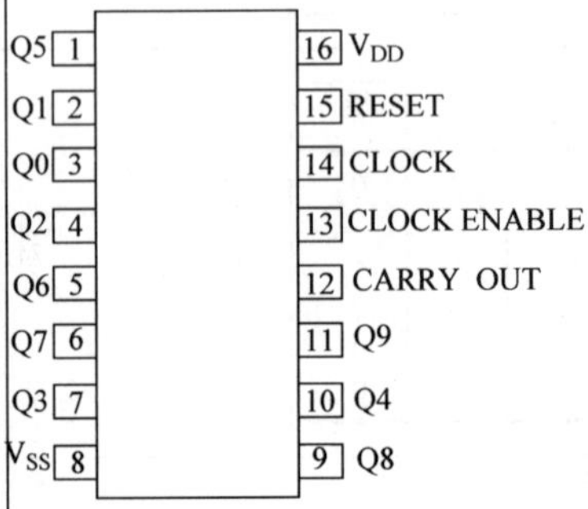
</td><td>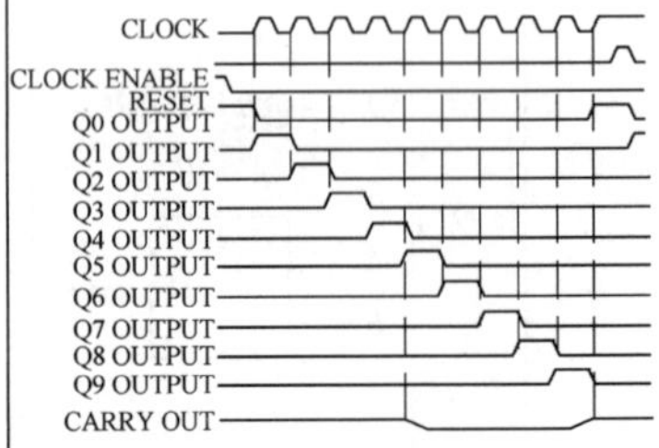
</td></tr>
<tr><td>5</td><td>CD4060</td><td>CD4060 由一个振荡器和 14 级二进制串行计数器位组成，振荡器的结构可以是 RC 或晶振电路，CR 为高电平时，计数器清零且振荡器使用无效</td><td>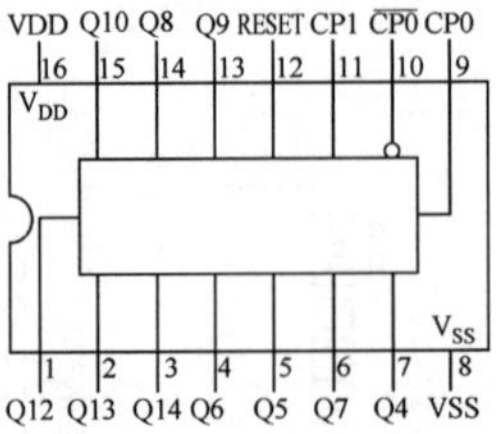
</td><td></td></tr>
</table>

（续）

<table>
<tr><th>序号</th><th>名称</th><th>说明</th><th>引脚图</th><th>时序图或真值表及说明</th></tr>
<tr><td>6</td><td>CD4069</td><td>CD4069是常规的6路反相器，每一路反相器都是相对独立的</td><td>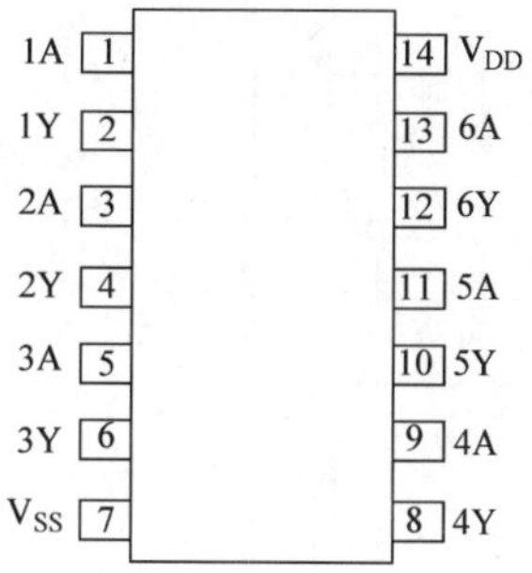
</td><td>
<table>
<tr><th>引脚号</th><th>符号</th><th>功能</th></tr>
<tr><td>1</td><td>1A</td><td>数据输入端</td></tr>
<tr><td>2</td><td>1Y</td><td>数据输出端</td></tr>
<tr><td>3</td><td>2A</td><td>数据输入端</td></tr>
<tr><td>4</td><td>2Y</td><td>数据输出端</td></tr>
<tr><td>5</td><td>3A</td><td>数据输入端</td></tr>
<tr><td>6</td><td>3Y</td><td>数据输出端</td></tr>
<tr><td>7</td><td>V_{SS}</td><td>地</td></tr>
<tr><td>8</td><td>4Y</td><td>数据输出端</td></tr>
<tr><td>9</td><td>4A</td><td>数据输入端</td></tr>
<tr><td>10</td><td>5Y</td><td>数据输出端</td></tr>
<tr><td>11</td><td>5A</td><td>数据输入端</td></tr>
<tr><td>12</td><td>6Y</td><td>数据输出端</td></tr>
<tr><td>13</td><td>6A</td><td>数据输入端</td></tr>
<tr><td>14</td><td>V_{DD}</td><td>电源电压</td></tr>
</table></td></tr>
<tr><td>7</td><td>CD4511</td><td>CD4511是一个用于驱动共阴极LED（数码管）显示器的BCD码－七段码译码器，特点是具有BCD转换、消隐和锁存控制、七段译码及驱动功能的CMOS电路，能提供较大的拉电流</td><td>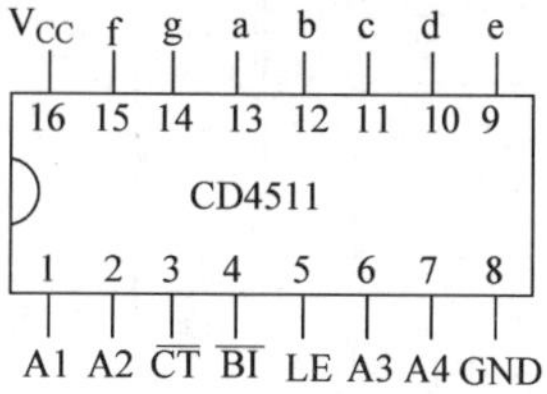
</td><td>
<table>
<tr><th colspan="7">输入</th><th colspan="8">输出</th></tr>
<tr><th>LE</th><th>$\overline{81}$</th><th>$\overline{LF}$</th><th>D</th><th>C</th><th>B</th><th>A</th><th>A</th><th>D</th><th>C</th><th>d</th><th>e</th><th>f</th><th>s</th><th>显示</th></tr>
<tr><td>×</td><td>×</td><td>×</td><td>×</td><td>×</td><td>×</td><td>×</td><td>0</td><td>0</td><td>0</td><td>0</td><td>0</td><td>0</td><td>0</td><td>B</td></tr>
<tr><td>×</td><td>1</td><td>1</td><td>×</td><td>×</td><td>×</td><td>×</td><td>0</td><td>0</td><td>0</td><td>0</td><td>0</td><td>0</td><td>0</td><td></td></tr>
<tr><td>0</td><td>1</td><td>1</td><td>0</td><td>0</td><td>0</td><td>0</td><td>0</td><td>1</td><td>1</td><td>1</td><td>1</td><td>1</td><td>0</td><td>0</td></tr>
<tr><td>0</td><td>1</td><td>1</td><td>0</td><td>0</td><td>0</td><td>1</td><td>0</td><td>1</td><td>1</td><td>0</td><td>0</td><td>0</td><td>0</td><td>1</td></tr>
<tr><td>0</td><td>1</td><td>1</td><td>0</td><td>0</td><td>0</td><td>0</td><td>0</td><td>1</td><td>0</td><td>1</td><td>0</td><td>0</td><td>1</td><td>2</td></tr>
<tr><td>0</td><td>1</td><td>1</td><td>0</td><td>0</td><td>0</td><td>1</td><td>0</td><td>0</td><td>1</td><td>1</td><td>0</td><td>0</td><td>1</td><td>3</td></tr>
<tr><td>0</td><td>1</td><td>1</td><td>0</td><td>1</td><td>0</td><td>0</td><td>0</td><td>1</td><td>1</td><td>0</td><td>0</td><td>0</td><td>1</td><td>4</td></tr>
<tr><td>0</td><td>1</td><td>1</td><td>0</td><td>1</td><td>0</td><td>1</td><td>0</td><td>0</td><td>1</td><td>0</td><td>0</td><td>0</td><td>1</td><td>5</td></tr>
<tr><td>0</td><td>1</td><td>1</td><td>0</td><td>1</td><td>1</td><td>0</td><td>0</td><td>0</td><td>1</td><td>0</td><td>0</td><td>0</td><td>1</td><td>6</td></tr>
<tr><td>0</td><td>1</td><td>1</td><td>0</td><td>1</td><td>1</td><td>1</td><td>1</td><td>1</td><td>1</td><td>0</td><td>0</td><td>0</td><td>0</td><td>7</td></tr>
<tr><td>0</td><td>1</td><td>1</td><td>1</td><td>0</td><td>0</td><td>0</td><td>1</td><td>1</td><td>1</td><td>1</td><td>1</td><td>1</td><td>1</td><td>8</td></tr>
<tr><td>0</td><td>1</td><td>1</td><td>1</td><td>0</td><td>0</td><td>1</td><td>1</td><td>1</td><td>1</td><td>0</td><td>0</td><td>1</td><td>1</td><td>9</td></tr>
<tr><td>0</td><td>1</td><td>1</td><td>1</td><td>0</td><td>0</td><td>0</td><td>0</td><td>0</td><td>0</td><td>0</td><td>0</td><td>0</td><td>0</td><td></td></tr>
<tr><td>0</td><td>1</td><td>1</td><td>1</td><td>0</td><td>0</td><td>1</td><td>0</td><td>0</td><td>0</td><td>0</td><td>0</td><td>0</td><td>0</td><td></td></tr>
<tr><td>0</td><td>1</td><td>1</td><td>1</td><td>1</td><td>0</td><td>0</td><td>0</td><td>0</td><td>0</td><td>0</td><td>0</td><td>0</td><td>0</td><td></td></tr>
<tr><td>0</td><td>1</td><td>1</td><td>1</td><td>1</td><td>0</td><td>1</td><td>0</td><td>0</td><td>0</td><td>0</td><td>0</td><td>0</td><td>0</td><td></td></tr>
<tr><td>0</td><td>1</td><td>1</td><td>1</td><td>1</td><td>1</td><td>0</td><td>0</td><td>0</td><td>0</td><td>0</td><td>0</td><td>0</td><td>0</td><td></td></tr>
<tr><td>0</td><td>1</td><td>1</td><td>1</td><td>1</td><td>1</td><td>1</td><td>0</td><td>0</td><td>0</td><td>0</td><td>0</td><td>0</td><td>0</td><td></td></tr>
<tr><td>1</td><td>1</td><td>1</td><td>×</td><td>×</td><td>×</td><td>×</td><td></td><td></td><td></td><td></td><td></td><td></td><td></td><td></td></tr>
</table></td></tr>
<tr><td>8</td><td>CD4518</td><td>CD4518是二、十进制（8421编码）同步加计数器，内含两个单元的加计数器</td><td>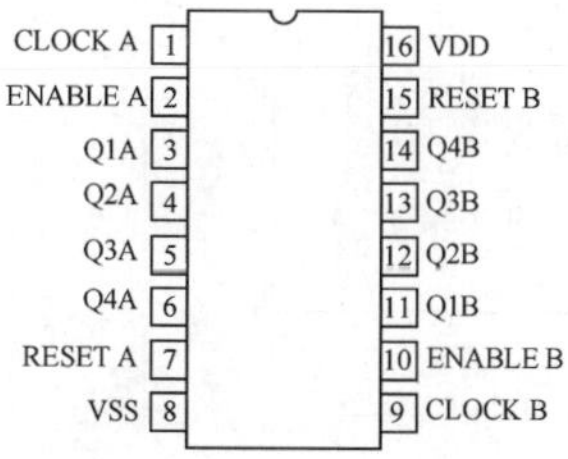
</td><td>
<table>
<tr><th>时钟</th><th>使能</th><th>复位</th><th>功能</th></tr>
<tr><td>↑</td><td>1</td><td>0</td><td>加计数</td></tr>
<tr><td>0</td><td>↓</td><td>0</td><td>加计数</td></tr>
<tr><td>↓</td><td>×</td><td>0</td><td>不变</td></tr>
<tr><td>×</td><td>↑</td><td>0</td><td>不变</td></tr>
<tr><td>↑</td><td>0</td><td>0</td><td>不变</td></tr>
<tr><td>1</td><td>↓</td><td>0</td><td>不变</td></tr>
<tr><td>×</td><td>×</td><td>1</td><td>Q1～Q4=0</td></tr>
</table></td></tr>
<tr><td>9</td><td>CD4053</td><td>三组二选一双向模拟开关</td><td>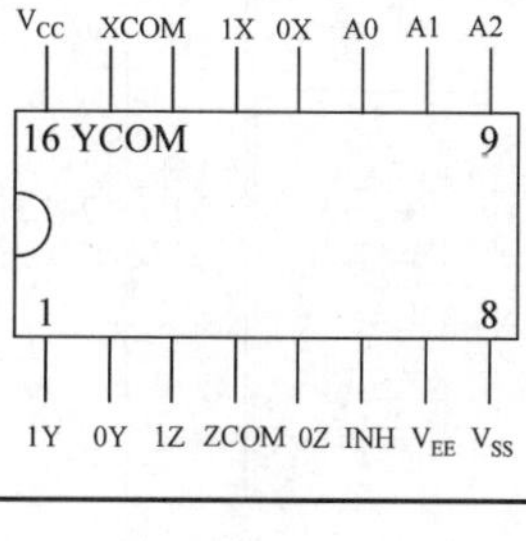
</td><td>CD4052是双四选一模拟开关；CD4051是八选一模拟开关；CD4067是十六选一模拟开关</td></tr>
</table>

常用的数字集成电路引脚图或封装图，见表11-14。

表11-14　常用的数字集成电路引脚图或封装图

序号	型号	名称	引脚图或封装图
1	74LS138	3线-8线译码器	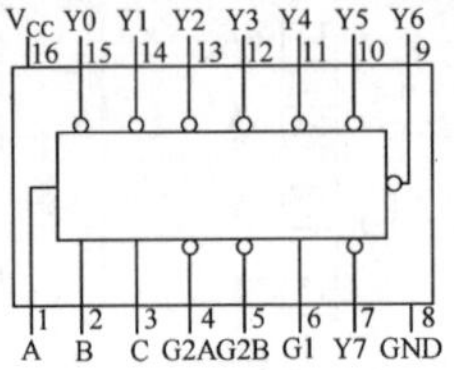
2	74LS14	施密特触发器的六反相器	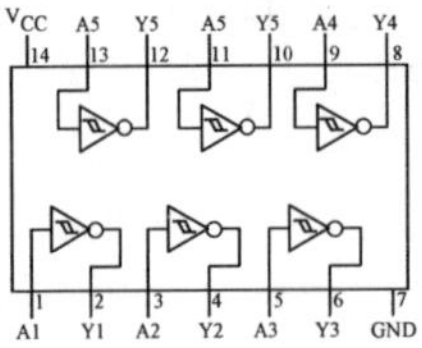
3	74LS20	2路四输入-输出的与非门	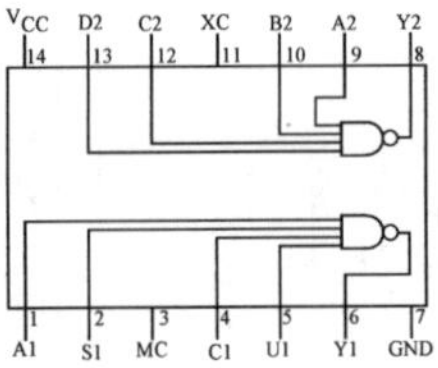
4	74LS244	3态8位缓冲器	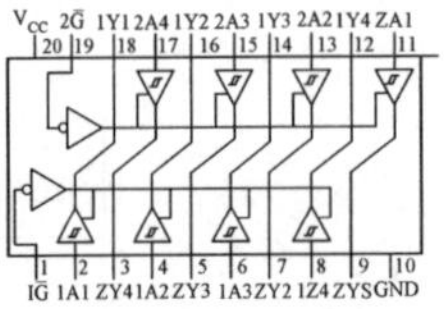
5	74LS245	8路同相3态双向总线收发器	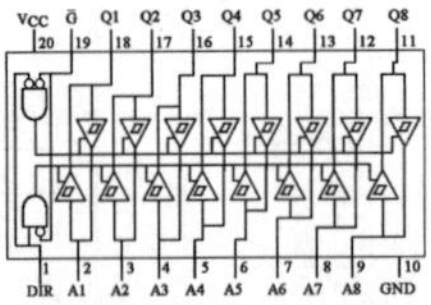
6	74LS27	3路三输入三或非门	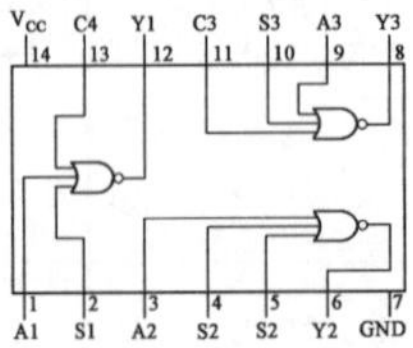
7	74LS279	R-S触发器	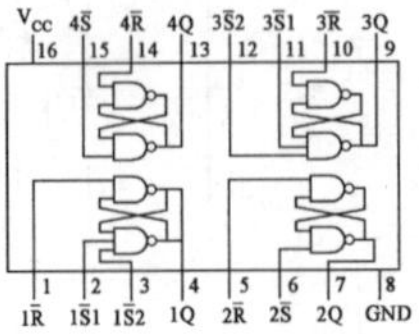
8	74LS32	四2输入或门	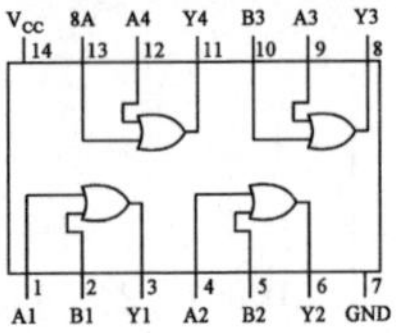
9	74LS42	二-十进制译码器	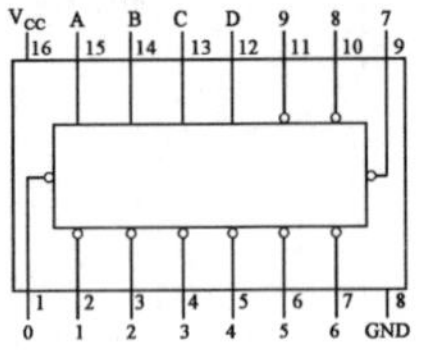
10	74LS73	负沿触发双J-K触发器（带清零）	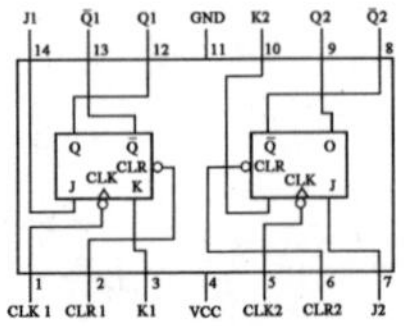
11	74LS74	双上升沿D触发器	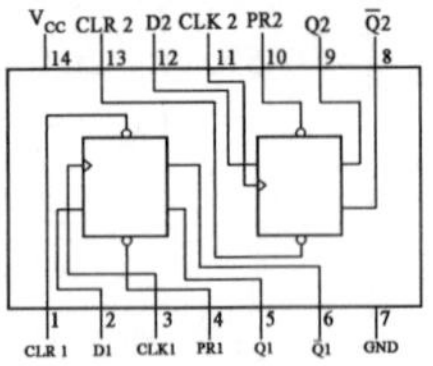
12	74LS86	2输入端四异或门	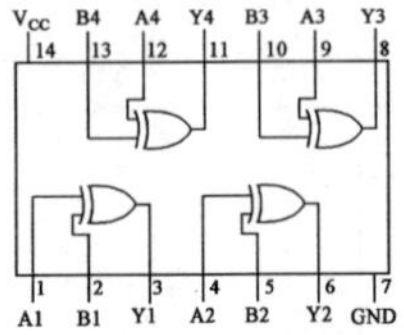
13	74LS148	3线-8线编码器	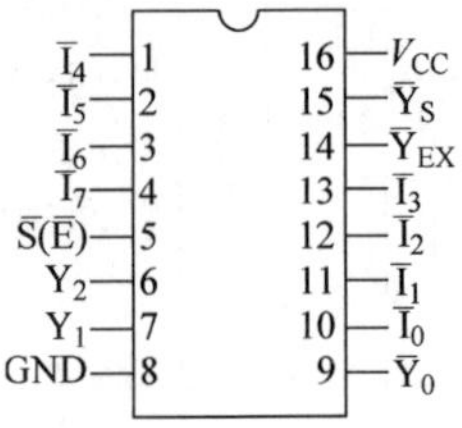
14	74LS153	双4选1数据选择器	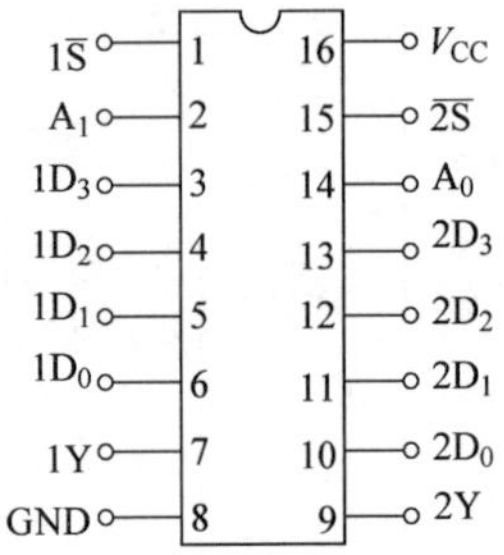

（续）

序号	型号	名称	引脚图或封装图	序号	型号	名称	引脚图或封装图
15	74LS147	10/4 线优先编码器	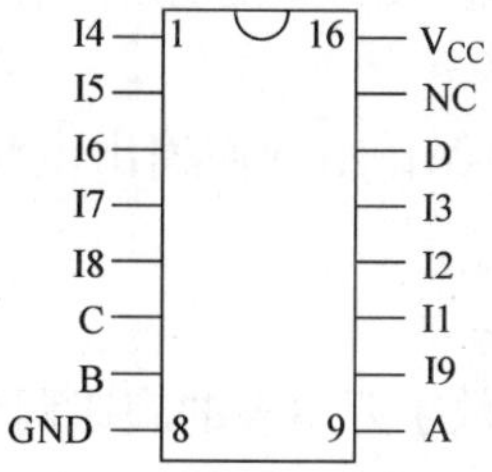	18	74LS595	8 位输出锁存移位寄存器	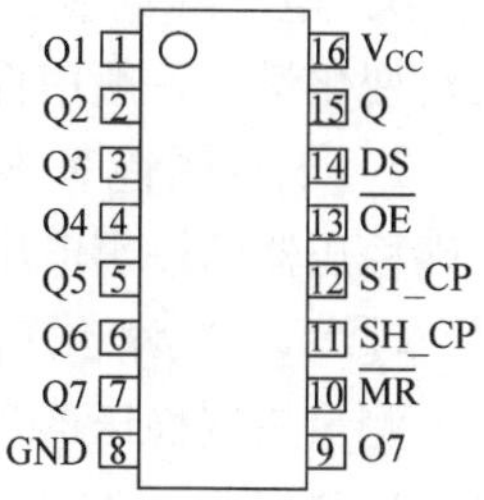
16	74LS121	单稳态触发器	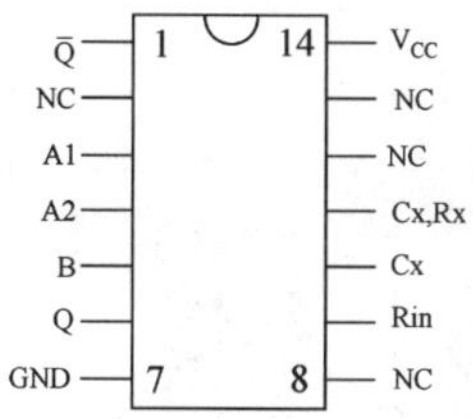	19	74LS283	4 位二进制加法器	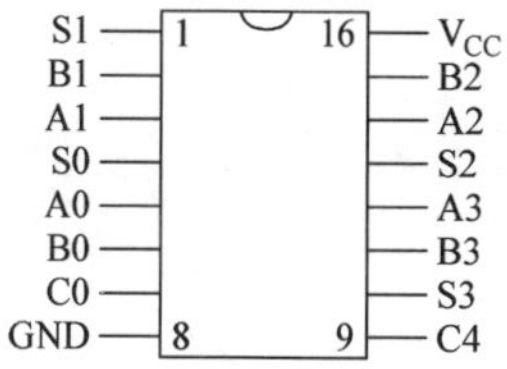
17	74LS573	TTL 型八 D 透明锁存器	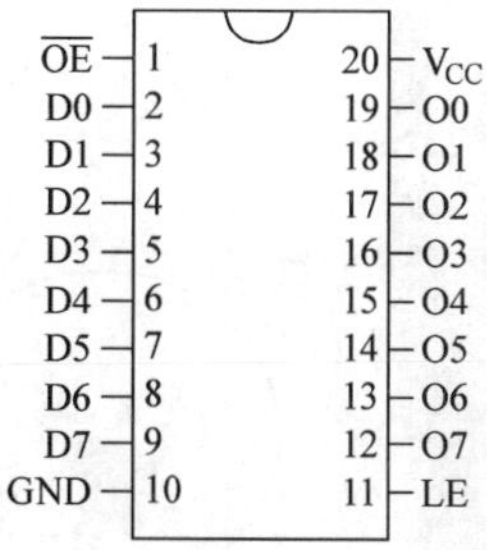	20	74LS193	可逆计数器	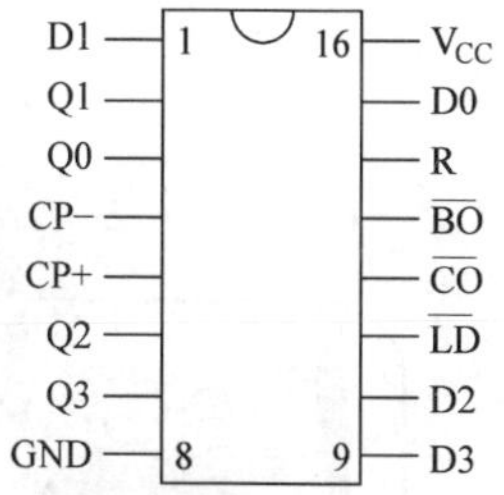

☆☆☆ 11.2　集成电路的检测 ☆☆☆

1. 三端稳压器主要参数

1）输出电压是指三端稳压器的各工作参数符合规定时的输出电压值。对于固定输出三端稳压器的输出电压值，是一个常数，如 +5V。对于可调三端稳压器，其输出电压范围为 1.2 ~ 37V，最大输出电流为 1.5A。

2）输出电压偏差是指三端稳压器工作时输出的电压值和标称输出电压之间的偏差。一般用百分比表示，也可以用电压值表示。

3）最大输出电流是指三端稳压器能够保持输出电压不变的最大电流。

4）最小输入电压是指输入电压低于最小输入电压值时，三端稳压器不能正常工作。

5）最大输入电压是指三端稳压器安全工作时允许外加的最大电压值。

6）电压调整率是指三端稳压器负载不变而输入的直流电压变化时所引起的输出电压的相对变化量，一般用百分比表示。

7）电流调整率是指当三端稳压器输入电压保持不变而输出电流在规定范围内变化时，三端稳压器的输出电压相对变化的百分比。

2. 三端稳压器 7805 的检测

测量三端稳压器 7805 引脚间的电阻值，将数字万用表的旋钮调到“20kΩ”档，分别测量三端稳压器 7805 各引脚与接地引脚之间的正、反向电阻值（内部电阻值），并与正品的内部电阻值相比较。如果测量的电阻值与正品的电阻值完全一致，则三端稳压器 7805 正常；否则，三端稳压器 7805 损坏。测量三端稳压器 7805 引脚间的电阻值，如图 11-3 和表 11-15 所示。

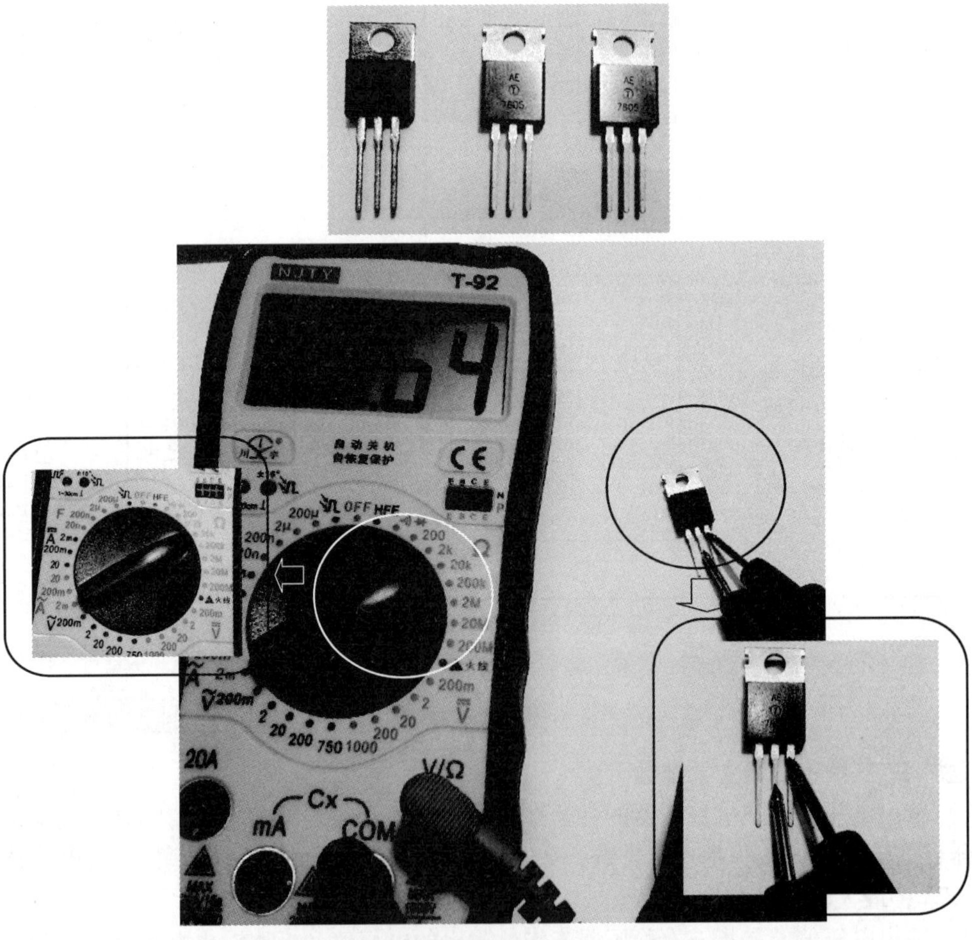

图 11-3　测量三端稳压器 7805 引脚间的电阻值

表 11-15　测量三端稳压器 7805 引脚间的电阻值

<table>
<tr><th rowspan="2">序号</th><th colspan="2">表笔位置</th><th rowspan="2">图示</th><th rowspan="2">备注</th></tr>
<tr><th>红表笔</th><th>黑表笔</th></tr>
<tr><td>1</td><td>输入端</td><td>地</td><td>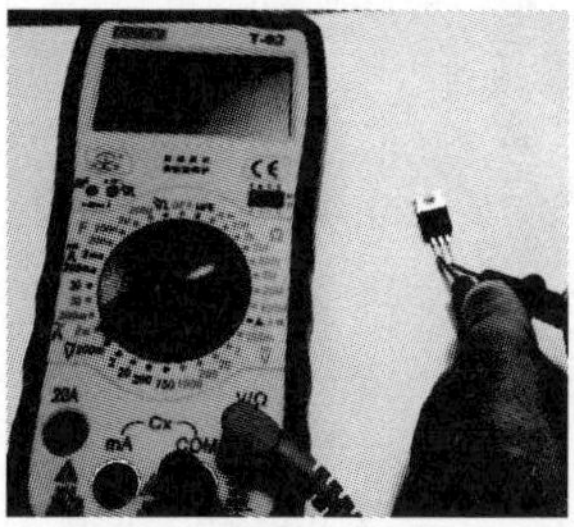</td><td rowspan="4"></td></tr>
<tr><td>2</td><td>地</td><td>输出端</td><td>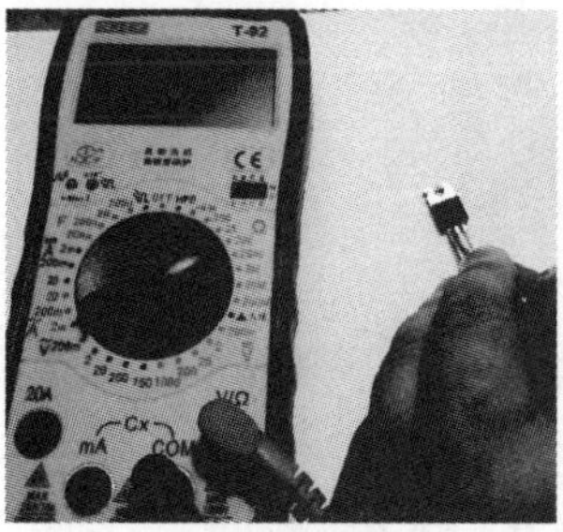</td></tr>
<tr><td>3</td><td>输出端</td><td>地</td><td>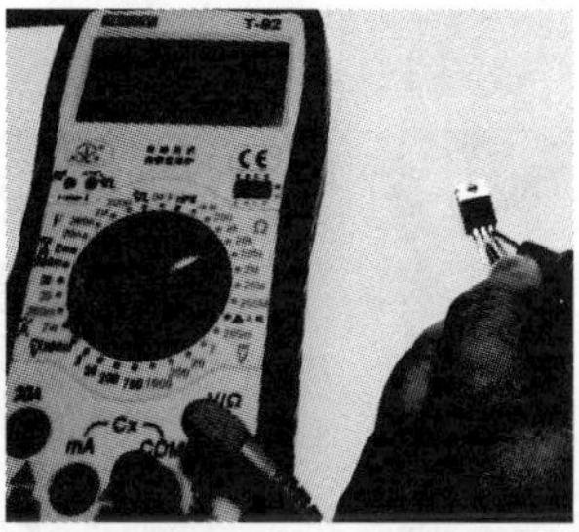</td></tr>
<tr><td>4</td><td>地</td><td>输入端</td><td>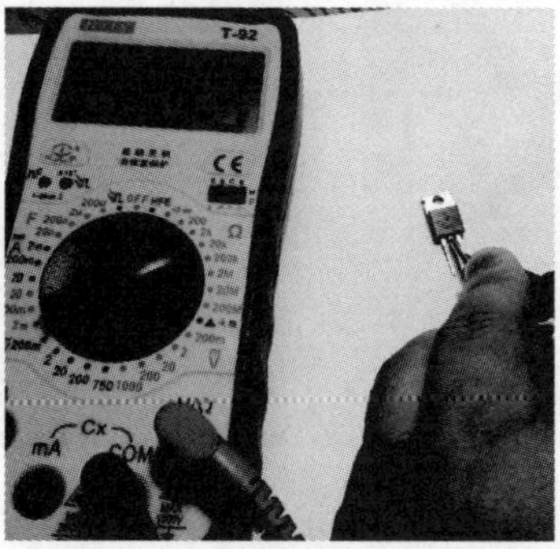</td></tr>
</table>

（续）

序号	表笔位置		图示	备注
	红表笔	黑表笔		
5	输入端	输出端	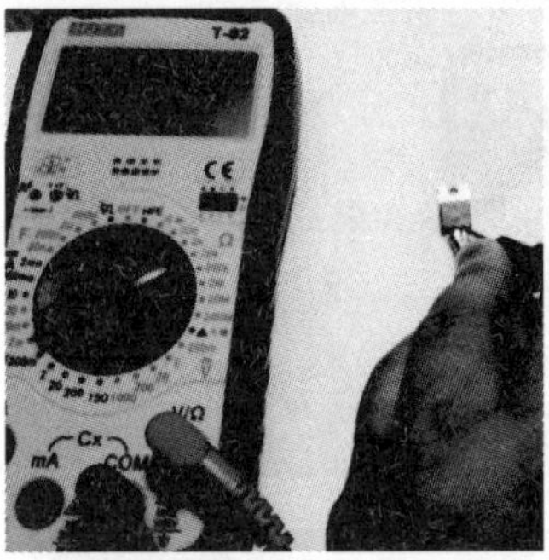	
6	输出端	输入端	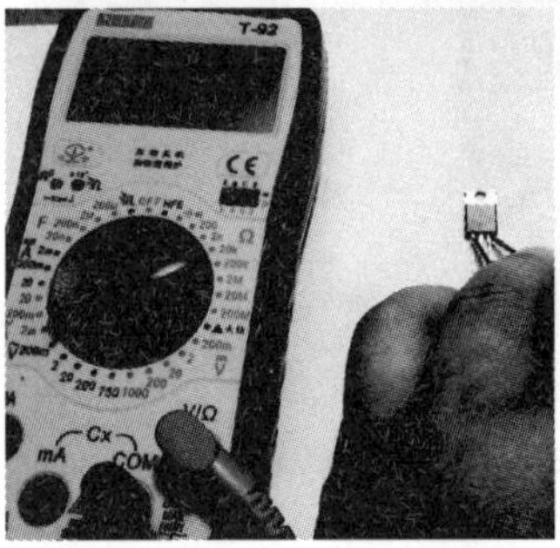	

三端稳压器 7805 输出电压的测量，如图 11-4 所示。

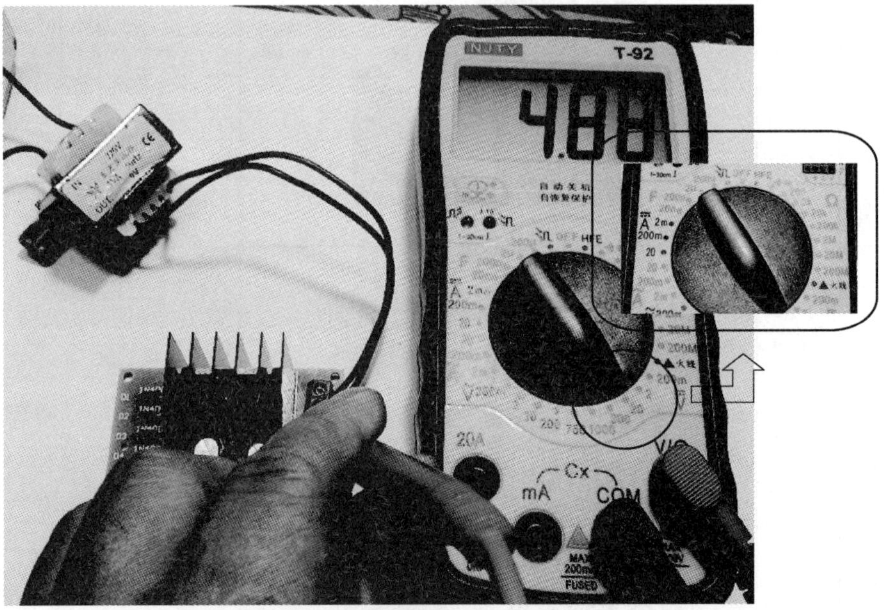

图 11-4　三端稳压器 7805 输出电压的测量

可调三端稳压器 LM317 输出电压的测量，如图 11-5 所示。

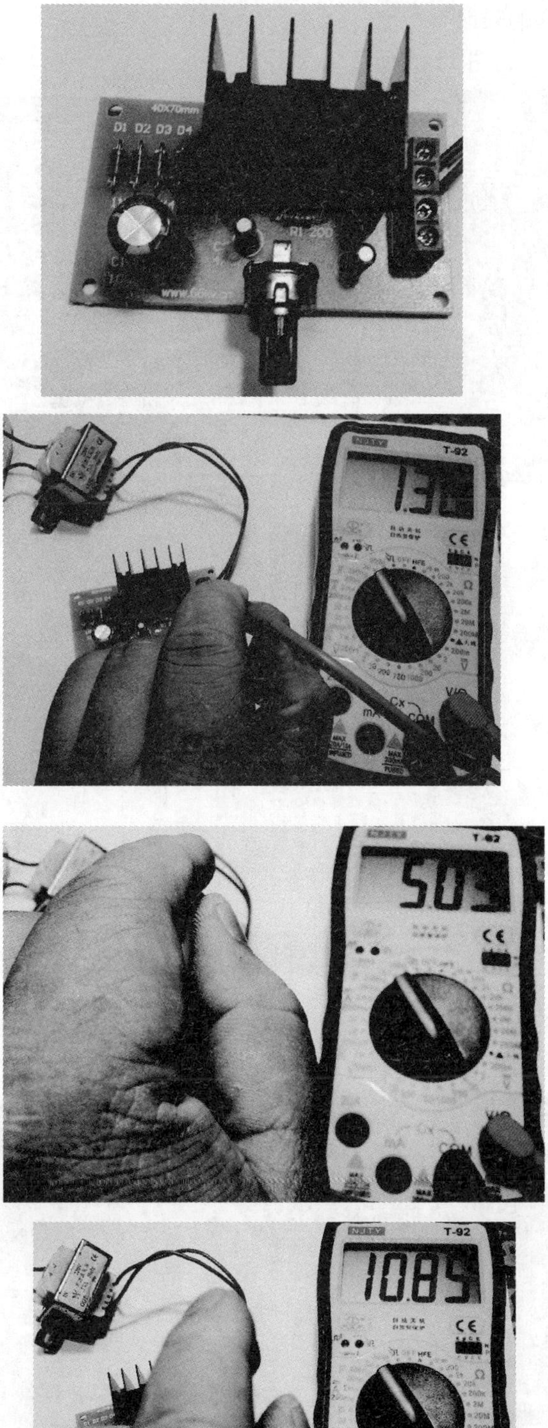

图 11-5　可调三端稳压器 LM317 输出电压的测量

3. 三端稳压器的安装

三端稳压器的安装，如图 11-6 所示。

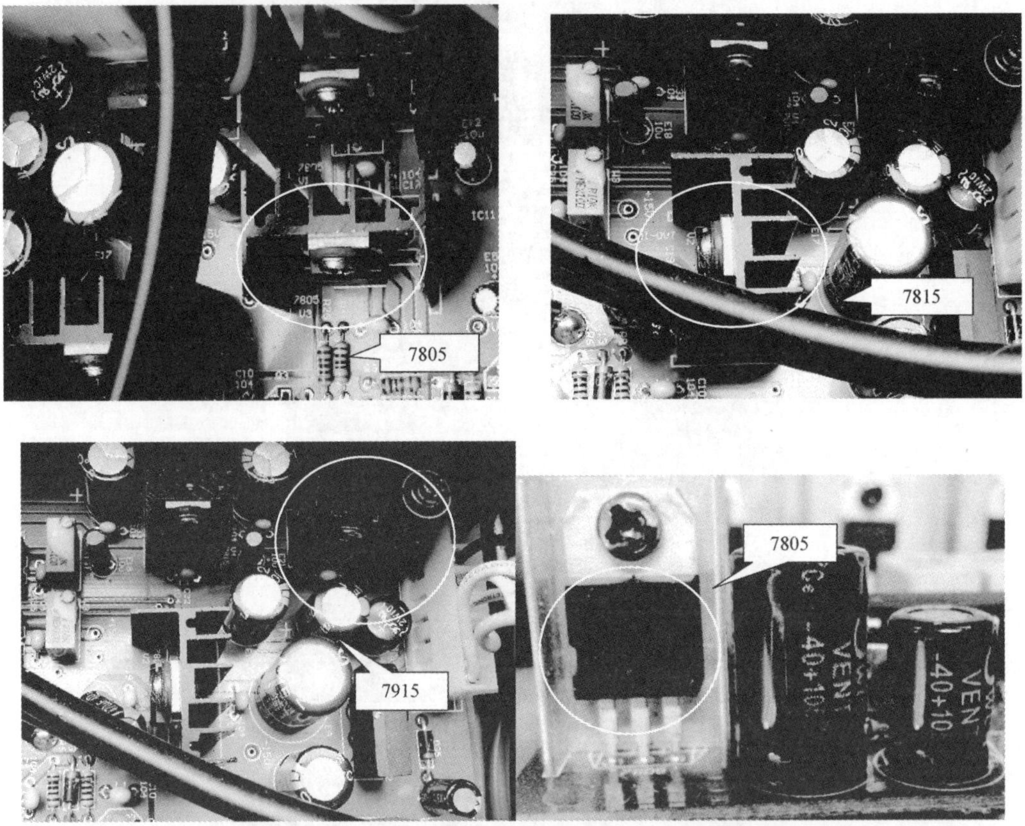

图 11-6　三端稳压器的安装

4. 集成电路的安装

集成电路的安装示意图，如图 11-7 所示。

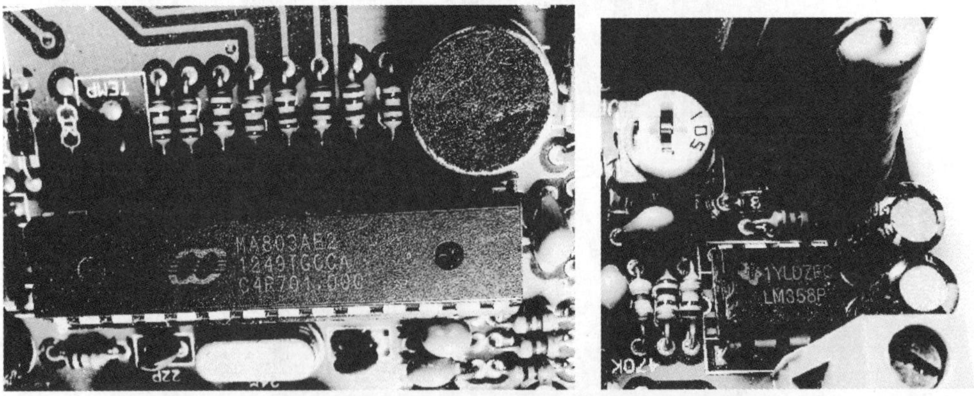

图 11-7　集成电路的安装示意图

图 11-7 集成电路的安装示意图（续）

5. CD4017 在线电阻的测量

测量 CD4017 引脚间的电阻值，将数字万用表的旋钮调到“20kΩ”档，分别测量三端稳压器 CD4017 各引脚与接地引脚之间的正、反向电阻值（内部电阻值），并与正品的内部电阻值相比较。如果测量的电阻值与正品的电阻值完全一致，则 CD4017 正常；否则，CD4017 损坏。测量 CD4017 引脚间的电阻值，如图 11-8 所示。

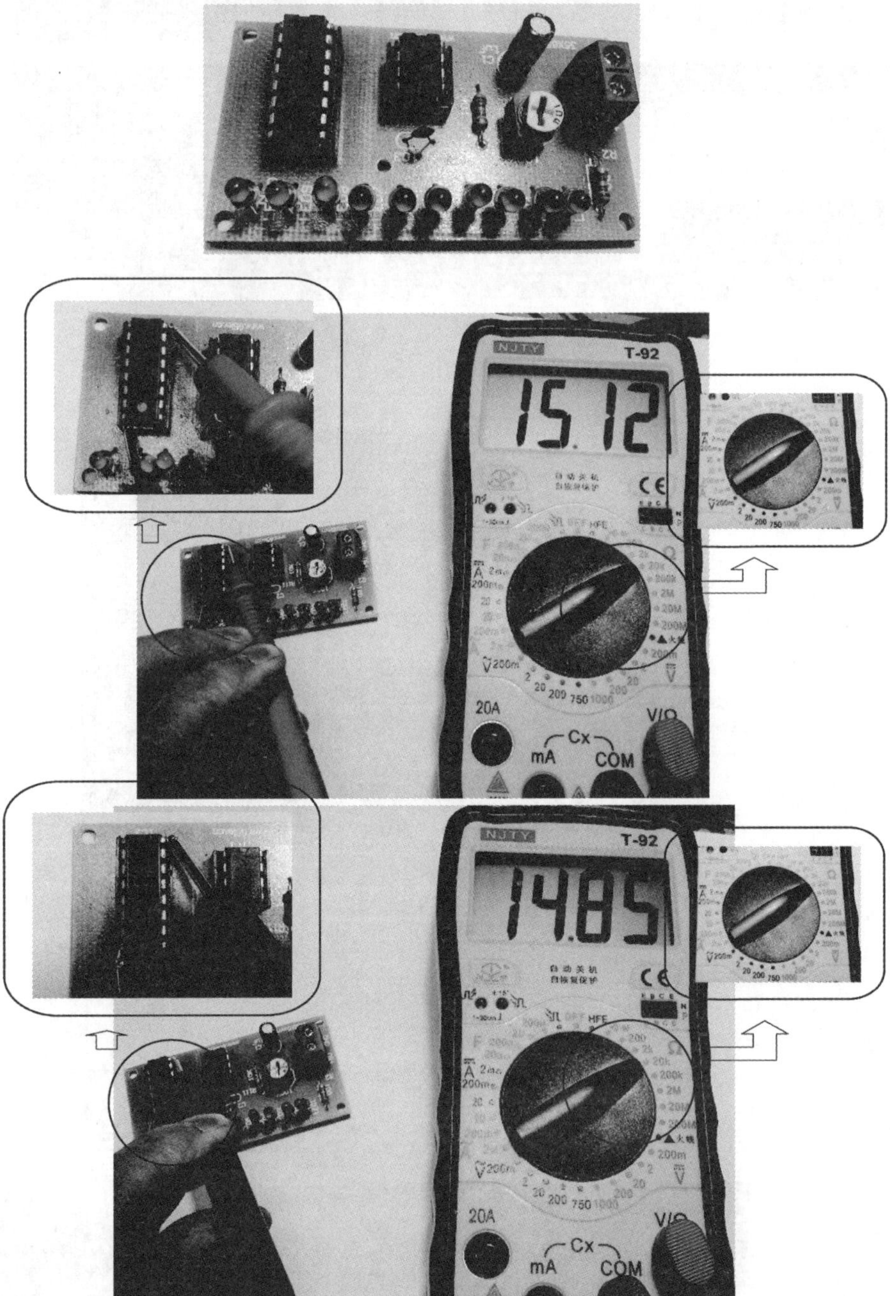

图 11-8　测量 CD4017 引脚间的电阻值

☆☆☆ 11.3　集成电路的应用 ☆☆☆

1. BISS0001 应用

BISS0001 应用电路，如图 11-9 所示。

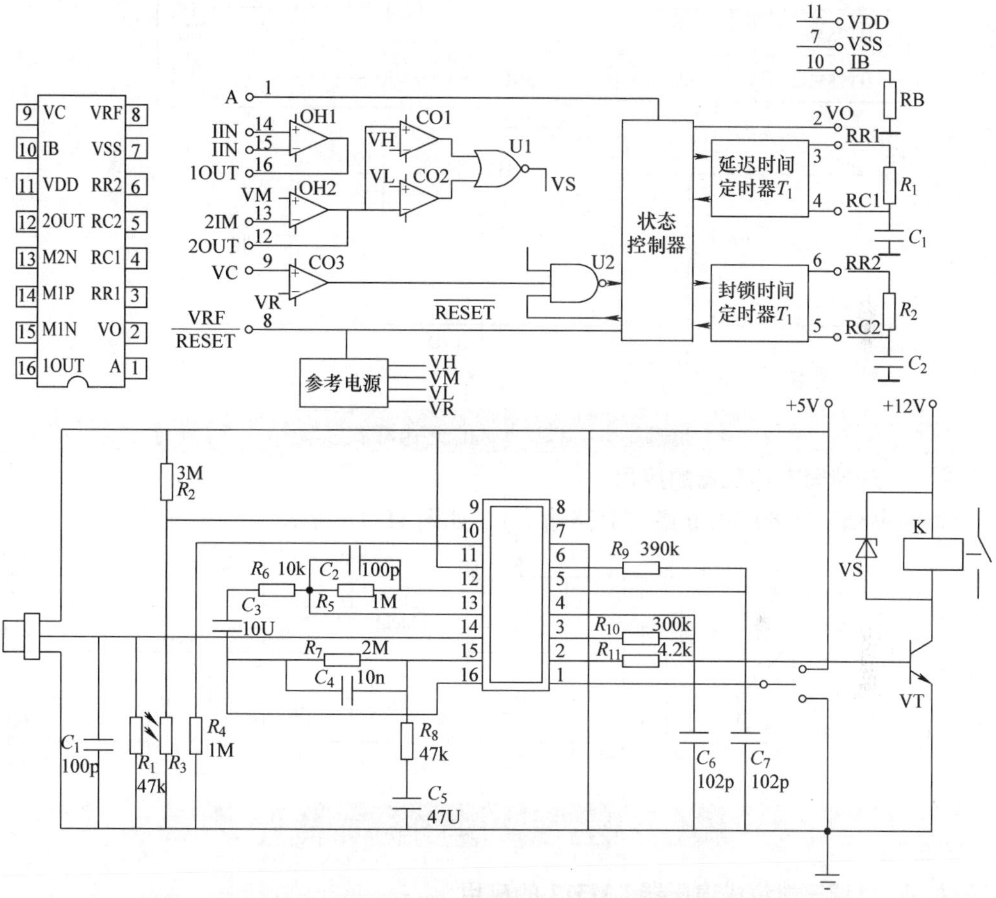

图 11-9　BISS0001 应用电路

2. HT75××的应用

HT75××的应用电路，如图 11-10 所示。

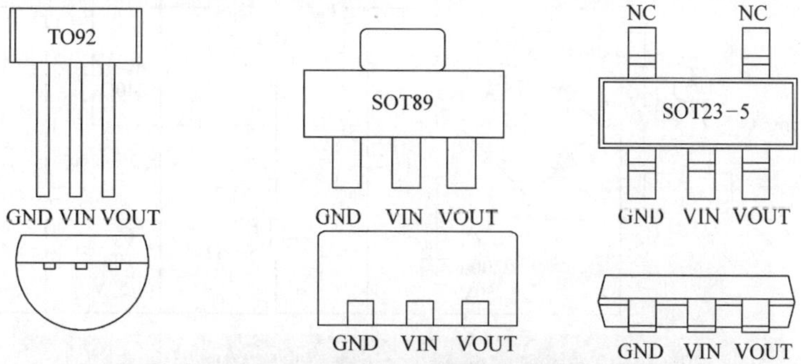

图 11-10　HT75××的应用电路

型号	输出电压
HT7530-1	3.0V
HT7533-1	3.3V
HT7536-1	3.6V
HT7544-1	4.4V
HT7550-1	5.0V

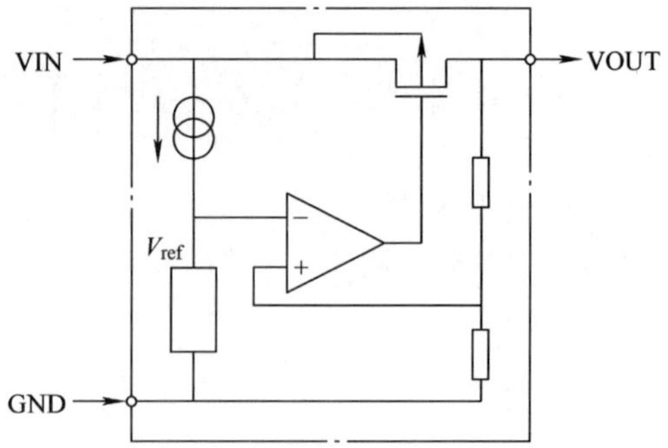

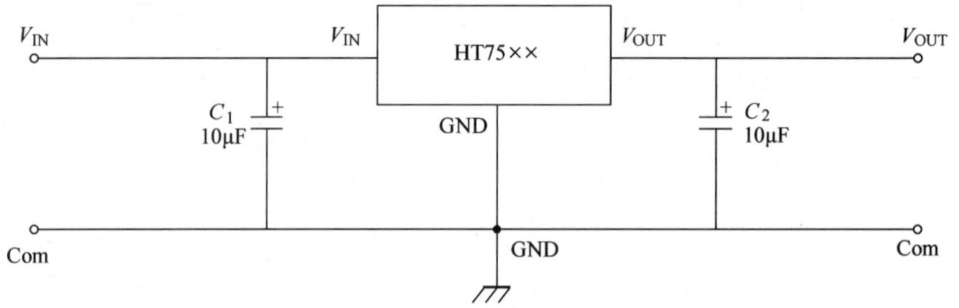

图 11-10　HT75××的应用电路（续）

3. 三端固定稳压器的应用

三端固定稳压器的应用电路（双路输出），如图 11-11 所示。

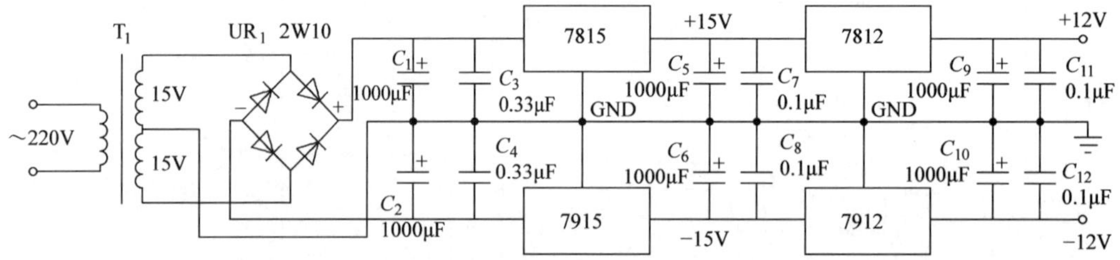

图 11-11　三端固定稳压器的应用电路

4. 可调三端集成稳压器 LM317 的应用

可调三端集成稳压器 LM317 的应用电路，如图 11-12 所示。

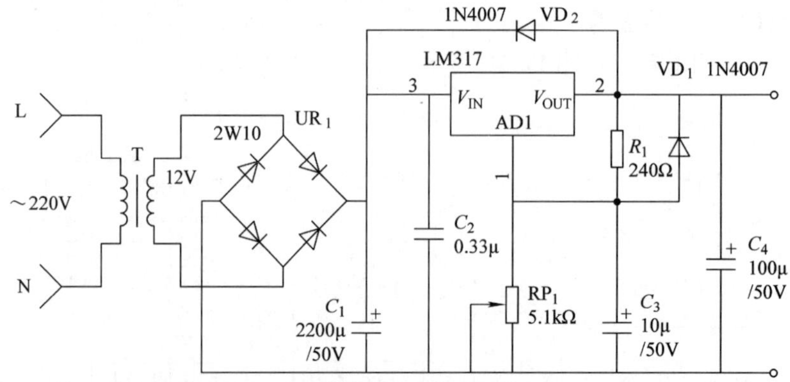

图 11-12　可调三端集成稳压器 LM317 的应用电路

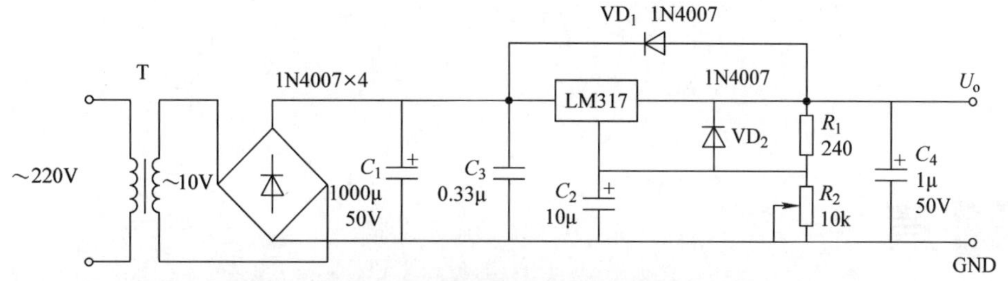

图 11-12 可调三端集成稳压器 LM317 的应用电路（续）

5. 三端固定稳压器的应用

三端固定稳压器的应用电路（单路输出），如图 11-13 所示。

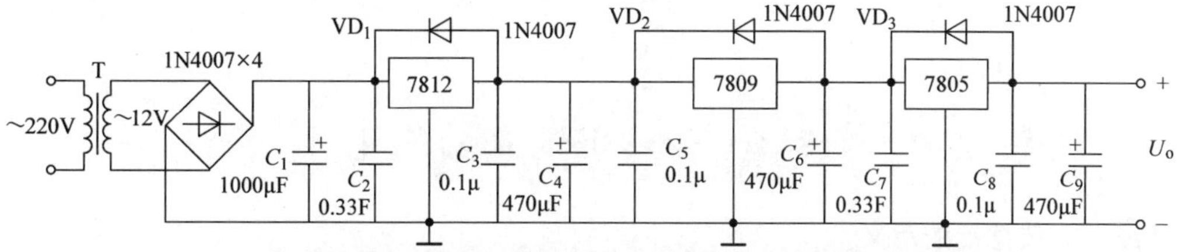

图 11-13 三端固定稳压器的应用电路（单路输出）

6. 电平指示集成电路 TA7666P 的应用

电平指示集成电路 TA7666P 的应用电路，如图 11-14 所示。TA7666P 是双声道电平指示 IC，每个声道可驱动五个 LED。

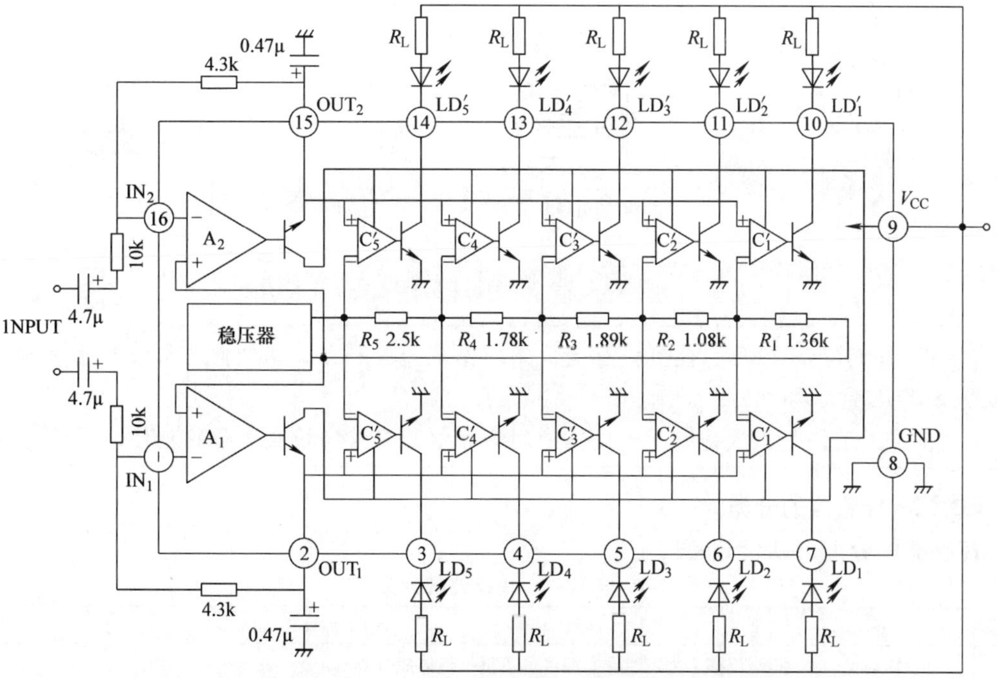

图 11-14 电平指示集成电路 TA7666P 的应用电路

第12章

传感器的简介

☆☆☆ 12.1　传感器的基础知识 ☆☆☆

1. 传感器的定义

传感器是一种能够探测、感受外界的信号，并将探知的信息（被测非电量信号）转换为与之有确定对应关系电量输出的器件或装置，传递给其他装置进行执行或使用。常用传感器的外形，如图 12-1 所示。传感器主要由敏感元件、转换元件组成，有一些还要由转换电路来实现。传感器是自动化系统及机器人技术中的关键部件，已经成为系统中不可缺少的一部分，其重要性越来越明显。

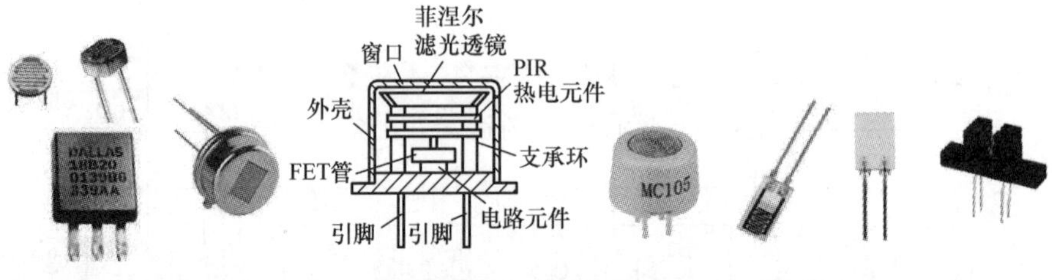

图 12-1　常用传感器的外形

> **注：** ① 敏感元件是指能直接感受被测非电量并按一定规律转换成与被测量有确定关系的其他量的元件。
>
> ② 传感元件是指能将敏感元件感受到的非电量直接转换成电量的元件。

2. 传感器的分类

传感器的分类，见表 12-1。

表 12-1　传感器的分类

序号	分类	名　　称
1	物理量	位移、力、速度、温度、流量、气体成分等
2	工作原理	电阻、电容、电感、压电、霍尔、光电、热电偶等
3	输出信号	开关量、模拟量、数字量等

3. 传感器的主要参数

1）测量范围：在允许误差限内被测量值的范围。

2）量程：测量范围上限值和下限值的代数差。

3）精确度：被测量的测量结果与真值间的一致程度。

4）阈值：能使传感器输出端产生可测变化量的被测量的最小变化量。

5）输入阻抗：在输出端短路时，传感器输入端测得的阻抗。

6）输出阻抗：在输入端短路时，传感器输出端测得的阻抗。

7）灵敏度：传感器输出量的增量与相应的输入量增量之比。

8）分辨力：传感器能检测到的最小的输入增量。

☆☆☆ 12.2 常用传感器的简介 ☆☆☆

常用传感器有热敏传感器、光敏传感器、气敏传感器、力敏传感器、磁敏传感器、湿敏传感器、声敏传感器等。

1. 热敏传感器

热敏电阻是热敏传感器中的一类，热敏电阻分为正温度系数（PTC）热敏电阻和负温度系数（NTC）热敏电阻。其材料分为半导体类、金属类和合金类三类，可以应用于食品储存、医药卫生、科学种田、海洋、深井、高空、冰川等方面的温度测量。

2. 光敏传感器

光敏传感器是最常见的传感器之一，产品有光电管、光电倍增管、光敏电阻、光敏晶体管、太阳电池、红外线传感器、紫外线传感器、光纤式光电传感器、色彩传感器、CCD 和 CMOS 图像传感器等。

光电开关（光电传感器）是光电接近开关的简称，它是利用被检测物对光束的遮挡或反射，由同步回路选通电路，从而检测物体的有无。

对射式光电开关由发射器和接收器组成，其工作原理是通过发射器发出的光线直接进入接收器，当被检测物体经过发射器和接收器之间阻断光线时，光电开关就产生开关信号。

反射式光电开关也属于传感器，可以检测出其接收到的光强的变化。利用物体对红外线光束遮光或反射，由同步回路选通而检测物体的有无，其物体不限于金属，对所有能反射光线的物体均可检测。

注：① 光电开关应用于物位检测、液位控制、产品计数、宽度判别、速度检测、定长剪切、孔洞识别、信号延时、自动门传感、色标检出、冲床和剪切机以及安全防护等领域。

② 红外线光电开关可分为漫反射式光电开关、镜面反射式光电开关、对射式光电开关、槽式光电开关、光纤式光电开关。

③ 反射式光电传感器是将红外发光二极管和硅光敏晶体管，以相同的方向装在同一个支架上。

3. 气敏传感器

气敏传感器是一种检测特定气体的传感器，主要包括半导体气敏传感器、接触燃烧式气敏传感器和电化学气敏传感器等。常用的气敏传感器是半导体气敏传感器，主要应用针对一氧化碳、瓦斯、煤气、氟利昂（R11、R12）、乙醇的检测、口臭的检测等。

4. 力敏传感器

力敏传感器是用来检测气体、固体、液体等物质间相互作用力的传感器。

压力传感器是工业实践中最为常用的一种传感器，主要应用于工业自控、水利水电、铁路、智能建筑、航空航天、军工、石化、电力、船舶、机床、管道等。

5. 磁敏传感器

磁敏传感器是指感知磁性物体的存在或者磁性强度，这些磁性材料除永磁体外，也包括顺磁材料及感知通电线圈或导线周围的磁场。目前用量最大的磁敏传感器是霍尔元件及霍尔传感器，磁敏传感器是传感器产品的一个重要组成部分。

金属或半导体薄片置于磁场中，当有电流流过时，在垂直于电流和磁场的方向上将产生电动势，称为霍尔效应。

霍尔传感器是根据霍尔效应制作的一种磁场传感器，广泛地应用于工业自动化技术、检测技术及信息处理等方面。霍尔传感器分为线型霍尔传感器和开关型霍尔传感器两种。

注： 霍尔线性接近传感器主要用于黑色金属的自控计数、黑色金属的厚度检测、距离检测、齿轮齿数、转速检测、测速调速、缺口传感、张力检测、棉条均匀检测、电磁量检测、角度检测等。

6. 湿敏传感器

湿敏传感器是由湿敏元件和转换电路等组成，将环境湿度变换为电信号的装置，主要应用在工业、农业、气象、医疗以及日常生活等方面。

7. 声敏传感器

声敏传感器是一种用于流量检测的传感器，高灵敏度量程适用于在40dB波动的高频信号，低灵敏度量程应用于在28～68dB波动的高频信号。

☆☆☆ 12.3 其他传感器的简介 ☆☆☆

1. 生物传感器

生物传感器是用生物活性材料与物理化学换能器有机结合的一门交叉学科，是发展生物技术必不可少的一种先进的检测方法与监控方法，也是物质分子水平的快速、微量分析方法。生物传感器分为微生物传感器、免疫传感器、组织传感器、细胞传感器、酶传感器、DNA传感器等。

2. 紫外传感器

紫外传感器在可见光范围不响应，输出电流与紫外指数呈线性关系，适用于手机、平板电脑等便携式移动产品中，用来测量紫外指数。

3. 色标传感器

色标传感器常用于检测特定色标或物体上的斑点，它是通过与非色标区相比较来实现色标检测，而不是直接测量颜色。